COURS
DE
MÉCANIQUE
DE
L'ÉCOLE POLYTECHNIQUE,

PAR CH. STURM,
Membre de l'Institut.

REVU ET CORRIGÉ
PAR E. PROUHET,
Répétiteur d'Analyse à l'École Polytechnique.

5e ÉDITION, SUIVIE DE

NOTES ET ÉNONCÉS DE PROBLÈMES,

PAR M. DE SAINT-GERMAIN,
Professeur à la Faculté des Sciences de Caen.

TOME PREMIER.

PARIS,
GAUTHIER-VILLARS, IMPRIMEUR-LIBRAIRE
DE L'ÉCOLE POLYTECHNIQUE, DU BUREAU DES LONGITUDES,
SUCCESSEUR DE MALLET-BACHELIER,
Quai des Augustins, 55.

—

1883

COURS

DE

MÉCANIQUE

DE

L'ÉCOLE POLYTECHNIQUE.

PARIS. — IMPRIMERIE DE GAUTHIER-VILLARS,
8340 Quai des Grands-Augustins, 55.

TABLE DES MATIÈRES.

STATIQUE.

PREMIÈRE PARTIE.

PREMIÈRE LEÇON.

DEUXIÈME LEÇON.

TROISIÈME LEÇON.

QUATRIÈME LEÇON.

CINQUIÈME LEÇON.

SIXIÈME LEÇON.

SEPTIÈME LEÇON.

HUITIÈME LEÇON.

NEUVIÈME LEÇON.

DIXIÈME LEÇON.

ONZIÈME LEÇON.

DYNAMIQUE.

PREMIÈRE PARTIE.

DOUZIÈME LEÇON.

TREIZIÈME LEÇON.

QUATORZIÈME LEÇON.

QUINZIÈME LEÇON.

SEIZIÈME LEÇON.

DIX-SEPTIÈME LEÇON.

DIX-HUITIÈME LEÇON.

DIX-NEUVIÈME LEÇON.

VINGTIÈME LEÇON.

VINGT ET UNIÈME LEÇON.

VINGT-DEUXIÈME LEÇON.

VINGT-TROISIÈME LEÇON.

VINGT-QUATRIÈME LEÇON.

VINGT-CINQUIÈME LEÇON.

VINGT-SIXIÈME LEÇON.

FIN DE LA TABLE DES MATIÈRES DU TOME PREMIER.

PRÉFACE.

Le Cours de Mécanique, professé par Sturm à la Sorbonne et à l'École Polytechnique, a été publié par E. Prouhet d'après les Notes trouvées dans les papiers de Sturm et les feuilles lithographiées distribuées aux élèves de l'École. La clarté et la simplicité de ce Cours lui ont valu un constant et légitime succès auprès des personnes qui abordent l'étude de la Mécanique rationnelle, et l'on n'y peut regretter que l'absence de certaines questions qui sont maintenant entrées dans l'enseignement et viennent d'être introduites dans le programme de la Licence ès Sciences mathématiques. Aussi M. Gauthier-Villars a-t-il voulu que cette nouvelle édition fût conforme aux précédentes; mais en même temps il m'a confié le soin de la compléter. La rédaction d'une seule Leçon, la cinquantième, a été changée, parce qu'il était facile, sans nuire à sa liaison avec le reste du texte, d'y donner les propriétés générales du mouvement des solides invariables considéré au point de vue de la Cinématique, avec des applications à quelques mécanismes.

Les éditions précédentes contenaient trois Notes : les deux premières, rédigées l'une par E. Prouhet, l'autre par M. Puiseux, ont été conservées; la troisième, rendue inutile par les modifications apportées à la cinquantième Leçon, a été remplacée par l'exposé de la théorie générale des mouvements relatifs. Une quatrième Note renferme les additions les plus importantes : j'y donne une méthode très-simple pour obtenir les équations de Lagrange, et je montre par plusieurs exemples avec quelle facilité ces équations permettent de résoudre la plupart des problèmes de Dynamique; puis j'établis les équations canoniques et le théorème de Jacobi qui permet souvent d'en obtenir les intégrales générales. Cette nouvelle édition contient ainsi toutes les matières de la Licence, sauf quelques questions de Mécanique appliquée qui ne se seraient rattachées que de loin aux Leçons de Sturm. Enfin, comme on ne saurait bien posséder les théories de la Mécanique rationnelle sans en avoir fait des applications, nous avons donné les énoncés de près de trois cents problèmes empruntés au Recueil du P. Jullien et à celui que j'ai publié moi-même : les lecteurs studieux y trouveront un nombre suffisant d'exercices sur les différentes parties du Cours.

A. DE SAINT-GERMAIN.

AVERTISSEMENT

DE LA PREMIÈRE ÉDITION.

Le *Cours de Mécanique* que nous publions est la reproduction des Leçons faites par M. Sturm à l'École Polytechnique et à la Sorbonne. Il est composé d'après les feuilles autographiées de l'École, améliorées à l'aide des notes et des cahiers de M. Sturm. L'ordre suivi dans l'exposition des matières est celui de l'ancien Programme. Peu de temps avant sa mort, M. Sturm s'est expliqué fort nettement sur les raisons qui le portaient à séparer la théorie de l'équilibre de celle du mouvement.

« Jusqu'à nos jours, disait-il, on a divisé la Mécanique en deux parties distinctes, la Statique et la Dynamique. La première emprunte à l'expérience la notion du point matériel et celle de la force, et avec ces deux seuls principes elle s'achève comme une science purement géométrique.

» La Dynamique se distingue de la Statique par l'introduction de plusieurs notions nouvelles, tout à fait étrangères à la Statique, telles que le mouvement, la masse, le temps. Dans l'ordre naturel, où l'on passe du simple au composé, on doit donc commencer par la Statique. Mais nous avons changé tout cela, ou plutôt on a changé tout cela.

» Les conditions d'équilibre sont indépendantes des idées de temps et de mouvement.

» Il ne faut pas dire que le théorème des vitesses virtuelles est le principe de la Statique : il n'en est que le résumé. Le véritable principe est le théorème de la composition des forces. »

E. PROUHET.

COURS

DE

MÉCANIQUE.

STATIQUE.

PREMIÈRE PARTIE

PREMIÈRE LEÇON.

DES FORCES APPLIQUÉES A UN MÊME POINT.

Définitions. — Comparaison des forces. — Résultante de plusieurs forces. — Composition des forces dirigées suivant la même droite. — Règle du parallélogramme des forces. — Composition de plusieurs forces concourantes. — Relations entre une force et ses composantes suivant trois axes rectangulaires.

DÉFINITIONS. — FORCE. — ÉQUILIBRE.

1. On appelle *corps* ou *matière* tout ce qui affecte nos sens d'une manière quelconque.

Les corps sont composés de *points matériels* ou d'*atomes* de dimensions insensibles.

Un corps peut être en *repos* ou en *mouvement*. Nous ne pouvons observer que des mouvements relatifs : toutefois on conçoit le repos et le mouvement absolus.

2. On appelle *force* toute cause qui met un corps en mouvement ou qui tend à le mouvoir.

3. Quand un point ou un système de points liés entre eux, sollicité par un système de forces, se trouve dans le

même état de repos ou de mouvement que si ces forces n'existaient pas, on dit que ce point ou le système de ces points est en *équilibre*. On voit qu'il n'est pas nécessaire pour cela que le système soit en repos : toutefois c'est à ce dernier cas que cette définition s'attache le plus ordinairement.

COMPARAISON DES FORCES.

4. Trois choses sont à considérer dans une force : son *point d'application*, sa *direction* et son *intensité*.

5. On dit que deux forces sont *égales* quand, appliquées à un même point, suivant la même direction et en sens contraires, elles se font équilibre.

Si une force P′ peut remplacer deux, trois, quatre, etc., forces égales à P, appliquées à un même point et dans le même sens, on dira que la force P′ est égale à 2P, à 3P,.... De la notion d'une force multiple d'une autre, on s'élèvera à la notion de deux forces dans un rapport quelconque.

6. On démontre aisément, d'après les considérations précédentes, que *le point d'application d'une force peut être transporté en un point quelconque de sa direction, pourvu que ce dernier point soit lié au premier d'une manière invariable*.

RÉSULTANTE DE PLUSIEURS FORCES.

7. Quand une force unique peut faire équilibre à un nombre quelconque de forces appliquées à un système de points liés entre eux d'une manière invariable, on peut remplacer toutes ces forces par une seule force R égale et opposée à la première. La force R est dite la *résultante* des forces qu'elle remplace, qui en sont nommées les *composantes*.

8. Un système de forces ne peut pas toujours être remplacé par une seule force; mais quand cela a lieu, il

n'existe qu'une *résultante*. En effet, si le même système admettait deux résultantes R et R', une force égale à R, appliquée suivant la même direction et en sens contraire, devrait faire équilibre à la force R', ce qui est impossible si R' n'a pas la même grandeur que R, la même direction et le même sens.

COMPOSITION DES FORCES DIRIGÉES SUIVANT LA MÊME DROITE.

9. *Si un certain nombre de forces sont appliquées suivant la même ligne droite, elles se composent en une seule, égale à l'excès de la somme de celles qui tirent dans un sens, sur la somme de celles qui tirent dans l'autre sens, et cette résultante agit dans le sens des forces qui composent la plus grande somme.* En d'autres termes, la *grandeur* et le *sens* de la résultante sont donnés par la somme *algébrique* des forces, en regardant comme *positives* celles qui tirent dans un sens, et comme *négatives* celles qui tirent dans le sens opposé.

RÈGLE DU PARALLÉLOGRAMME DES FORCES.

10. *Si deux forces* P *et* Q *sont représentées en grandeur et en direction par les deux côtés contigus* AB *et* AC *du parallélogramme* ABCD, *la résultante* R *de ces deux forces sera représentée en grandeur et en direction par la diagonale* AD *de ce parallélogramme*, en sorte que les composantes et la résultante peuvent être représentées par les trois côtés du triangle ABD.

Fig. 1.

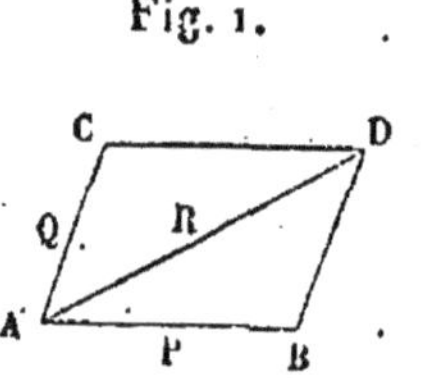

Pour démontrer ce théorème, nous commencerons par faire voir que la résultante est dirigée suivant la diagonale AD, en nous appuyant sur le lemme suivant :

Soit un losange ABCD, de forme invariable : appliquons

aux points A et C quatre forces égales dirigées suivant les côtés AB, AD, CB, CD. On peut regarder comme évident que les forces égales appliquées en A donnent une résultante dirigée suivant la bissectrice AC de l'angle BAD, et que les forces appliquées en C donnent une résultante égale et directement opposée à la première. Le système reste donc en équilibre sous l'action des quatre forces.

Fig. 2.

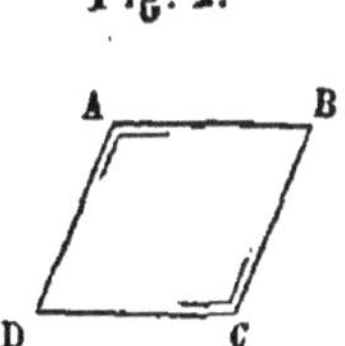

11. Cela posé, soit f une commune mesure aux forces P et Q, et admettons, pour fixer les idées, que l'on ait

$$P = 4f, \quad Q = 3f;$$

partageons AB en quatre parties égales et AC en trois parties égales entre elles et par conséquent égales aux premières. Menons EH, FI, GK parallèles à AC, et MS, LN parallèles à AB.

Fig. 3.

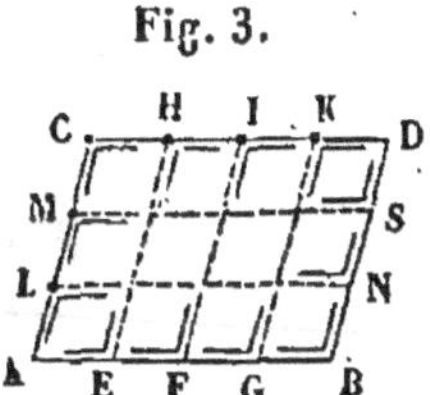

Nous ne troublerons pas l'état du système en appliquant aux sommets L et E, M et F, C et G, H et B, I et N, K et S des losanges LE, MF, CG, HB, IN, KS, et suivant les côtés de ces losanges, des forces égales à f. Mais les forces égales et contraires appliquées aux extrémités des droites HE, IF, KG, MS, LN se détruisent. Donc il ne reste que quatre forces égales à f dirigées suivant CD, et trois forces égales à f dirigées suivant BD. Les quatre premières se composent en une seule égale à P, que l'on peut supposer appliquée au point D, et de même les trois autres donnent une résultante égale à Q et appliquée au même point D.

Il résulte de là que le système des deux forces P et Q appliquées en A peut être remplacé par deux forces P et Q appliquées au point D. Donc la résultante passe par le point D; mais elle passe déjà par le point A : donc elle est dirigée suivant AD. C. Q. F. D.

Nous avons supposé que les forces P et Q étaient commensurables entre elles; si elles étaient incommensurables, en employant un mode de raisonnement bien connu, on ferait voir que dans ce cas la résultante est encore dirigée suivant la diagonale AD.

12. Après avoir trouvé la direction de la résultante, il reste à montrer que sa grandeur est représentée par la longueur de la diagonale AD.

Imaginons une force AE égale à la résultante inconnue et dirigée suivant le prolongement de la diagonale AD. Cette force fera équilibre aux forces P et Q. Par conséquent la résultante des forces P et AE sera dirigée dans le prolongement AF de la droite AC. Or, d'après le numéro précédent, cette direction doit être celle de la diagonale du parallélogramme AEFB. Donc les deux triangles AEF, DAC seront égaux comme ayant un côté égal adjacent à deux angles égaux, savoir : EF = CD, puisque EF = AB = CD; les angles AFE et ACD égaux comme alternes-internes; les angles AEF et ADC égaux par la même raison. Donc AE = AD. Donc la diagonale représente bien l'intensité de la résultante.

Fig. 4.

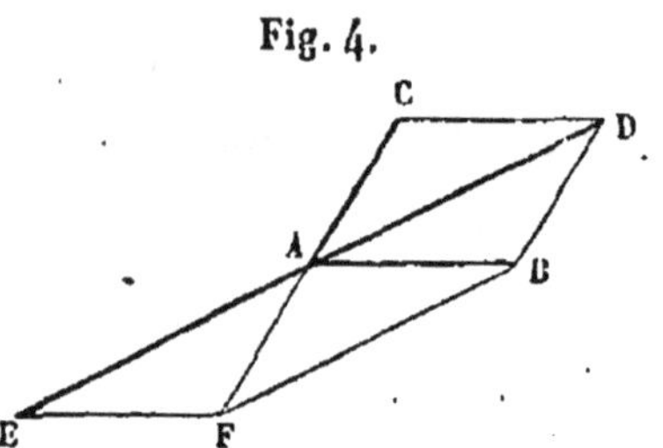

COMPOSITION DE PLUSIEURS FORCES CONCOURANTES.

13. En partant du théorème (10), il est facile d'obtenir la résultante d'un nombre quelconque de forces appliquées en un même point. En effet, supposons qu'un certain nombre de forces P, P′, P″, P‴, appliquées au point A, soient représentées en grandeur et en direction par

Fig. 5.

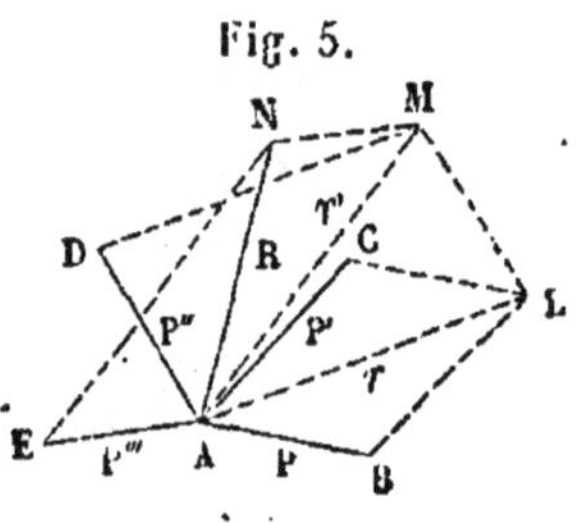

les droites AB, AC, AD, AE. Les deux forces P et P′ auront une résultante r représentée par la diagonale AL du parallélogramme ABLC. De même la diagonale AM du parallélogramme ALMD représentera la résultante r' des forces r et P″, ou la résultante des forces P, P′ et P″. Enfin, la diagonale AN représentera la résultante R de r' et de P‴, c'est-à-dire la résultante des forces P, P′, P″ et P‴.

En réduisant la construction à sa partie essentielle, on voit que, *si l'on décrit un contour polygonal dont les côtés successifs soient parallèles à la direction des forces* P, P′, P″,..., *et proportionnels à leur intensité, la droite qui fermera le contour représentera en grandeur et en direction la résultante cherchée.*

14. Si le contour se ferme de lui-même, les forces P, P′, P″,..., se feront équilibre, et réciproquement.

15. Considérons en particulier le cas de trois forces X, Y, Z, représentées par les trois côtés contigus AB, AC, AD du parallélipipède ABCDG. Il résulte de la construction précédente que la résultante R de ces trois forces est représentée par la diagonale AG de ce parallélipipède.

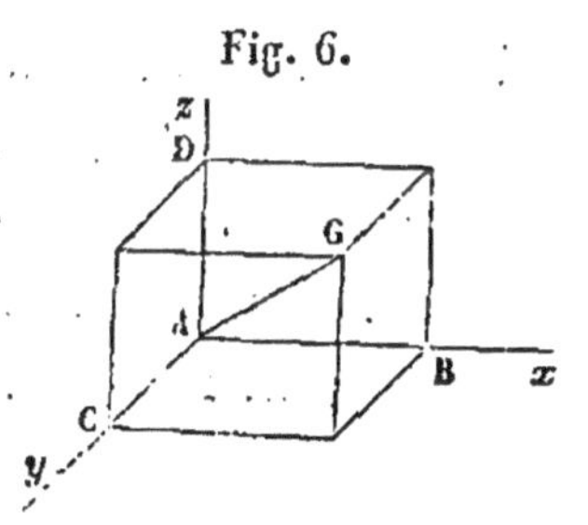

16. *Réciproquement*, on peut toujours décomposer une force R, dirigée suivant AG, et appliquée au point A, en trois autres dirigées suivant trois droites quelconques Ax, Ay, Az partant du point A et non situées dans un même plan; car, si l'on mène par le point G trois plans parallèles aux plans xy, xz, yz, on formera un parallélipipède, et AG = R sera la résultante des trois forces X, Y, Z, représentées par les arêtes AB, AC, AD.

RELATIONS ENTRE UNE FORCE ET SES COMPOSANTES SUIVANT TROIS AXES RECTANGULAIRES.

17. Dans le cas où les composantes sont perpendiculaires entre elles, les lignes AB, AC, AD sont les projections orthogonales de AG sur les trois axes Ax, Ay, Az; donc si l'on désigne par a, b, c les angles que la résultante fait avec les axes, on aura

$$(1)\qquad X = R\cos a,\quad Y = R\cos b,\quad Z = R\cos c.$$

Ces relations font connaître immédiatement les composantes X, Y, Z, quand R, a, b, c sont connus. Si, au contraire, les forces X, Y, Z sont données, on pourra en déduire R, a, b, c. En effet, en élevant au carré les équations (1) et les ajoutant, on aura

$$R^2 = X^2 + Y^2 + Z^2,$$

à cause de

$$\cos^2 a + \cos^2 b + \cos^2 c = 1.$$

Il en résulte

$$(2)\qquad R = \sqrt{X^2 + Y^2 + Z^2},$$

et, par suite,

$$(3)\qquad \left\{\begin{aligned} \cos a &= \frac{X}{\sqrt{X^2+Y^2+Z^2}},\\ \cos b &= \frac{Y}{\sqrt{X^2+Y^2+Z^2}},\\ \cos c &= \frac{Z}{\sqrt{X^2+Y^2+Z^2}}. \end{aligned}\right.$$

18. Les formules (1) sont générales, pourvu que, regardant comme *positives* les forces qui tirent le point A dans le sens des coordonnées positives, et par suite comme *négatives* celles qui tirent dans le sens contraire, on prenne pour a, b, c les angles que fait la direction de la résultante avec les parties positives des axes Ax, Ay, Az.

Pour s'en convaincre, il suffit d'examiner, par exemple, le cas où X et Y étant positives, Z serait négative. On voit, en construisant le parallélipipède ABCD, que la résultante R fait avec Ax et Ay des angles aigus et avec Az un angle obtus; on a donc

Fig. 7.

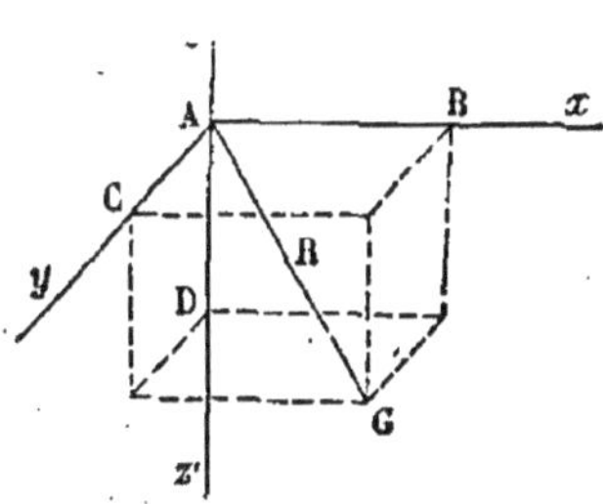

$$\cos a > 0, \quad \cos b > 0, \quad \cos c < 0,$$

et il vient

$$X = R \cos a, \quad Y = R \cos b,$$

et

$$-Z = R \cos(\pi - c).$$

Mais cette dernière égalité revient à

$$Z = R \cos c.$$

Ainsi les formules (1) sont encore applicables dans ce cas.

DEUXIÈME LEÇON.

SUITE DE LA COMPOSITION DES FORCES CONCOURANTES.

Calcul de la résultante d'un nombre quelconque de forces appliquées en un même point. — Conditions d'équilibre de plusieurs forces concourantes. — Équilibre d'un point assujetti à demeurer sur une surface, — sur une courbe.

CALCUL DE LA RÉSULTANTE D'UN NOMBRE QUELCONQUE DE FORCES APPLIQUÉES EN UN MÊME POINT.

19. On ramène au cas de trois forces rectangulaires la composition d'un nombre quelconque de forces appliquées en un même point A.

En effet, menons par ce point trois axes rectangulaires quelconques Ax, Ay, Az. Soient $\alpha, \beta, \gamma; \alpha', \beta', \gamma', \ldots$, les angles que les directions des forces $P, P', P'', \ldots$ font avec les axes Ax, Ay, Az.

Si l'on décompose la force P en trois autres dirigées suivant les axes, ces composantes seront représentées, quant à la grandeur et au signe, par

$$P\cos\alpha, \quad P\cos\beta, \quad P\cos\gamma.$$

Des expressions analogues représenteront les composantes des forces $P', P'', \ldots$. En désignant par X, Y, Z les résultantes des forces dirigées suivant les axes, on aura

$$(1)\qquad \left\{\begin{aligned} X &= P\cos\alpha + P'\cos\alpha' + P''\cos\alpha'' + \ldots,\\ Y &= P\cos\beta + P'\cos\beta' + P''\cos\beta'' + \ldots,\\ Z &= P\cos\gamma + P'\cos\gamma' + P''\cos\gamma'' + \ldots.\end{aligned}\right.$$

La question est donc ramenée à la composition de trois forces appliquées à angle droit en un même point. En appelant R la grandeur de la résultante, et a, b, c les angles qu'elle fait avec les axes, on aura (17)

$$(2)\quad \begin{cases} R = \sqrt{X^2 + Y^2 + Z^2}, \\ \cos a = \dfrac{X}{R}, \quad \cos b = \dfrac{Y}{R}, \quad \cos c = \dfrac{Z}{R}. \end{cases}$$

20. L'intensité de la résultante ne dépend pas du choix des axes ou des angles $\alpha, \beta, \gamma; \alpha', \beta', \gamma', \ldots$: il doit donc être possible de l'exprimer indépendamment de ces quantités.

En effet, élevons au carré les équations (1) et ajoutons-les. En observant que l'on a

$$X^2 + Y^2 + Z^2 = R^2,$$
$$\cos^2\alpha + \cos^2\beta + \cos^2\gamma = 1,$$
$$\cos^2\alpha' + \cos^2\beta' + \cos^2\gamma' = 1,$$
$$\ldots\ldots\ldots\ldots\ldots\ldots,$$

il viendra

$$R^2 = P^2 + P'^2 + P''^2 + \ldots$$
$$+ 2PP'(\cos\alpha\cos\alpha' + \cos\beta\cos\beta' + \cos\gamma\cos\gamma') + \ldots.$$

Mais si l'on désigne par (P, P') l'angle que font entre elles les directions des forces P et P', on a

$$\cos\alpha\cos\alpha' + \cos\beta\cos\beta' + \cos\gamma\cos\gamma' = \cos(P, P').$$

Par conséquent, on a

$$(3)\quad \begin{cases} R^2 = P^2 + P'^2 + P''^2 + \ldots \\ \qquad + 2PP'\cos(P, P') + 2PP''\cos(P, P'') + \ldots, \end{cases}$$

formule où la grandeur de la résultante est exprimée en fonction des intensités des forces et des angles qu'elles font entre elles.

Si l'on considère $R, P, P', \ldots$ comme les côtés d'un polygone, cette équation donnera la valeur d'un côté en fonction des autres côtés et des angles que ces côtés font entre eux. Il en résulte ce théorème : *Le carré d'un côté d'un polygone est égal à la somme des carrés des autres côtés, plus deux fois la somme des produits de ces der-*

niers côtés pris deux à deux et multipliés par le cosinus de l'angle qu'ils forment.

21. Au lieu de décomposer, comme nous venons de le faire, la force P en trois forces dirigées suivant les trois axes Ax, Ay, Az, on peut la décomposer en deux forces agissant, l'une suivant Ax, et l'autre dans un plan zAy perpendiculaire à Ax. La composante suivant Ax est représentée en grandeur et en signe par $P\cos\alpha$. On dit alors que $P\cos\alpha$ représente la force P *estimée suivant la direction* Ax. Sous ce point de vue, les équations (1) donnent lieu au théorème suivant :

La résultante de plusieurs forces, estimée suivant un axe quelconque, est égale à la somme de ces forces estimées suivant le même axe.

CONDITIONS D'ÉQUILIBRE DE PLUSIEURS FORCES CONCOURANTES.

22. Pour que plusieurs forces appliquées à un même point se fassent équilibre, il faut que leur résultante soit nulle. Or, en conservant les mêmes notations que dans la question précédente, on a

$$R = \sqrt{X^2 + Y^2 + Z^2}$$

On devra donc avoir

$$X = 0, \quad Y = 0, \quad Z = 0,$$

c'est-à-dire

$$(1) \quad \begin{cases} P\cos\alpha + P'\cos\alpha' + P''\cos\alpha'' + \ldots = 0, \\ P\cos\beta + P'\cos\beta' + P''\cos\beta'' + \ldots = 0, \\ P\cos\gamma + P'\cos\gamma' + P''\cos\gamma'' + \ldots = 0, \end{cases}$$

et réciproquement, *si ces conditions sont remplies, il y aura équilibre,* puisque la résultante sera nulle.

23. Il est aisé de vérifier que, si ces conditions sont remplies, l'une quelconque des forces sera égale et opposée à la résultante de toutes les autres.

En effet, désignons par R′ la résultante des forces P′, P″, P‴,..., et par a', b', c' les angles que cette résultante fait avec les axes; nous aurons

$$(2)\quad \begin{cases} R' \cos a' = P' \cos\alpha' + P'' \cos\alpha'' + \ldots, \\ R' \cos b' = P' \cos\beta' + P'' \cos\beta'' + \ldots, \\ R' \cos c' = P' \cos\gamma' + P'' \cos\gamma'' + \ldots. \end{cases}$$

La comparaison de ces équations et des équations (1) donne

$$(3)\quad \begin{cases} P\cos\alpha = - R'\cos\alpha', \\ P\cos\beta = - R'\cos\beta', \\ P\cos\gamma = - R'\cos\gamma'; \end{cases}$$

d'où l'on tire, en élevant au carré et ajoutant membre à membre,

$$P^2 = R'^2 \quad \text{ou} \quad P = R',$$

et, par suite,

$$\cos\alpha = -\cos a', \quad \cos\beta = -\cos b', \quad \cos\gamma = -\cos c',$$

ou bien

$$\alpha = \pi - a', \quad \beta = \pi - b', \quad \gamma = \pi - c' :$$

d'où l'on conclut que la force P est bien égale et directement opposée à la résultante R′ des forces P′, P″, P‴,....

ÉQUILIBRE D'UN POINT ASSUJETTI A SE MOUVOIR SUR UNE SURFACE.

24. Nous avons supposé jusqu'à présent que le point A, à part l'action des forces P, P′, P″,..., était parfaitement libre dans l'espace. Les conditions d'équilibre ne seraient plus les mêmes si le point était assujetti à demeurer sur une surface ou sur une courbe donnée.

Fig. 8.

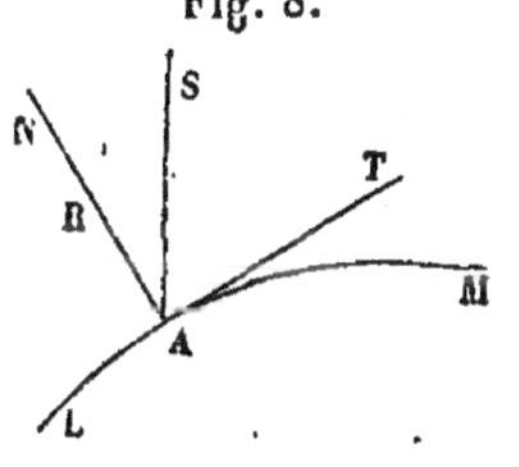

Dans le premier cas, si le point A est sollicité par une force R normale à la surface considérée, il devra être en repos. Car il ne pourrait commencer à s'éloigner de sa position que suivant la direction d'une des tangentes à la surface au point A, et comme toutes les tangentes font un angle droit avec la direction AN de la force, il n'y a pas de raison pour que le mouvement naisse dans un sens plutôt que dans un autre; donc le point A restera en repos.

Au contraire, si le point A est sollicité par une force S, dont la direction ne soit pas normale à la surface, il ne restera pas en équilibre. En effet, on peut décomposer la force S en deux autres, l'une dirigée suivant la normale AN à la surface, l'autre suivant l'une des tangentes AT à cette surface, savoir celle qui est à l'intersection du plan tangent et du plan SAN. La première force ne fera que presser le point sur la surface; mais la seconde aura tout son effet, et dès lors le point A glissera sur la surface.

Ainsi, *la condition nécessaire et suffisante pour qu'un point* A, *placé sur une surface et sollicité par des forces quelconques* P, P′, P″, ..., *reste en équilibre, est que ces forces aient une résultante* R *normale à la surface.*

25. Pour exprimer cette condition par l'analyse, prenons trois axes rectangulaires quelconques Ox, Oy, Oz. Appelons α, β, γ; α', β', γ'; ..., les angles que font les forces P, P′, P″, ... avec les axes. Il y aura équilibre si nous introduisons une force N égale et directement opposée à R. Donc si λ, μ, ν désignent les angles que la force N (dirigée suivant AI ou AI′) fait avec les axes, nous aurons

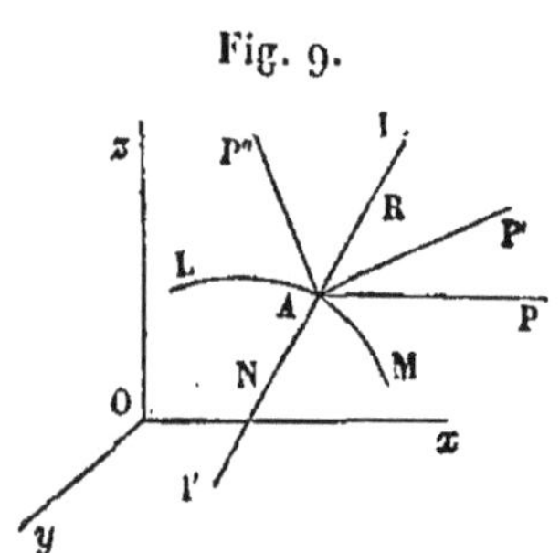

$$(1)\qquad \begin{cases} N\cos\lambda + P\cos\alpha + P'\cos\alpha' + \ldots = 0, \\ N\cos\mu + P\cos\beta + P'\cos\beta' + \ldots = 0, \\ N\cos\nu + P\cos\gamma + P'\cos\gamma' + \ldots = 0. \end{cases}$$

Ces trois équations peuvent être mises sous une forme

plus simple. En effet, soit

$$(2) \qquad f(x, y, z) = 0$$

l'équation de la surface; on aura

$$(3) \qquad \cos\lambda = \pm \frac{\frac{df}{dx}}{\sqrt{\left(\frac{df}{dx}\right)^2 + \left(\frac{df}{dy}\right)^2 + \left(\frac{df}{dz}\right)^2}}.$$

Il faut laisser le double signe, parce que la force inconnue N peut tirer de A vers I ou de A vers I'. Si l'on pose, pour abréger,

$$V = \pm \frac{1}{\sqrt{\left(\frac{df}{dx}\right)^2 + \left(\frac{df}{dy}\right)^2 + \left(\frac{df}{dz}\right)^2}},$$

on a

$$(4) \qquad \cos\lambda = V\frac{df}{dx}, \quad \cos\mu = V\frac{df}{dy}, \quad \cos\nu = V\frac{df}{dz}.$$

De plus, si X, Y, Z désignent les sommes algébriques des forces P, P', P'',..., estimées suivant les axes Ox, Oy, Oz, on a

$$X = P\cos\alpha + P'\cos\alpha' + \ldots,$$
$$Y = P\cos\beta + P'\cos\beta' + \ldots,$$
$$Z = P\cos\gamma + P'\cos\gamma' + \ldots.$$

Les équations (1) deviennent donc

$$(5) \qquad \begin{cases} NV\dfrac{df}{dx} + X = 0, \\ NV\dfrac{df}{dy} + Y = 0, \\ NV\dfrac{df}{dz} + Z = 0. \end{cases}$$

Comme N est une inconnue auxiliaire, on trouvera les conditions d'équilibre cherchées en éliminant N ou NV entre ces équations, ce qui donne

$$(6) \qquad \frac{X}{\frac{df}{dx}} = \frac{Y}{\frac{df}{dy}} = \frac{Z}{\frac{df}{dz}}.$$

On énonce ce résultat en disant que *les sommes des forces estimées suivant trois axes doivent être proportionnelles respectivement aux dérivées partielles du premier membre de l'équation de la surface, rapportées au point d'application.*

26. Si les équations (6) sont vérifiées, il y aura équilibre, et il sera facile de connaître le sens suivant lequel agit la résultante des forces P, P′, P″,..., car on a

$$-\mathrm{NV} = \frac{\mathrm{X}}{\frac{df}{dx}} = \frac{\mathrm{Y}}{\frac{df}{dy}} = \frac{\mathrm{Z}}{\frac{df}{dz}};$$

ce qui montre que V est de signe contraire à l'un quelconque de ces quotients. Quant à N, qui est la pression exercée sur la surface par les forces données, elle sera représentée par l'un des trois quotients

$$-\frac{\mathrm{X}}{\mathrm{V}\frac{df}{dx}}, \quad -\frac{\mathrm{Y}}{\mathrm{V}\frac{df}{dy}}, \quad -\frac{\mathrm{Z}}{\mathrm{V}\frac{df}{dz}}.$$

27. Les deux équations de condition, trouvées plus haut, auraient pu être établies plus rapidement, en observant que les cosinus des angles que fait la résultante des forces P, P′, P″,... avec les axes sont proportionnels à

$$\mathrm{X}, \quad \mathrm{Y}, \quad \mathrm{Z},$$

et que les cosinus des angles que fait la normale AN avec les mêmes axes sont proportionnels à

$$\frac{df}{dx}, \quad \frac{df}{dy}, \quad \frac{df}{dz}.$$

On exprimera que ces deux directions coïncident, en écrivant que leurs cosinus sont proportionnels, c'est-à-dire que

$$\frac{\mathrm{X}}{\frac{df}{dx}} = \frac{\mathrm{Y}}{\frac{df}{dy}} = \frac{\mathrm{Z}}{\frac{df}{dz}}.$$

28. Si, donnant seulement les directions et les intensités des forces P, P′, P″,..., on ne fixait pas la position du point A sur la surface, il faudrait joindre, aux deux équations d'équilibre, l'équation de la surface

$$f(x, y, z) = 0,$$

ce qui déterminerait complétement les coordonnées du point A.

ÉQUILIBRE D'UN POINT ASSUJETTI A DEMEURER SUR UNE COURBE

29. Supposons maintenant que le point d'application des forces P, P′, P″,... soit assujetti à demeurer sur une courbe fixe LM.

On fera voir, comme dans le cas précédent, que la condition nécessaire et suffisante pour que l'équilibre ait lieu, est que la résultante R de toutes ces forces soit perpendiculaire à la tangente AT à la courbe, c'est-à-dire située dans le plan normal mené par le point A. Or, en appelant a, b, c les angles que la résultante fait avec les axes, on a

Fig. 10.

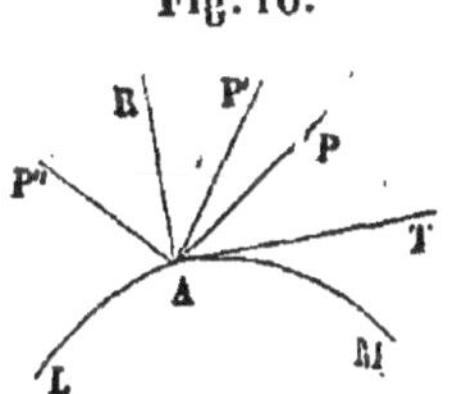

$$(1) \qquad \cos a = \frac{X}{R}, \quad \cos b = \frac{Y}{R}, \quad \cos c = \frac{Z}{R}.$$

D'ailleurs, x, y, z étant les coordonnées du point A, et ds la différentielle de l'arc de courbe, la tangente AT fait avec les axes des angles dont les cosinus sont

$$\frac{dx}{ds}, \quad \frac{dy}{ds}, \quad \frac{dz}{ds};$$

donc

$$\cos RAT = \frac{X}{R}\frac{dx}{ds} + \frac{Y}{R}\frac{dy}{ds} + \frac{Z}{R}\frac{dz}{ds};$$

donc, comme l'angle RAT est droit, on aura

$$\cos \mathrm{RAT} = 0$$

ou

$$(2) \qquad \mathrm{X}dx + \mathrm{Y}dy + \mathrm{Z}dz = 0;$$

c'est la seule condition d'équilibre dans le cas actuel.

Si le point A n'était pas donné d'avance, on aurait pour le déterminer l'équation (2) et les équations de la courbe.

30. Quand le point A est donné, on peut choisir la tangente AT pour l'un des axes, l'axe des x par exemple, et alors, en décomposant chaque force en deux autres, l'une dirigée suivant la tangente AT, et l'autre située dans le plan normal, on voit que la seule condition d'équilibre sera

$$(3) \qquad \mathrm{X} = 0,$$

puisque les forces normales à la courbe ne peuvent produire aucun effet. C'est ce que donne encore l'équation générale, car dans ce cas on a

$$\frac{dy}{ds} = 0, \quad \frac{dz}{ds} = 0,$$

et l'équation (2) se réduit à

$$\mathrm{X} = 0.$$

TROISIÈME LEÇON.

COMPOSITION ET ÉQUILIBRE DES FORCES PARALLÈLES.

Composition de deux forces parallèles. — Couple. — Composition d'un nombre quelconque de forces parallèles. — Centre des forces parallèles. — Théorème des moments. — Calcul des coordonnées du centre des forces parallèles. — Équilibre des forces parallèles.

COMPOSITION DE DEUX FORCES PARALLÈLES. — COUPLE.

31. On sait que, si deux forces P et Q, parallèles et dirigées dans le même sens, sont appliquées respectivement à deux points A et B liés invariablement entre eux, elles ont une résultante R égale à leur *somme* P + Q, dirigée dans le même sens et appliquée en un point C de AB tel, que l'on ait

Fig. 11.

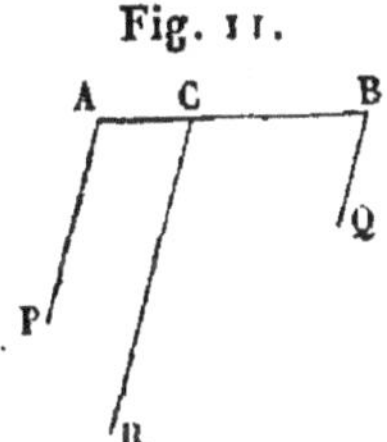

$$\frac{P}{BC} = \frac{Q}{CA} = \frac{R}{AB}.$$

Quand les deux forces agissent en sens contraires, la résultante R est égale à *leur différence* P — Q si l'on a P > Q, tire dans le même sens que la force P, et sa direction rencontre le prolongement de AB en un point C, situé du côté du point A et tel, que l'on ait encore

Fig. 12.

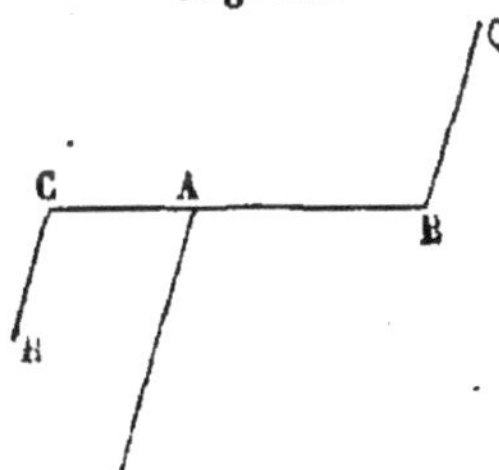

$$\frac{P}{BC} = \frac{Q}{CA} = \frac{R}{AB}.$$

Ainsi, dans tous les cas, *deux forces parallèles et leur résultante*, ou, ce qui revient au même, *trois forces parallèles qui se font équilibre sont proportionnelles chacune à la distance des points d'application des deux autres.*

32. Dans le cas de deux forces de sens contraires, on aura

$$R = P - Q, \quad BC = \frac{P.AB}{P - Q}.$$

Si $Q = P$, on a $R = 0$ et $BC = \infty$. Ainsi, *le système de deux forces parallèles, égales et de sens contraires, qui n'agissent pas suivant la même droite, n'a pas de résultante.* Un pareil système se nomme un *couple.*

33. On peut démontrer directement qu'un couple n'a pas de résultante. En effet, supposons que le couple (P, Q) ait une résultante R. En faisant pivoter le couple en même temps que la force R autour du milieu O du bras du levier AB, on amène la force P à prendre la place de Q et *vice versâ*; R aura pris la position R'. Mais dans cette nouvelle position on aura le même couple qu'auparavant. Il en résulte que ce couple aurait deux résultantes différentes R et R', ce qui est impossible (8). Donc un couple ne peut pas être remplacé par une force unique.

Fig. 13.

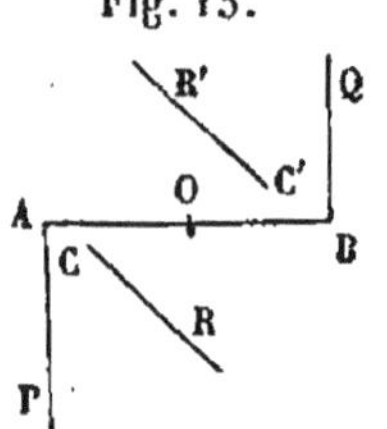

COMPOSITION D'UN NOMBRE QUELCONQUE DE FORCES PARALLÈLES.

34. Soient P, P', P'', ... plusieurs forces parallèles appliquées à des points A, A', A'', ... liés entre eux d'une manière fixe et invariable, et supposons d'abord que toutes ces forces tirent dans le même sens. Le point d'application G de leur résultante s'obtiendra en composant les deux premières forces, puis la résultante des deux premières avec la troisième, et ainsi de suite. La résultante

des forces P, P', P'',... sera évidemment parallèle à ces forces et égale à leur somme.

Admettons, en second lieu, qu'un certain nombre de forces P, P', P'', par exemple, agissent dans un sens, et les autres P''', P^iv dans le sens contraire. On composera d'abord les forces P, P', P'' en une seule $R_1 = P + P' + P''$, appliquée au point D; puis les forces P''' et P^iv en une seule $R_2 = P''' + P^{iv}$, appliquée au point E et parallèle à R_1. Alors, si la force R_1, par exemple, est plus grande que R_2, la résultante totale sera une force

Fig. 14.

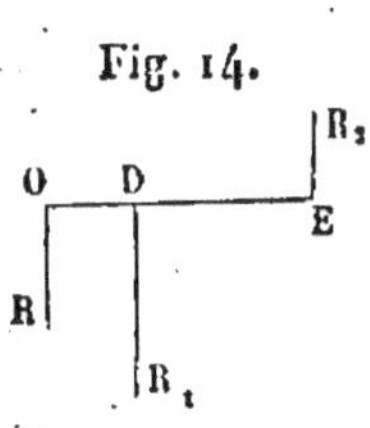

$$R = R_1 - R_2 = P + P' + P'' - P''' - P^{iv},$$

appliquée en un point O déterminé par la proportion

$$\frac{OD}{OE} = \frac{R_2}{R_1}.$$

35. Si l'on avait $R_2 = R_1$ et si le point E n'était pas sur la direction de R_1, le système des forces proposées se réduirait à un couple.

CENTRE DES FORCES PARALLÈLES.

36. Le point d'application de la résultante d'un système de forces parallèles ne dépend que des rapports de grandeur qu'ont ces forces entre elles et de la figure formée par leurs points d'application, d'où résulte ce théorème : *Si l'on change simultanément les directions et les intensités de toutes les forces, de manière que, passant toujours par les mêmes points d'application, elles conservent les mêmes rapports de grandeur et leur parallélisme, la résultante de toutes ces forces passera toujours par le même point.*

Ce point est appelé le *centre des forces parallèles.*

THÉORÈME DES MOMENTS.

37. Occupons-nous maintenant de déterminer par le calcul la position du centre des forces parallèles.

Considérons en premier lieu deux forces P et P′ tirant dans le même sens. Soient A et A′ leurs points d'application, et C celui de leur résultante P + P′. Prenons trois axes rectangulaires, et soient

Fig. 15.

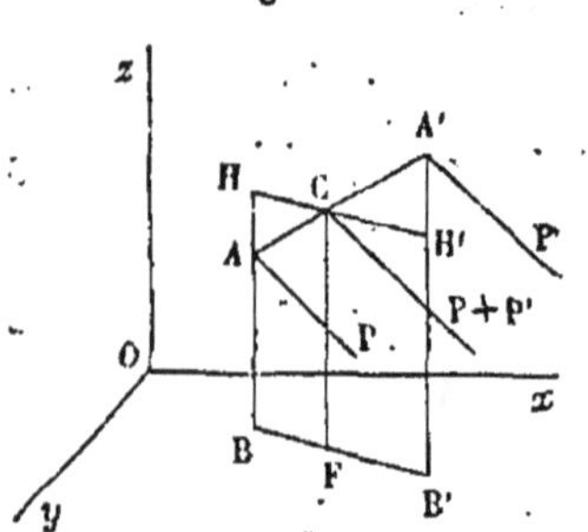

$$AB = z, \quad A'B' = z', \quad CF = z_1.$$

Menons HCH′ parallèle à BB′. Les deux triangles CAH, CA′H′ donnent

$$\text{(1)} \qquad \frac{AH}{A'H'} = \frac{CA}{CA'}$$

ou

$$\frac{z_1 - z}{z' - z_1} = \frac{P'}{P};$$

d'où l'on tire

$$\text{(2)} \qquad (P + P')z_1 = Pz + P'z'.$$

L'expression Pz, ou le produit de la force P multipliée par la distance de son point d'application au plan xOy, comptée sur une direction parallèle à Oz, est ce qu'on appelle le *moment* de la force P *par rapport à ce plan et à cette direction*. Le plus ordinairement cette direction est perpendiculaire au plan xOy : dans tous les cas, l'équation (2) montre que *le moment de la résultante de deux forces parallèles par rapport à un plan est égal à la somme des moments de ces forces par rapport à ce plan.*

38. De là on conclut aisément que si l'on a un nombre quelconque de forces P, P′, P″,... parallèles et de même sens, appliquées en des points A, A′, A″,... situés d'un

même côté du plan xOy, on aura

(3) $$Rz_1 = Pz + P'z' + P''z'' + \ldots,$$

R étant la résultante et z_1, z, z', z'', ... les distances au plan xOy, comptées parallèlement à l'axe des z, des points d'application des forces.

39. Considérons maintenant le cas de deux forces P et P' parallèles et de sens contraires. Soient A, A' et C les points d'application des deux forces et de leur résultante. Posons

Fig. 16.

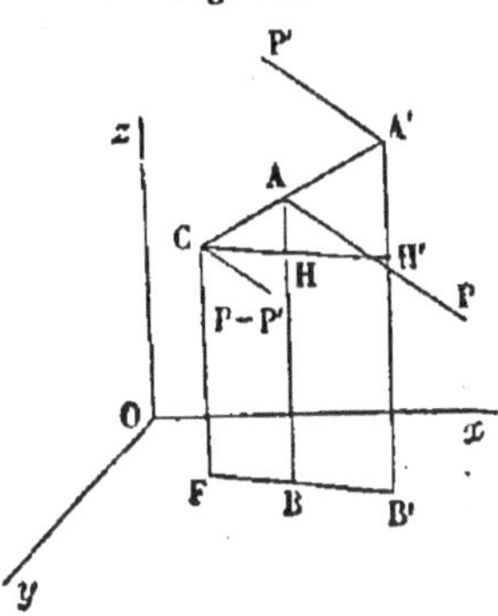

$$AB = z, \quad A'B' = z', \quad CF = z_1.$$

Menons CHH' parallèle à BB', nous aurons

(1) $$\frac{AH}{A'H'} = \frac{CA}{CA'}$$

ou

$$\frac{z - z_1}{z' - z_1} = \frac{P'}{P}.$$

On déduit de là

(2) $$z_1(P - P') = Pz - P'z'.$$

Par conséquent, *le moment de la résultante de deux forces qui agissent en sens contraires est égal à la différence des moments de ces forces.*

40. Enfin, considérons plusieurs forces, dont les unes, P, P', P'', tirent dans un sens, et les autres, P''', P^{IV}, tirent dans le sens opposé.

Fig. 17.

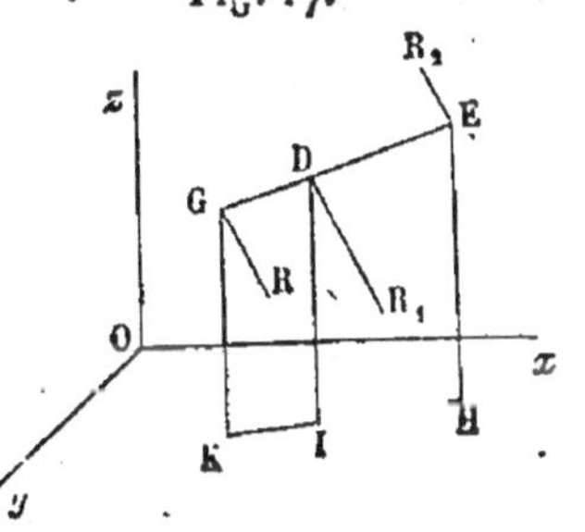

La composition des forces P, P', P'' donnera une résultante

$$R_1 = P + P' + P''$$

appliquée au point D, et l'on

aura

$$(1) \qquad R_1 . DI = Pz + P'z' + P''z''.$$

La composition des forces P''' et P^{iv} donnera une résultante

$$R_2 = P''' + P^{iv}$$

appliquée en E, et l'on aura

$$(2) \qquad R_2 . EH = P'''z''' + P^{iv}z^{iv}.$$

Donc, si R est la résultante de toutes les forces, G son point d'application, et si l'on pose $GK = z_1$, on aura, en supposant $R_1 > R_2$,

$$R = R_1 - R_2,$$
$$Rz_1 = R_1 . DI = R_2 . EH,$$

ou bien

$$(3) \qquad \begin{cases} R = P + P' + P'' - P''' - P^{iv}, \\ Rz_1 = Pz + P'z' + P''z'' - P'''z''' - P^{iv}z^{iv}. \end{cases}$$

41. On voit que ces deux équations rentrent dans les suivantes :

$$(4) \qquad \begin{cases} R = P + P' + P'' + P''' + P^{iv}, \\ Rz_1 = Pz + P'z' + P''z'' + P'''z''' + P^{iv}z^{iv}, \end{cases}$$

pourvu que, regardant comme *positives* les forces qui agissent dans un sens, on regarde comme *négatives* celles qui agissent dans le sens contraire. A l'aide de cette convention, on peut dire, en général, que *le moment de la résultante de plusieurs forces parallèles par rapport à un plan est égal à la somme algébrique des moments de ces forces.*

42. Nous avons supposé jusqu'à présent que les points d'application des forces étaient situés du même côté du plan xOy; mais cette restriction n'est pas nécessaire, et le théorème des moments a toujours lieu en regardant les quantités désignées par z, z', z'', . . ., z_1 comme positives pour des points situés d'un certain côté du plan, et comme négatives pour des points situés du côté opposé.

En effet, les points A, A', A'', . . ., auxquels sont appliquées les forces considérées, étant situés d'une manière quelconque, menons le plan $x'O'y'$ parallèle à xOy et à une distance $OO' = h$ assez grande pour que tous les points A, A', A'', . . . soient au-dessus du plan $x'O'y'$. Alors si $Z, Z', Z'', \ldots, Z_1$ désignent les distances, comptées parallèlement à Oz, des points d'application, au plan $x'Oy'$, on aura

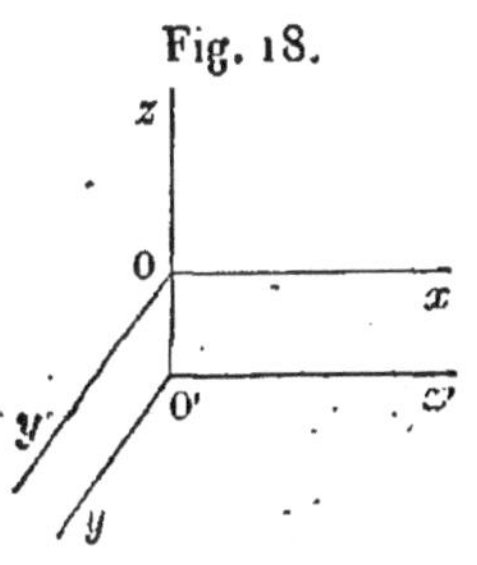

Fig. 18.

$$RZ_1 = PZ + P'Z' + P''Z'' + \ldots;$$

mais, à cause de $R = P + P' + P'' + \ldots$, on a

$$Rh = Ph + P'h + P''h + \ldots;$$

donc, en retranchant membre à membre,

$$R(Z_1 - h) = P(Z - h) + P'(Z' - h) + P''(Z'' - h) + \ldots.$$

Mais on sait qu'en ayant égard aux signes des coordonnées, on a toujours

$$Z - h = z, \quad Z' - h = z', \ldots, \quad Z_1 - h = z_1;$$

donc on aura, dans tous les cas,

$$Rz_1 = Pz + P'z' + P''z'' + \ldots.$$

CALCUL DES COORDONNÉES DU CENTRE DE PLUSIEURS FORCES PARALLÈLES.

43. Si l'on applique le théorème des moments à trois plans coordonnés, on aura, pour déterminer la grandeur de la résultante R d'un système de forces parallèles, et

les coordonnées x_1, y_1, z_1 de son point d'application, les quatre équations

$$(1) \qquad R = P + P' + P'' + \ldots,$$

$$(2) \qquad \begin{cases} Rx_1 = Px + P'x' + P''x'' + \ldots, \\ Ry_1 = Py + P'y' + P''y'' + \ldots, \\ Rz_1 = Pz + P'z' + P''z'' + \ldots. \end{cases}$$

Quand les coordonnées sont obliques, on peut remplacer les x, y, z par les perpendiculaires abaissées des divers points sur les plans yOz, xOz, xOy ; car cela revient à multiplier chacune des équations (2) par le sinus de l'angle que fait l'axe correspondant avec le plan des deux autres axes.

44. Si le plan xOy était mené par le centre des forces parallèles, on aurait $z_1 = 0$, et par suite Rz_1, ou

$$(3) \qquad Pz + P'z' + P''z'' + \ldots = 0.$$

Donc *la somme algébrique des moments d'un système de forces parallèles, par rapport à tout plan qui passe par le centre de ces forces, est nulle*. Et réciproquement, *si la somme algébrique des moments d'un système de forces parallèles, par rapport à un plan, est nulle, ce plan contient le centre de ces forces*, car de

$$Pz + P'z' + P''z'' + \ldots = 0$$

on déduit $Rz_1 = 0$, et, par suite, $z_1 = 0$.

45. Si le système des forces proposées se réduisait à un couple, on aurait $R = 0$ et

$$x_1 = \infty, \quad y_1 = \infty, \quad z_1 = \infty.$$

Ainsi, dans ce cas, il n'y a pas de résultante, comme on le sait déjà.

46. On peut encore déduire des formules ce fait, d'ailleurs évident par la construction géométrique, que si tous les points d'application sont dans un même plan, le cen-

tre des forces sera dans ce plan. En effet, si l'on prend ce plan pour plan des xy, on aura $z=0$, $z'=0,\ldots$, et la troisième des formules (2) donnera $z_1=0$. On verra de même que si tous les points A, A', A'',... sont sur une ligne droite, le centre des forces parallèles sera sur cette ligne.

ÉQUILIBRE DES FORCES PARALLÈLES.

47. La condition nécessaire et suffisante pour que plusieurs forces parallèles P, P', P'',... se fassent équilibre, est que l'une d'elles, P par exemple, soit égale et directement opposée à la résultante R' de toutes les autres. Pour exprimer cette condition par l'analyse, prenons trois axes, dont l'un OZ soit parallèle à la direction des forces.

Fig. 19.

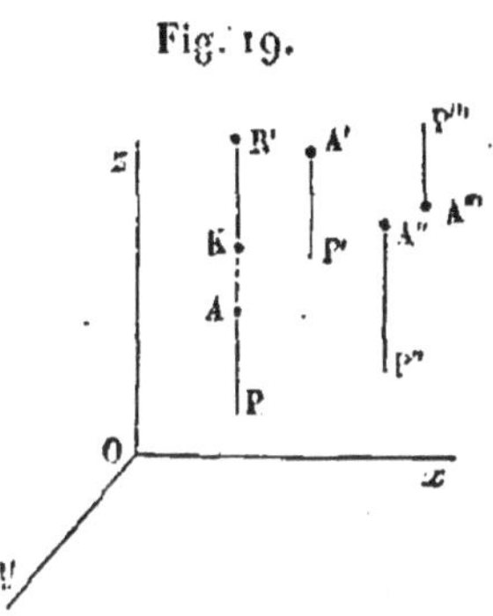

La force P et la force R' se faisant équilibre, on doit avoir

$$R'=-P \quad \text{ou} \quad P+R'=0;$$

mais

$$R'=P'+P''+\ldots.$$

Donc une première condition d'équilibre est que l'on ait

$$(1) \qquad P+P'+P''+\ldots=0.$$

Il faut, en outre, que les directions des forces P et R' coïncident, par conséquent que l'x et l'y de leurs points d'application soient les mêmes. Or, si α et β sont les coordonnées du point K, où est appliquée la force R', on doit avoir (43)

$$R'\alpha=P'x'+P''x''+\ldots,$$

$$R'\beta=P'y'+P''y''+\ldots.$$

Mais puisque $\alpha=x$, $\beta=y$, $R'=-P$, il en résulte

ces deux nouvelles équations d'équilibre

$$(2)\qquad Px + P'x' + P''x'' + \ldots = 0,$$

$$(3)\qquad Py + P'y' + P''y'' + \ldots = 0.$$

48. Réciproquement, si les conditions (1), (2) et (3) sont remplies, la force P sera égale et directement opposée à la résultante R′ des autres forces, et il y aura équilibre.

49. Ainsi les conditions nécessaires et suffisantes pour qu'il y ait équilibre sont données par les trois équations

$$(4)\qquad \begin{cases} P + P' + P'' + \ldots = 0, \\ Px + P'x' + P''x'' + \ldots = 0, \\ Py + P'y' + P''y'' + \ldots = 0. \end{cases}$$

On les énonce ordinairement en disant que *la somme algébrique des forces doit être nulle,* et que *la somme algébrique des moments des forces, par rapport à deux plans parallèles à leur direction, doit être nulle pour chacun de ces deux plans.*

50. Quand le système renferme un point fixe O, les forces proposées ne peuvent pas, dans le cas de l'équilibre, se réduire à un couple. En effet, si l'équilibre existe, le point O éprouve une certaine pression, déterminée de grandeur, de direction et de sens. Par conséquent, si l'on remplaçait la fixité du point O par une force L égale et directement opposée à cette pression, il devrait y avoir encore équilibre; donc un couple et une force unique se détruiraient, ce qui est absurde.

Il résulte de là que, dans le cas d'un point fixe, les forces doivent avoir une résultante unique, dont la direction passe par le point fixe, sans quoi cette force et la force L ne pourraient se faire équilibre. Cette condition est d'ailleurs suffisante.

Or, si l'on prend le point fixe pour origine et l'axe

des z parallèle à la direction des forces, la résultante des forces devant être dirigée suivant cet axe, ses moments, par rapport aux plans zOx et zOy, devront être nuls, et par conséquent on aura

$$(5)\qquad \begin{cases} Px + P'x' + P''x'' + \ldots = 0, \\ Py + P'y' + P''y'' + \ldots = 0. \end{cases}$$

Dans ce cas les conditions d'équilibre se réduisent à deux.

Si le point fixe était le centre des forces parallèles, ces conditions seraient remplies d'elles-mêmes. Par conséquent *l'équilibre existe dans un système de forces parallèles quand on fixe le centre de ces forces,* ce qui est d'ailleurs évident

QUATRIÈME LEÇON.

DU CENTRE DE GRAVITÉ.

Notions sur la pesanteur. — Poids. — Centre de gravité. — Poids spécifique. — Densité. — Centre de gravité d'un assemblage de poids. — Propriétés du centre de gravité. — Centre de gravité des lignes.

NOTIONS SUR LA PESANTEUR.

51. On appelle *pesanteur* ou *gravité* la force qui sollicite tous les corps vers la surface de la terre. Elle s'exerce sur chaque particule matérielle, suivant une direction perpendiculaire à la surface de la terre, ou plutôt à la surface des eaux tranquilles. Cette direction est appelée *verticale*.

Comme les corps que nous considérons ont toujours des dimensions très-petites relativement au rayon terrestre, il est permis de regarder les verticales menées des différents points d'un même corps comme parallèles entre elles.

L'intensité de la pesanteur varie avec la latitude et avec la hauteur du corps; mais on peut, sans erreur appréciable, supposer cette intensité constante aux divers points d'un même corps.

POIDS. — CENTRE DE GRAVITÉ.

52. La force de la gravité ne s'exerce pas seulement sur les molécules situées à la surface d'un corps; elle sollicite également toutes ses particules, puisqu'il faut le même effort pour soutenir un corps que pour soutenir les différentes parties dans lesquelles on le décompose.

Un corps pesant peut donc être considéré comme un assemblage de points matériels liés entre eux d'une manière invariable et sollicités par de petites forces parallèles, puisqu'elles agissent toutes dans la verticale, et de même sens. La résultante de toutes ces forces est appelée le *poids* du corps, et leur centre est dit le *centre de gravité* du corps.

53. La direction du poids du corps passera toujours par le centre de gravité, quelle que soit la position du corps, et le corps demeurera en équilibre, si l'on fixe le centre de gravité.

De là résulte un moyen de déterminer par l'expérience le centre de gravité d'un corps. Car si l'on suspend le corps à un point fixe, par un fil flexible, la direction de ce fil, quand l'équilibre est établi, doit passer par le centre de gravité. Donc, si l'on suspend le corps dans deux positions différentes, son centre de gravité sera déterminé par l'intersection des deux directions du fil.

POIDS SPÉCIFIQUE. — DENSITÉ.

54. Quand la matière d'un corps est *homogène*, des volumes égaux de ce corps ont des poids égaux; en d'autres termes, le poids est proportionnel au volume.

Si l'on compare entre eux deux corps homogènes, formés de substances différentes, les poids de chacun d'eux, sous le même volume, sont différents.

On appelle *pesanteur spécifique* d'un corps le poids de l'unité de volume de ce corps. Si ϖ désigne ce poids, P le poids du corps et v le volume, on aura donc

$$P = \varpi v.$$

On prend pour unité de poids le poids de 1 centimètre cube d'eau distillée, à son maximum de densité, c'est-à-dire à la température de $4^o,1$. Le poids d'un corps varie avec le lieu où il est placé; mais, comme les poids de tous les corps varient dans le même rapport, le poids d'un corps quelconque exprimé en grammes est le même partout.

55. Quand un corps n'est pas homogène, on nomme *densité moyenne* le rapport du poids de ce corps à son volume. On appelle *densité, en un point* M *de ce corps*, la limite vers laquelle tend la densité moyenne d'un volume de matière tout autour du point M, quand ce volume tend vers zéro. La densité d'un corps non homogène est ordinairement une fonction continue des coordonnées de ses différents points.

CENTRE DE GRAVITÉ D'UN ASSEMBLAGE DE CORPS.

56. Quand on connaît les poids et les centres de gravité de plusieurs corps liés entre eux d'une manière invariable, on peut trouver le centre de gravité de leur ensemble, soit par la composition successive des poids de ces corps, soit par le théorème des moments.

Soient $A(x, y, z)$, $A'(x', y', z')$, $A''(x'', y'', z'')$,... les centres de gravité de différents corps, dont les poids sont p, p', p'',.... Nommons P le poids total et x_1, y_1, z_1 les coordonnées du centre de gravité du système; on a (43)

$$(1) \qquad P = p + p' + p'' + \ldots,$$

$$(2) \qquad \begin{cases} Px_1 = px + p'x' + p''x'' + \ldots, \\ Py_1 = py + p'y' + p''y'' + \ldots, \\ Pz_1 = pz + p'z' + p''z'' + \ldots, \end{cases}$$

équations qui font connaître P, x_1, y_1 et z_1.

Quand les corps sont homogènes, on peut, dans les égalités précédentes, substituer les volumes aux poids correspondants.

57. Si l'un des plans coordonnés, par exemple le plan des xy, contient le centre de gravité, alors $z_1 = 0$, et l'on a

$$(3) \qquad pz + p'z' + p''z'' + \ldots = 0,$$

c'est-à-dire que *la somme des moments des poids, par rapport à tout plan passant par le centre de gravité du système, est égale à zéro.*

PROPRIÉTÉS DU CENTRE DE GRAVITÉ.

58. *Soient* A (x, y, z), A$'(x', y', z')$, A$''(x'', y'', z'')$,... *les centres de gravité de plusieurs corps dont les poids sont respectivement* p, p', p'',..., *et* O *le centre de gravité du système de ces poids; posons* $OA = r$, $OA' = r'$, $OA'' = r''$,...: *si l'on applique suivant* OA, OA$'$, OA$''$,... *des forces* pr, $p'r'$, $p''r''$,..., *ces forces se feront équilibre.*

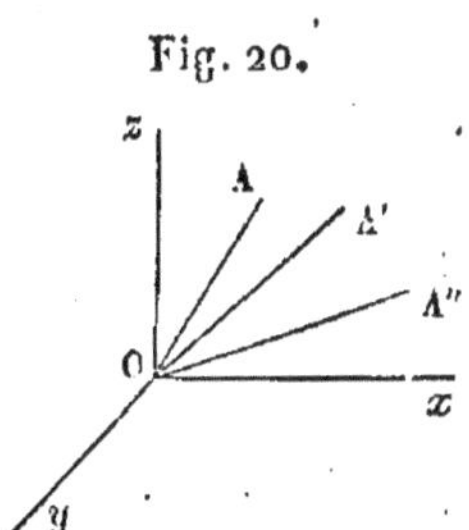

Fig. 20.

En effet, menons par le point O trois axes rectangulaires. Puisque le plan zOy passe par le centre de gravité, on aura (57)

$$(1) \qquad px + p'x' + p''x'' + \ldots = 0.$$

Or on a

$$x = r\cos\alpha, \quad x' = r'\cos\alpha', \quad x'' = r''\cos\alpha'', \ldots,$$

α, α', α'',... étant les angles que OA, OA$'$, OA$''$,... font avec l'axe des x; donc

$$(2) \qquad pr\cos\alpha + p'r'\cos\alpha' + p''r''\cos\alpha'' + \ldots = 0.$$

Mais $pr\cos\alpha$, $p'r'\cos\alpha'$, $p''r''\cos\alpha''$,... sont les composantes des forces pr, $p'r'$,... estimées suivant l'axe Ox. Donc, comme la somme algébrique de ces composantes est nulle, quelle que soit la direction de cet axe, les forces pr, $p'r'$,..., appliquées suivant OA, OA$'$,..., se font équilibre (22).

59. On conclut de là que, *si les poids appliqués en* A, A$'$, A$''$,... *sont égaux, des forces appliquées au point* O *et représentées par les droites* OA, OA$'$, OA$''$,... *se font équilibre.*

60. Réciproquement, *si des forces appliquées en un même point* O, *et représentées, en grandeur et en direc-*

tion, par $OA = r$, $OA' = r'$, $OA'' = r''$,..., *se font équilibre, des corps ayant tous des poids égaux à* p, *et leurs centres de gravité aux points* A, A', A'',..., *formeront un système dont le centre de gravité sera au point* O.

En effet, puisque les forces se font équilibre, on a

$$(1) \qquad r\cos\alpha + r'\cos\alpha' + r''\cos\alpha'' + \ldots = 0;$$

par suite

$$(2) \qquad pr\cos\alpha + pr'\cos\alpha' + pr''\cos\alpha'' + \ldots = 0,$$

ou bien

$$px + px' + px'' + \ldots = 0.$$

Mais si P désigne le poids du système, et x_1, y_1, z_1 les coordonnées du centre de gravité, le premier membre de la dernière équation est égal à Px_1. Donc

$$(3) \qquad x_1 = 0.$$

On démontrerait de même que l'on a

$$(4) \qquad y_1 = 0, \quad z_1 = 0;$$

donc le point O est le centre de gravité du système.

61. Soient A (x, y, z), A' (x', y', z'), A'' (x'', y'', z''),... les centres de gravité de divers poids p, p', p'',..., et G (x_1, y_1, z_1) le centre de gravité du système, les axes étant menés par un point quelconque. Posons

Fig. 21.

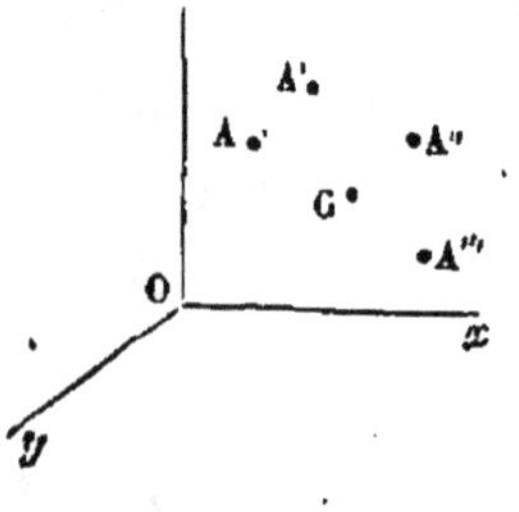

$$OA = r, \quad OA' = r',$$
$$OA'' = r'', \ldots, \quad OG = r_1.$$

On a, comme nous l'avons vu (56),

$$(1) \qquad \begin{cases} Px_1 = px + p'x' + p''x'' + \ldots, \\ Py_1 = py + p'y' + p''y'' + \ldots, \\ Pz_1 = pz + p'z' + p''z'' + \ldots. \end{cases}$$

Élevant ces trois équations au carré et ajoutant, on a

$$\begin{aligned}P^2 r_1^2 = p^2 r^2 + p'^2 r'^2 + p''^2 r''^2 + \ldots \\ + 2pp'(xx' + yy' + zz') + 2pp''(xx'' + yy'' + zz'') \\ + \ldots\ldots\ldots\ldots\ldots\ldots\ldots\ldots\end{aligned}$$

Or on a

$$\begin{aligned}\overline{AA'}^2 &= (x - x')^2 + (y - y')^2 + (z - z')^2 \\ &= r^2 + r'^2 - 2(xx' + yy' + zz');\end{aligned}$$

donc

$$2(xx' + yy' + zz') = r^2 + r'^2 - \overline{AA'}^2,$$

et de même

$$2(xx'' + yy'' + zz'' = r^2 + r''^2 - \overline{AA''}^2,$$

et ainsi de suite.

Donc

$$\begin{aligned}P^2 r_1^2 = p^2 r^2 + p'^2 r'^2 + p''^2 r''^2 + \ldots \\ + pp'\left(r^2 + r'^2 - \overline{AA'}^2\right) + pp''\left(r^2 + r''^2 - \overline{AA''}^2\right) \\ + \ldots\ldots\ldots\ldots\ldots\ldots\ldots\ldots\end{aligned}$$

ou bien

$$\begin{aligned}P^2 r_1^2 = (pr^2 + p'r'^2 + p''r''^2 + \ldots)(p + p' + p'' + \ldots) \\ - pp'\overline{AA'}^2 - pp''\overline{AA''}^2 - \ldots - p'p''\overline{A'A''}^2 - \ldots,\end{aligned}$$

ou, à cause de $P = p + p' + p'' + \ldots$,

$$(2) \qquad \left\{\begin{aligned}P^2 r_1^2 = P(pr^2 + p'r'^2 + p''r''^2 + \ldots \\ - pp'\overline{AA'}^2 - pp''\overline{AA''}^2 - \ldots.\end{aligned}\right.$$

Cette formule donne la distance r_1 du centre de gravité à un point quelconque O, en fonction des distances des points A, A', A'',... au point O, et des distances mutuelles de ces points. On pourra donc déterminer la position du centre de gravité G, en calculant par cette formule sa distance à trois points donnés.

62. De la dernière formule on tire

$$pr^2 + p'r'^2 + p''r''^2 + \ldots = Pr_1^2 + \frac{1}{P}\left(pp'\overline{AA'}^2 + pp''\overline{AA''}^2 + \ldots\right).$$

Quand le point O se déplace, le terme Pr_1^2 varie seul dans le second membre ; on en conclut que l'expression

$$pr^2 + p'r'^2 + p''r''^2 + \ldots$$

atteint sa plus petite valeur quand $r_1 = 0$, c'est-à-dire quand le point O coïncide avec le centre de gravité du système, et que cette expression a la même valeur pour tous les points de la surface d'une sphère, ayant le point G pour centre.

CENTRE DE GRAVITÉ DES LIGNES.

63. Les lignes et les surfaces que l'on considère en géométrie n'ont aucun poids ; mais on peut supposer que ces figures soient chargées d'une multitude de points matériels pesants, ou, ce qui revient au même, que tous leurs points géométriques soient sollicités par de petites forces parallèles. Le centre de ces forces sera, par définition, le centre de gravité de la ligne ou de la surface considérée.

Une ligne est *homogène* quand des parties de cette ligne égales en longueur sont sollicitées par des résultantes égales ou des poids égaux. De même, une surface sera homogène lorsque des portions égales de cette surface auront des poids égaux.

64. Pour trouver le centre de gravité d'une ligne homogène CD, il suffit d'exprimer que le moment du poids de cette ligne, par rapport à trois plans quelconques, est égal à la somme des moments des poids des éléments linéaires qui composent cette ligne, par rapport aux mêmes plans.

Fig. 22.

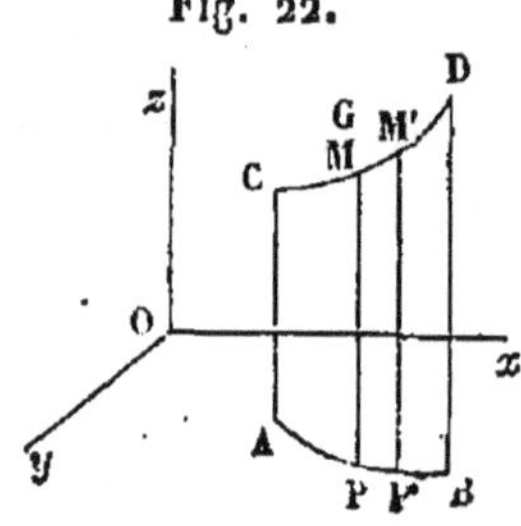

Soient $CMD = l$ la longueur de l'arc entier, $M(x, y, z)$ un point quelconque de cette ligne, et posons

$$CM = s, \quad MM' = \Delta s.$$

On a d'abord, entre des limites

3.

convenables,

$$l = \int \sqrt{dx^2 + dy^2 + dz^2}.$$

Le moment de l'élément MM' $= \Delta s$, par rapport au plan xy, est $\Delta s(z + \alpha)$, α devenant nul en même temps que Δs. En effet, on peut supposer que le point $M'(x + \Delta x, y + \Delta y, z + \Delta z)$ soit assez rapproché du point M pour que l'arc MM' soit entièrement compris entre deux plans parallèles à xOy, menés par les points M et M'; par suite, le z du centre de gravité de ce petit arc sera compris entre z et $z + \Delta z$. On pourra donc le représenter par $z + \alpha$, α étant moindre que Δz.

Donc, si l'on désigne par x_1, y_1, z_1 les coordonnées du point G, centre de gravité de CD, on aura

$$(1) \qquad lz_1 = \Sigma z \Delta s + \Sigma \alpha \Delta s,$$

de quelque manière que la courbe soit partagée. Cette équation a donc encore lieu quand les éléments analogues à MM' sont infiniment petits et leur nombre infini. Mais on sait que

$$\lim \Sigma \alpha \Delta s = 0, \quad \lim \Sigma z \Delta s = \int z\, ds;$$

donc

$$(2) \qquad lz_1 = \int z\, ds.$$

On opérera de la même manière par rapport aux plans xOz et yOz, de telle sorte que les coordonnées du point G seront déterminées par les trois formules

$$(3) \qquad lx_1 = \int x\, ds, \quad ly_1 = \int y\, ds, \quad lz_1 = \int z\, ds,$$

ces trois intégrales étant prises entre des limites qui correspondent aux extrémités C et D de l'arc proposé.

65. Si la courbe est plane, on peut prendre son plan pour celui des xy, et alors $z_1 = 0$. On n'a donc plus

besoin que des formules

$$(4)\qquad lx_1 = \int x\,ds, \quad ly_1 = \int y\,ds.$$

66. On peut encore parvenir aux formules (3) en considérant la ligne CD comme la limite d'une ligne polygonale et homogène qui lui serait inscrite.

En effet, on peut admettre comme évident que le centre de gravité d'une droite homogène est au milieu de sa longueur. Le moment de la droite MM', par rapport au plan xOy, sera donc

$$\text{MM}' \times \left(z + \frac{\Delta z}{2}\right)$$

ou

$$\sqrt{\Delta x^2 + \Delta y^2 + \Delta z^2}\left(z + \frac{\Delta z}{2}\right);$$

z_1 étant le z du centre de gravité de la ligne polygonale inscrite, on aura donc

$$z_1 . \Sigma \text{MM}' = \Sigma \text{MM}' . z + \Sigma \frac{\text{MM}' . \Delta z}{2}.$$

Si l'on passe à la limite, on aura

$$\lim \Sigma \text{MM}' = l, \quad \lim \Sigma \text{MM}' . z = \int z\,ds, \quad \lim \Sigma \frac{\text{MM}' . \Delta z}{2} = 0;$$

donc

$$lz_1 = \int z\,ds.$$

CINQUIÈME LEÇON.

CENTRE DE GRAVITÉ DES LIGNES ET DES SURFACES.

Application des formules précédentes : ligne droite, — arc de cercle, — cycloïde, — parabole. — Centre de gravité des surfaces. — Cas des figures planes. — Application au triangle, à la parabole, — au segment circulaire, — à la cycloïde.

LIGNE DROITE.

67. Comme exemple de ce qui précède, cherchons le centre de gravité d'un segment de droite.

Fig. 23.

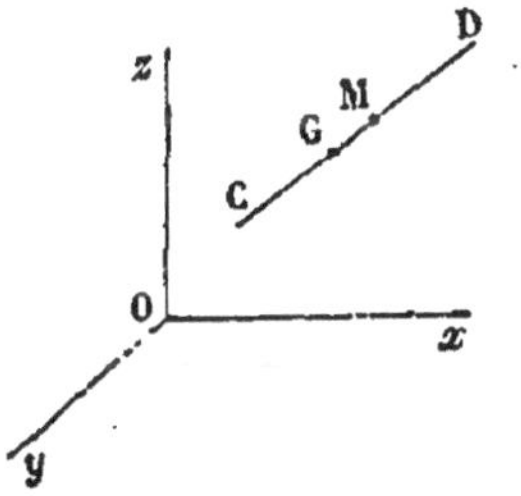

Appelant a, b, c les coordonnées du point C ; α, β, γ les angles que la droite fait avec les axes, et $CM = s$ la longueur comprise sur la droite entre le point C et un point quelconque M (x, y, z) de cette droite : il est facile de voir que celle-ci est déterminée par les trois équations

$$(1)\qquad \left\{\begin{aligned} x &= a + s\cos\alpha,\\ y &= b + s\cos\beta,\\ z &= c + s\cos\gamma. \end{aligned}\right.$$

Or, en appelant l la longueur CD du segment, on a d'abord

$$lx_1 = \int x\,ds = \int a\,ds + \int s\,ds\cos\alpha.$$

Cette intégrale indéfinie est

$$lx_1 = as + \frac{s^2}{2}\cos\alpha.$$

Nous ne mettons pas de constante, parce que le moment lx_1 doit être nul pour $s = 0$. Cette intégrale devant être prise de $s = 0$ à $s = l$, on a

$$lx_1 = al + \frac{l^2}{2}\cos\alpha,$$

ou

$$x_1 = a + \frac{1}{2}l\cos\alpha;$$

on a de même

$$y_1 = b + \frac{1}{2}l\cos\beta,$$

$$z_1 = c + \frac{1}{2}l\cos\gamma.$$

Le centre de gravité G, ainsi déterminé, est le milieu de CD : car les équations (1), en y faisant $s = \frac{1}{2}l$ donnent, pour les coordonnées du point milieu de CD,

$$x = a + \frac{1}{2}l\cos\alpha,$$

$$y = b + \frac{1}{2}l\cos\beta,$$

$$z = c + \frac{1}{2}l\cos\gamma.$$

ARC DE CERCLE.

68. Le centre de gravité de l'arc de cercle BAC est évidemment situé sur la droite OA, qui passe par le centre du cercle et par le milieu de l'arc. Prenons donc OA pour axe des x, et une perpendiculaire Oy pour axe des y.

Fig. 24.

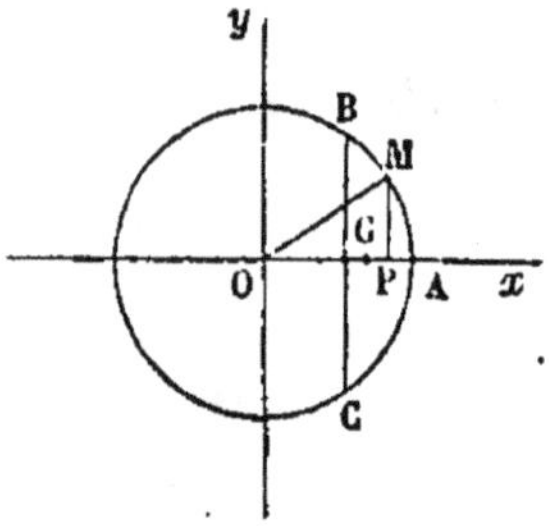

Posons

$$OA = a,\quad BAC = l,\quad AM = s,\quad x_1 = OG.$$

On a

$$x = \mathrm{OP} = a\cos \mathrm{MOP} = a\cos\frac{s}{a};$$

donc

(1) $$lx_1 = \int x\,ds = \int a\cos\frac{s}{a}\,ds.$$

Or

$$\int a\cos\frac{s}{a}\,ds = a^2\sin\frac{s}{a} + \mathrm{C},$$

donc

$$\int_{-\frac{1}{2}l}^{\frac{1}{2}l} a\cos\frac{s}{a}\,ds = 2a^2\sin\frac{l}{2a} = a\times 2a\sin\frac{l}{2a} = a\times \mathrm{BC}.$$

Donc si l'on désigne par c la corde BC, on aura

(2) $$x_1 = \frac{ac}{l}.$$

Ainsi, *la distance* OG *du centre de gravité de l'arc au centre du cercle est une quatrième proportionnelle à l'arc, à sa corde et au rayon.*

CYCLOÏDE.

69. L'équation différentielle de la cycloïde rapportée aux axes Ax et Ay est, comme on sait (*Cours d'Analyse*, 246),

Fig. 25.

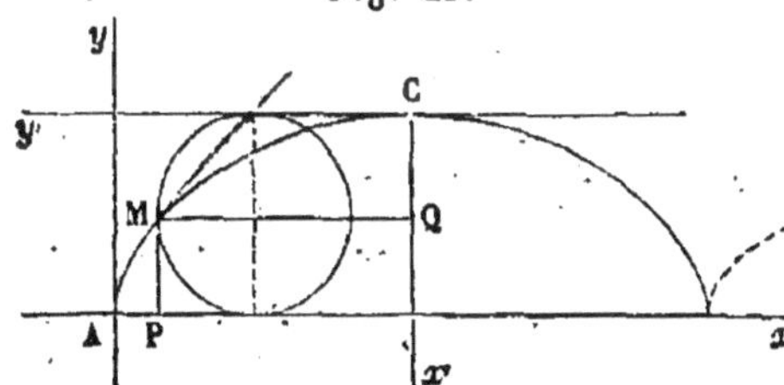

(1) $$dx = \frac{y\,dy}{\sqrt{ay - y^2}},$$

a étant le diamètre du cercle générateur. Pour déterminer le centre de gravité de l'arc CM, compté à partir du sommet, prenons pour axe des y' la tangente au sommet, et pour axe des x' la perpendiculaire Cx'. Posons

$$\mathrm{AP} = x,\quad \mathrm{MP} = y,\quad \mathrm{CQ} = x',\quad \mathrm{MQ} = y'.$$

On a

$$x = \frac{1}{2}\pi a - y', \quad y = a - x',$$

d'où

$$dx = -dy', \quad dy = -dx'.$$

L'équation différentielle (1) devient donc

$$dy' = \frac{(a - x')\,dx'}{\sqrt{ax' - x'^2}} = \sqrt{\frac{a - x'}{x'}}\,dx',$$

et, en supprimant les accents,

$$(2) \qquad dy = \sqrt{\frac{a - x}{x}}\,dx.$$

Soit CM $= l$. On aura

$$l = \int_0^x dx\sqrt{1 + \frac{a - x}{x}} = \int_0^x \frac{dx\sqrt{a}}{\sqrt{x}},$$

c'est-à-dire

$$(3) \qquad l = 2\sqrt{ax}.$$

L'abscisse x_1 se calculera par la formule

$$lx_1 = \int_0^x x\,ds = \int_0^x \sqrt{a}\,\sqrt{x}\,dx = \frac{2}{3}x\sqrt{ax};$$

donc

$$x_1 = \frac{2x\sqrt{ax}}{3l}$$

ou

$$(4) \qquad x_1 = \frac{1}{3}x.$$

On a ensuite

$$ly_1 = \int y\,ds = \sqrt{a}\int y\frac{dx}{\sqrt{x}},$$

et, en intégrant par parties,

$$\begin{aligned} ly_1 = \sqrt{a}\int y\,d(2\sqrt{x}) &= \sqrt{a}\left(2y\sqrt{x} - 2\int\sqrt{a - x}\,dx\right) \\ &= \sqrt{a}\left[2y\sqrt{x} + \frac{4}{3}(a - x)\sqrt{a - x} + C\right]. \end{aligned}$$

Or, pour $x = 0$, on a $y_1 = 0$, donc

$$C = -\frac{4}{3} a \sqrt{a};$$

d'où, en divisant par $l = 2\sqrt{ax}$,

$$(5) \qquad y_1 = y + \frac{2}{3\sqrt{x}}\left[(a-x)^{\frac{3}{2}} - a^{\frac{3}{2}}\right].$$

70. Si l'on veut avoir le centre de gravité de l'arc CA, on fera, dans les formules précédentes,

$$x = a, \quad y = \frac{1}{2}\pi a,$$

et l'on aura

$$(6) \qquad x_1 = \frac{1}{3}a, \quad y_1 = a\left(\frac{\pi}{2} - \frac{2}{3}\right).$$

PARABOLE.

71. Soit

$$(1) \qquad y^2 = 2px$$

Fig. 26.

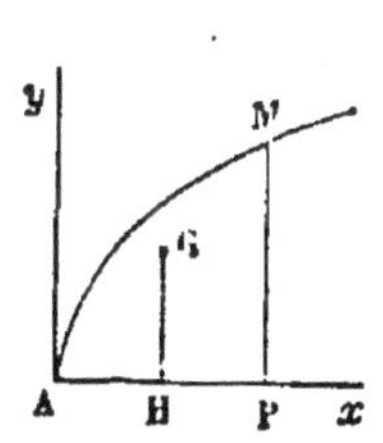

l'équation d'une parabole rapportée à son axe et à la tangente au sommet; soit l la longueur de l'arc AM, et nommons encore x_1, y_1 les coordonnées du centre de gravité de cet arc. On a (*Cours d'Analyse*, 408)

$$(2) \qquad l = \frac{1}{2p}\left(y\sqrt{y^2+p^2} + p^2 \,\mathrm{l}\, \frac{y+\sqrt{y^2+p^2}}{p}\right),$$

et les coordonnées du centre de gravité de l'arc AM se détermineront par les formules

$$(3) \qquad lx_1 = \int x\, ds, \quad ly_1 = \int y\, ds.$$

Cherchons d'abord ly_1. Puisque

$$ds = \frac{1}{p}\sqrt{y^2+p^2}\,dy,$$

on a

$$ly_1 = \frac{1}{p}\int y\,dy\sqrt{y^2+p^2}$$

$$= \frac{1}{2p}\int (y^2+p^2)^{\frac{1}{2}}\,d(y^2+p^2)$$

$$= \frac{1}{3p}(y^2+o^2)^{\frac{3}{2}} + C.$$

Or, pour $y=0$, on a

$$l=0 \quad \text{et} \quad ly_1 = 0;$$

donc

$$C = -\frac{p^2}{3},$$

et enfin

$$(4) \qquad ly_1 = \frac{1}{3p}(y^2+p^2)^{\frac{3}{2}} - \frac{p^2}{3},$$

d'où l'on déduira y_1 en divisant les deux membres par l, dont la valeur est connue.

Pour obtenir x_1, on partira de l'équation

$$lx_1 = \int x\,ds;$$

or

$$\int x\,ds = \int dx\sqrt{x^2+\frac{px}{2}} = \int dx\sqrt{\left(x+\frac{p}{4}\right)^2 - \frac{p^2}{16}}.$$

En achevant l'intégration indiquée, on arrivera à la formule

$$(5) \quad lx_1 = \frac{1}{2}\left(x+\frac{p}{4}\right)\sqrt{x^2+\frac{px}{2}} - \frac{p^2}{32}\,l\,\frac{4x+p+4\sqrt{x^2+\frac{px}{2}}}{p}$$

CENTRE DE GRAVITÉ DES SURFACES.

72. Soient $M(x, y, z)$, $M'(x+\Delta x, y+\Delta y, z+\Delta z)$ deux points voisins pris sur une surface rapportée à trois axes rectangulaires; soit ω l'élément de surface $MmM'm'$ intercepté entre quatre plans, parallèles deux à deux aux plans zOx et zOy.

Fig. 27.

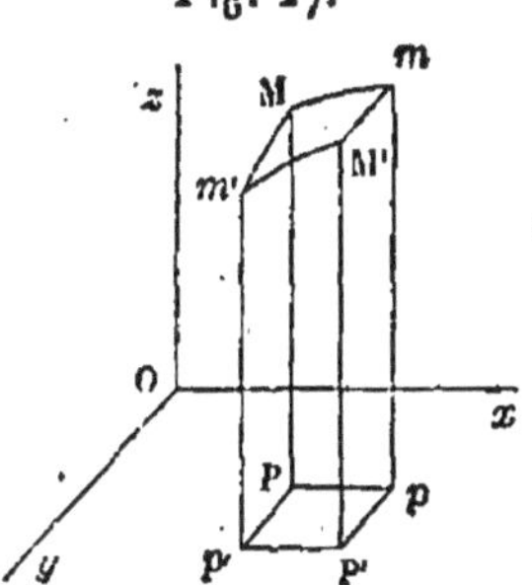

Quand les accroissements Δx et Δy sont infiniment petits, ω devient $dx\,dy\sqrt{1+p^2+q^2}$, p et q désignant les dérivées partielles $\frac{dz}{dx}$ et $\frac{dz}{dy}$; on aura donc

$$(1)\qquad \omega = \Delta x\,\Delta y\left(\sqrt{1+p^2+q^2}+\alpha\right),$$

où α représente une quantité qui devient nulle à la limite. Le z du centre de gravité de $MmM'm'$ peut être représenté par $z+6$, 6 devenant nul en même temps que Δx et Δy, car ce point est compris entre deux plans parallèles au plan des xy menés par le point le plus haut et par le point le plus bas de l'élément $MmM'm'$. Dès lors le moment de l'élément par rapport au plan xOy est

$$(z+6)\,\Delta x\,\Delta y\left(\sqrt{1+p^2+q^2}+\alpha\right)$$

ou

$$z\sqrt{1+p^2+q^2}\,\Delta x\,\Delta y+\gamma\,\Delta x\,\Delta y,$$

γ étant une quantité qui s'évanouit avec Δx et Δy. Si l'on décompose de la même manière toute la surface considérée, en appelant λ l'aire de cette surface et x_1, y_1, z_1 les coordonnées de son centre de gravité, on aura

$$(2)\qquad \lambda z_1 = \Sigma\Sigma z\sqrt{1+p^2+q^2}\,\Delta x\,\Delta y+\Sigma\Sigma\gamma\,\Delta x\,\Delta y.$$

Or, puisque cette équation subsiste, quels que soient Δx et Δy, elle sera encore vraie quand ces accroissements seront infiniment petits. Mais alors

$$\lim \Sigma\Sigma \gamma \Delta x \Delta y = 0,$$

$$\lim \Sigma\Sigma z \sqrt{1 + p^2 + q^2} \Delta x \Delta y = \int\int z \sqrt{1 + p^2 + q^2}\, dx\, dy;$$

donc enfin

$$(3) \qquad \lambda z_1 = \int\int z \sqrt{1 + p^2 + q^2}\, dx\, dy$$

En opérant de cette manière par rapport aux trois plans coordonnés, on aura, pour déterminer les inconnues x_1, y_1, z_1, les équations

$$(4) \qquad \begin{cases} \lambda x_1 = \int\int x \omega, \\ \lambda y_1 = \int\int y \omega, \\ \lambda z_1 = \int\int z \omega, \end{cases}$$

ω tenant la place de $\sqrt{1 + p^2 + q^2}\, dx\, dy$. On a d'ailleurs

$$(5) \qquad \lambda = \int\int \sqrt{1 + p^2 + q^2}\, dx\, dy.$$

73. Quant aux limites de ces diverses intégrales, elles sont faciles à assigner. Si

$$y = \varphi(x), \quad y = \psi(x)$$

sont les valeurs de y correspondant à deux points qui, sur la projection du contour de la surface sur le plan xy, ont le même x, il faudra intégrer d'abord par rapport à y, en considérant x comme une constante, depuis $y = \varphi(x)$ jusqu'à $y = \psi(x)$. On intégrera ensuite par rapport à x, depuis $x = a$ jusqu'à $x = b$, en supposant que

$$x = a, \quad x = b$$

soient les équations des plans menés parallèlement au plan des zy, par les points extrêmes du contour, a étant moindre que b.

CENTRE DE GRAVITÉ DES FIGURES PLANES.

74. Les formules (4) se simplifient lorsque la surface est plane. Si l'on prend le plan de cette figure pour plan des xy, on aura

$$z_1 = 0, \quad \frac{dz}{dx} = 0, \quad \frac{dz}{dy} = 0,$$

et les formules (4) et (5) se réduisent aux suivantes :

$$(6) \qquad \left\{ \begin{aligned} \lambda &= \int\int dx\,dy, \\ \lambda x_1 &= \int\int x\,dx\,dy, \\ \lambda y_1 &= \int\int y\,dx\,dy. \end{aligned} \right.$$

75. C'est ce que l'on peut d'ailleurs trouver directement. En effet, soient y et y' les ordonnées des courbes CD et C'D', correspondant à une même abscisse, et posons

Fig. 28.

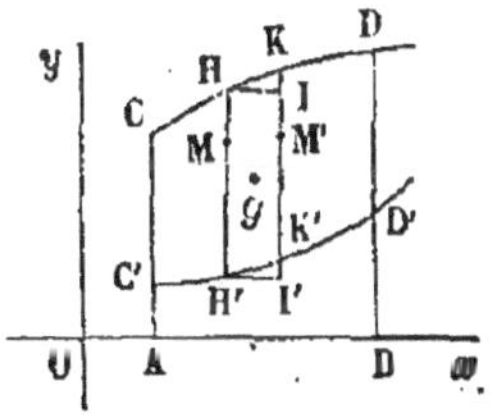

$$\mathrm{OA} = a, \quad \mathrm{OB} = b.$$

On a d'abord

$$(7) \qquad \lambda = \int_a^b (y - y')\,dx = \int_a^b \int_y^{y'} dx\,ay.$$

Maintenant si, par les points infiniment voisins $\mathrm{M}(x, y)$ et $\mathrm{M}'(x + dx, y + dy)$ pris sur la surface, on mène HH' et KK' parallèles à l'axe $\mathrm{O}y$, on formera une tranche HKH'K' qui différera infiniment peu du rectangle HH'I'I obtenu en menant HI et H'I' parallèles à $\mathrm{O}x$.

Le centre de gravité g de cette tranche est infiniment voisin du centre de gravité du rectangle, et par suite du milieu de HH'. On peut donc, en négligeant des quantités infiniment petites, prendre x et $\dfrac{y + y'}{2}$ pour les coordonnées du centre de gravité de la tranche HKK'H'; or cette tranche a pour mesure $(y-y')\,dx$. Donc son moment par rapport à Oy est $(y-y')\,x\,dx$, et son moment par rapport à Ox est $\frac{1}{2}(y^2-y'^2)\,dx$, ce qui donne

$$(8)\quad \begin{cases} \lambda x_1 = \int_a^b (y-y')\,x\,dx, \\ \lambda y_1 = \frac{1}{2}\int_a^b (y^2-y'^2)\,dx, \end{cases}$$

formules qui reviennent à celles qu'on a trouvées plus haut (74).

Cette démonstration pourrait être rendue tout à fait rigoureuse par la méthode des limites.

APPLICATIONS. — TRIANGLE.

76. Prenons deux axes rectangulaires Ax, Ay, passant par le sommet A, et dont l'un Ax soit perpendiculaire au côté BC. Soit $AD = h$. Nommons x_1 et y_1 les coordonnées du centre de gravité G, et λ la surface ABC. Soient

Fig. 29.

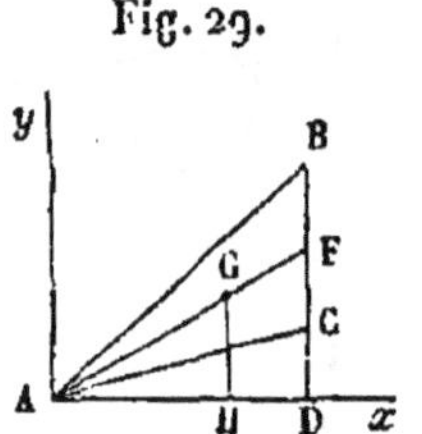

$$(1)\qquad y = mx, \quad y' = m'x$$

les équations des droites AB et AC. On aura

$$\lambda = \int_0^h (y-y')\,dx = \int_0^h (m-m')\,x\,dx = \frac{(m-m')\,h^2}{2},$$

$$\lambda x_1 = \int_0^h (y-y')\,x\,dx = \int_0^h (m-m')\,x^2\,dx = \frac{(m-m')\,h^3}{3},$$

$$\lambda y_1 = \frac{1}{2}\int_0^h (y^2-y'^2)\,dx = \frac{1}{2}\int_0^h (m^2-m'^2)\,x^2\,dx = \frac{(m^2-m'^2)\,h^3}{6},$$

d'où l'on conclut

$$(2)\qquad x_1 = \frac{2}{3}h, \quad y_1 = \frac{(m+m')\,h}{3}.$$

Or le point F, milieu de BC, a pour coordonnées

$$AD = h, \quad FD = \frac{(m + m')h}{2};$$

donc *le centre de gravité du triangle* ABC *est sur la ligne médiane* AF *et aux* $\frac{2}{3}$ *de cette ligne à partir du sommet.*

PARABOLE.

77. Soit

$$(1) \qquad y^2 = 2px$$

l'équation de la parabole rapportée à son axe et à la tangente au sommet. Proposons-nous de trouver le centre de gravité du segment OAD. Comme la courbe dont l'ordonnée était désignée par y' dans le cas général se confond avec l'axe des x, on a $y' = 0$, et les formules générales (7) et (8) du n° 75 se réduisent à

Fig. 30.

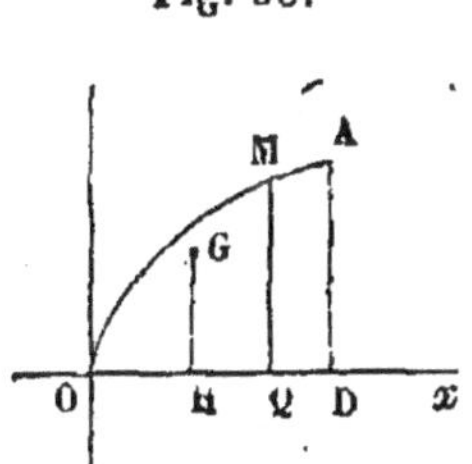

$$(2) \qquad \lambda = \int_0^x y\,dx, \quad \lambda x_1 = \int_0^x yx\,dx, \quad \lambda z_1 = \frac{1}{2}\int_0^x y^2\,dx.$$

On aura donc

$$\lambda = \int_0^x \sqrt{2p}\,.\,x^{\frac{1}{2}}\,dx = \frac{2}{3}x\sqrt{2px},$$

$$\lambda x_1 = \int_0^x \sqrt{2p}\,.\,x^{\frac{3}{2}}\,dx = \frac{2}{5}x^2\sqrt{2px},$$

$$\lambda y_1 = \int_0^x px\,dx = \frac{px^2}{2}.$$

Par conséquent

$$(3) \qquad x_1 = \frac{3}{5}x, \quad y_1 = \frac{3}{4}\sqrt{\frac{px}{2}} = \frac{3}{8}y.$$

SECTEUR CIRCULAIRE.

78. Le point cherché est sur la droite AO, qui passe par le milieu de l'arc BC et qui partage le secteur en deux parties symétriques. Il ne reste donc plus qu'à trouver la distance OG.

Fig. 31.

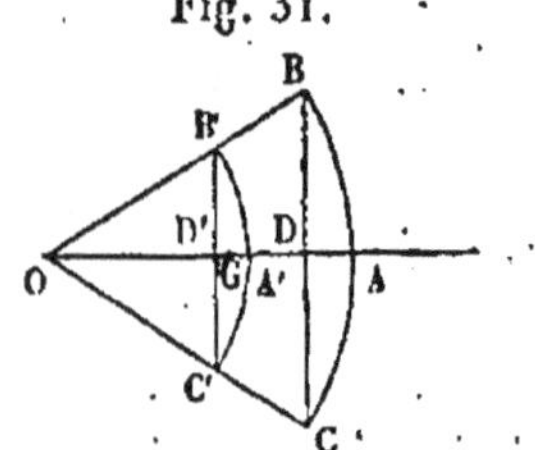

Imaginons que l'on ait inscrit dans l'arc BC une ligne polygonale régulière, et que l'on ait joint les sommets au centre. On aura un secteur polygonal composé de triangles égaux, et dont le centre de gravité coïncidera avec le centre de gravité d'une ligne polygonale régulière inscrite dans l'arc B'C' décrit d'un rayon OA' égal à $\frac{2}{3}$OA. Ce résultat, indépendant du nombre des divisions de l'arc BC, conviendra encore lorsqu'on passera à la limite; d'où résulte que le point cherché G sera le centre de gravité de l'arc B'A'C'. Soient

$$OA = a, \quad BC = c, \quad BAC = l,$$

on aura (68)

$$OG = \frac{OA' . B'C'}{B'A'C'} = \frac{\frac{2}{3} a \frac{2}{3} c}{\frac{2}{3} l},$$

ou bien

$$OG = \frac{2}{3} \frac{ac}{l}.$$

De là il est aisé de conclure le centre de gravité du segment BAC, puisqu'on connaît ceux du secteur OBAC et du triangle BOC.

CYCLOÏDE.

79. Prenons pour axe des y la tangente au sommet, et pour axe des x la perpendiculaire CD. Soient $x =$ CP,

$y = \mathrm{MP}$ les coordonnées d'un point M de la courbe, x_1, y_1 celles du centre de gravité G du segment MCP, et a le diamètre du cercle générateur.

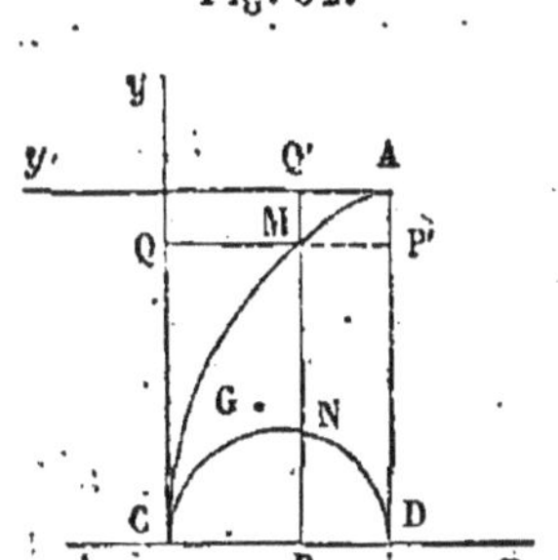

Fig. 32.

L'équation de la courbe est

$$(1) \qquad dy = dx\sqrt{\frac{a-x}{x}},$$

et les formules à employer pour déterminer x_1 et y_1 sont

$$(2) \quad \lambda = \int_0^x y\,dx, \quad \lambda x_1 = \int_0^x xy\,dx, \quad \lambda y_1 = \frac{1}{2}\int_0^x y^2\,dx.$$

Or

$$\lambda = \int_0^x y\,dx = xy - \int_0^x x\,dy,$$

et, en remplaçant dy par sa valeur,

$$\lambda = xy - \int_0^x dx\sqrt{ax - x^2}.$$

Mais si l'on appelle V l'aire du segment CNP du cercle générateur, on a

$$\mathrm{V} = \int_0^x dx\sqrt{ax - x^2};$$

donc

$$(3) \qquad \lambda = xy - \mathrm{V},$$

ce qu'on pouvait d'ailleurs poser immédiatement (*Cours d'Analyse*, 403).

80. On a ensuite

$$\lambda x_1 = \int yx\,dx = \int y\,d\frac{x^2}{2} = \frac{yx^2}{2} - \frac{1}{2}\int x^2\,dy$$
$$= \frac{yx^2}{2} - \frac{1}{2}\int x\,dx\sqrt{ax - x^2}.$$

Mais

$$\int x\,dx\sqrt{ax-x^2}=\int\left[\frac{a}{2}-\left(\frac{a}{2}-x\right)\right]dx\sqrt{ax-x^2},$$

et, par conséquent,

$$\int x\,dx\sqrt{ax-x^2}=\frac{a}{2}\int dx\sqrt{ax-x^2}$$
$$-\frac{1}{2}\int(a-2x)\,dx\sqrt{ax-x^2},$$

ou bien

$$\int x\,dx\sqrt{ax-x^2}=\frac{1}{2}a\mathrm{V}-\frac{1}{3}(ax-x^2)^{\frac{3}{2}}:$$

donc

$$\lambda x_1=\frac{x^2y}{2}-\frac{a\mathrm{V}}{4}+\frac{1}{6}(ax-x^2)^{\frac{3}{2}}, \tag{4}$$

d'où, en divisant par λ, on déduira x_1.

81. Le calcul de y_1 est un peu plus compliqué. On a

$$\lambda y_1=\frac{1}{2}\int y^2dx=\frac{1}{2}y^2x-\int xy\,dy;$$

or

$$\int xy\,dy=\int xy\sqrt{\frac{a-x}{x}}\,dx=\int y\sqrt{x}\sqrt{a-x}\,dx$$
$$=-\frac{2}{3}y\sqrt{x}\,(a-x)^{\frac{3}{2}}+\frac{2}{3}\int(a-x)^{\frac{3}{2}}d\,(y\sqrt{x})$$
$$=-\frac{2}{3}y\,(a-x)\sqrt{ax-x^2}+\frac{2}{3}\int(a-x)^{\frac{3}{2}}\sqrt{x}\,dy$$
$$+\frac{2}{3}\int(a-x)^{\frac{3}{2}}y\,\frac{dx}{2\sqrt{x}}.$$

Mais

$$\int(a-x)^{\frac{3}{2}}\sqrt{x}\,dy=\int(a-x)^2\,dx=-\frac{1}{3}(a-x)^3,$$

$$\int(a-x)^{\frac{3}{2}}y\,\frac{dx}{2\sqrt{x}}=\int(a-x)\frac{y}{2}\,dy=\frac{1}{4}ay^2-\frac{1}{2}\int xy\,dy;$$

donc

$$\int xy\,dy = -\frac{2}{3}y(a-x)\sqrt{ax-x^2} - \frac{2}{9}(a-x)^3 + \frac{1}{6}ay^2 - \frac{1}{3}\int xy\,dy;$$

d'où l'on tire, en désignant par c une constante,

$$\int xy\,dy = c - \frac{1}{2}y(a-x)\sqrt{ax-x^2} - \frac{1}{6}(a-x)^3 + \frac{1}{8}ay^2.$$

Si l'on fait $x=0$, on a $y=0$, $\int xy\,dy = 0$, et, par suite, $c = \frac{1}{6}a^3$. On a donc enfin

$$(5)\quad \left\{ \begin{aligned} \lambda y_1 &= \frac{1}{2}xy^2 - \frac{1}{8}ay^2 + \frac{1}{2}y(a-x)\sqrt{ax-x^2} \\ &\quad + \frac{1}{6}(a-x)^3 - \frac{1}{6}a^3. \end{aligned} \right.$$

82. Si l'on veut avoir le centre de gravité de la demi-cycloïde ACD, il faudra faire, dans les formules trouvées,

$$x = a, \quad y = \frac{\pi a}{2},$$

et l'on aura

$$\lambda = \frac{3\pi a^2}{8},$$

$$\lambda x_1 = \frac{7\pi a^3}{32},$$

$$\lambda y_1 = \frac{\pi^2 a^3}{8} - \frac{\pi^2 a^3}{32} - \frac{1}{6}a^3 = \frac{3\pi^2 a^3}{32} - \frac{1}{6}a^3,$$

d'où

$$x_1 = \frac{7}{12}a, \quad y_1 = \frac{\pi a}{4} - \frac{4a}{9\pi}.$$

SIXIÈME LEÇON.

CENTRE DE GRAVITÉ DES SURFACES. (Suite.)

Centre de gravité des surfaces de révolution. — Centre de gravité d'une zone sphérique, — d'une zone cycloïdale. — Théorèmes de Guldin. — Volume du cylindre.

CENTRE DE GRAVITÉ DES SURFACES DE RÉVOLUTION.

83. Considérons la surface engendrée par la révolution d'une courbe plane CD, tournant autour d'un axe Ox situé dans son plan. Prenons cette droite pour axe des abscisses et pour axe des ordonnées une perpendiculaire à Ox située dans le plan de la courbe.

Fig. 33.

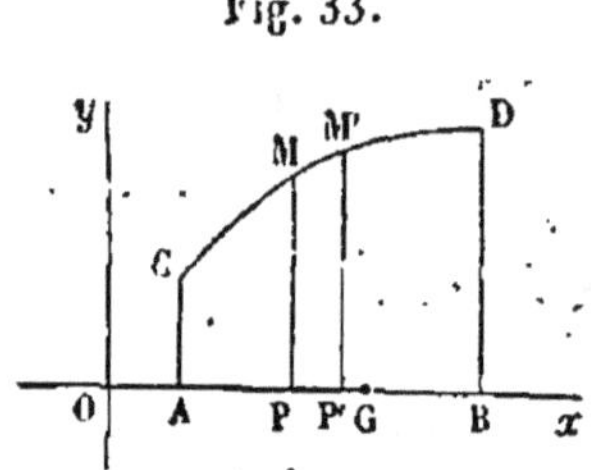

Le centre de gravité de la surface est évidemment sur Ox. On n'a donc qu'à déterminer son abscisse $OG = x_1$.

Soient $M(x, y)$ et $M'(x + dx, y + dy)$ deux points infiniment voisins pris sur la courbe. On peut regarder la surface engendrée par la révolution de l'arc infiniment petit $MM' = ds$ comme celle d'un tronc de cône dont l'aire est alors $2\pi y\, ds$; donc si S est la surface engendrée par CD, on aura

$$dS = 2\pi y\, ds,$$

d'où

$$(1) \qquad S = 2\pi \int y\, ds.$$

D'ailleurs le moment de l'élément de surface dS, par rapport à un plan zOy perpendiculaire à Ox, est $2\pi xy\, ds$; car x est l'abscisse du centre de gravité de l'élément à un infiniment petit près; le moment de la surface totale est Sx_1 : donc

(2) $$Sx_1 = 2\pi \int xy\, ds.$$

84. Si l'arc CD tournait autour de l'axe des y, en nommant G′ le centre de gravité de la surface ainsi engendrée, on aurait

Fig. 34.

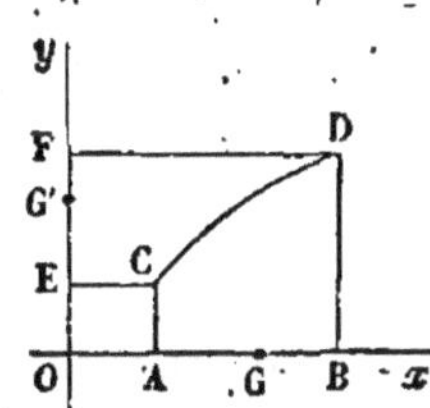

$$S' \times OG' = 2\pi \int xy\, ds.$$

Mais on a

$$S \times OG = 2\pi \int xy\, ds;$$

donc

$$S' \times OG' = S \times OG,$$

relation qui fera trouver l'une des quatre quantités S, S′, OG, OG′, quand on connaîtra les trois autres.

CENTRE DE GRAVITÉ D'UNE ZONE SPHÉRIQUE.

85. Soit CD un arc de cercle qui, en tournant autour de Ox, engendre la zone dont on veut avoir le centre de gravité. Posons

Fig. 35.

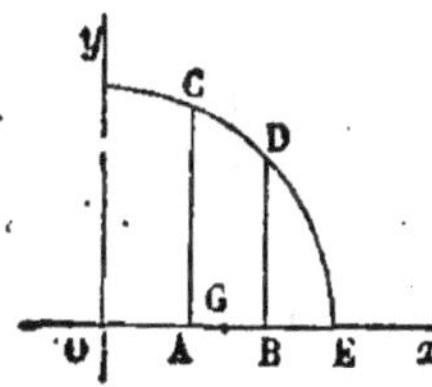

$$OA = a, \quad OB = b, \quad OE = R;$$

nous aurons

$$ds = dx\sqrt{1 + \frac{x^2}{y^2}} = \frac{R\, dx}{y};$$

d'où

$$S = 2\pi \int_a^b y\, ds = 2\pi \int_a^b R\, dx$$

ou

(1) $$S = 2\pi R(b - a),$$

et ensuite

$$Sx_1 = 2\pi\int_a^b xy\,ds = 2\pi\int_a^b Rx\,dx = \pi R(b^2 - a^2):$$

donc

$$(2)\qquad x_1 = \frac{b+a}{2}.$$

Ainsi, *le centre de gravité d'une zone sphérique est sur le diamètre perpendiculaire aux deux bases et à égale distance de ces bases.*

CENTRE DE GRAVITÉ D'UNE ZONE CYCLOÏDALE.

86. En prenant les axes comme au n° 69, l'équation de la cycloïde sera

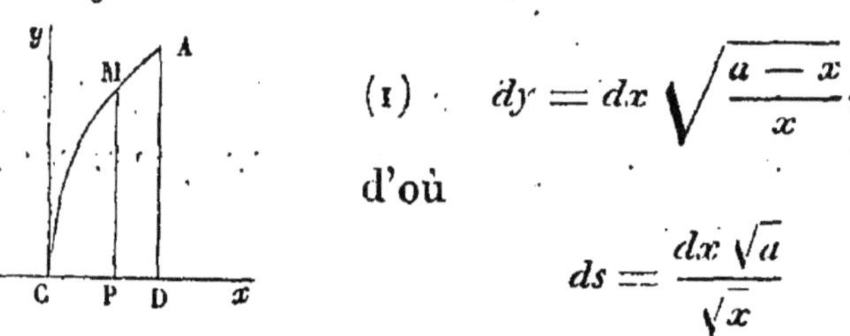

Fig. 36.

$$(1)\qquad dy = dx\sqrt{\frac{a-x}{x}},$$

d'où

$$ds = \frac{dx\sqrt{a}}{\sqrt{x}}$$

et

$$S = 2\pi\sqrt{a}\int\frac{y\,dx}{\sqrt{x}}.$$

Or

$$\int\frac{y\,dx}{\sqrt{x}} = \int y\,d(2\sqrt{x}) = 2y\sqrt{x} - 2\int\sqrt{x}\,dy$$

$$= 2y\sqrt{x} - 2\int dx\sqrt{a-x},$$

ou enfin

$$S = 4\pi y\sqrt{ax} + \frac{8\pi\sqrt{a}}{3}(a-x)^{\frac{3}{2}} + C.$$

Si l'on veut obtenir l'aire engendrée par l'arc CM, on aura $S = 0$ pour $x = 0$. On a donc

$$C = -\frac{8\pi a^2}{3};$$

donc

$$(2)\qquad S = 4\pi y\sqrt{ax} + \frac{8\pi\sqrt{a}}{3}(a-x)^{\frac{3}{2}} - \frac{8\pi a^2}{3}.$$

Maintenant,

$$Sx_1 = 2\pi\sqrt{a}\int y\sqrt{x}\,dx;$$

mais

$$\int y\sqrt{x}\,dx = \int y\,d\left(\frac{2}{3}x^{\frac{3}{2}}\right) = \frac{2}{3}xy\sqrt{x} - \frac{2}{3}\int x^{\frac{3}{2}}\,dy$$

$$= \frac{2}{3}xy\sqrt{x} - \frac{2}{3}\int x\sqrt{a-x}\,dx$$

$$= \frac{2}{3}xy\sqrt{x} + \frac{2}{3}\int (a-x)^{\frac{3}{2}}\,dx - \frac{2a}{3}\int (a-x)^{\frac{1}{2}}\,dx.$$

En effectuant ces dernières intégrations et déterminant la constante arbitraire par la condition que Sx_1 soit nul pour $x=0$, on aura

$$(3)\qquad \left\{\begin{aligned} Sx_1 = \frac{3}{4}\pi xy\sqrt{ax} + \frac{8}{9}\pi a^{\frac{3}{2}}(a-x)^{\frac{3}{2}} \\ - \frac{8}{15}\pi\sqrt{a}(a-x)^{\frac{5}{2}} - \frac{16}{45}\pi a^3, \end{aligned}\right.$$

d'où l'on déduira x_1.

87. Si l'on veut avoir le centre de gravité de la surface engendrée par la demi-cycloïde, il faudra faire

$$x = a,\quad y = \frac{\pi a}{2},$$

ce qui donnera

$$S = 2\pi a^2\left(\pi - \frac{4}{3}\right),$$

$$Sx_1 = \frac{2\pi}{3}a^3\left(\pi - \frac{8}{15}\right),$$

d'où

$$x_1 = \frac{a}{3} \frac{\pi - \frac{8}{15}}{\pi - \frac{4}{3}}.$$

THÉORÈMES DE GULDIN.

88. Soient CD une courbe plane, l sa longueur et $g(x_1, y_1)$ son centre de gravité; ds étant la différentielle de cet arc, on a

Fig. 37.

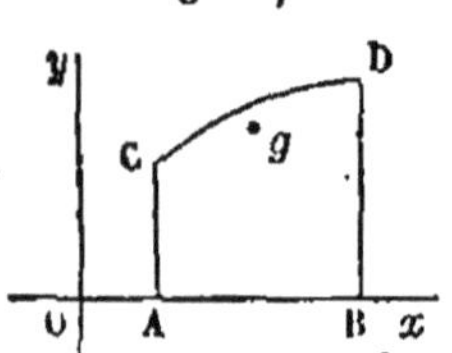

$$ly_1 = \int y\,ds.$$

Maintenant, si S est l'aire de la surface engendrée par la révolution de CD autour de Ox, on a

$$S = 2\pi \int y\,ds;$$

on aura donc

$$S = 2\pi y_1 \times l,$$

d'où l'on conclut ce théorème :

La surface engendrée par la révolution d'une courbe plane autour d'un axe situé dans son plan, a pour mesure la longueur de la courbe multipliée par la circonférence que décrit son centre de gravité.

89. Si la courbe, au lieu d'accomplir une révolution entière, ne tournait que d'un angle θ, en appelant S′ l'aire engendrée, on aurait

$$\frac{S'}{S} = \frac{\theta}{2\pi},$$

d'où

$$S' = \frac{S}{2\pi}\theta = \theta y_1 l.$$

Or θy_1 est l'arc décrit par le point g : on peut donc dire aussi que : *La surface engendrée par une courbe plane tournant d'un angle quelconque autour d'une droite située dans son plan est égale à la longueur de la courbe multipliée par l'arc que décrit son centre de gravité.*

90. Soit CC'D'D une surface plane comprise entre deux courbes CD, C'D', et deux droites CA, DB perpendiculaires à Ox; soient G (x_1, y_1) le centre de gravité de cette surface, et λ son aire; on aura

Fig. 38.

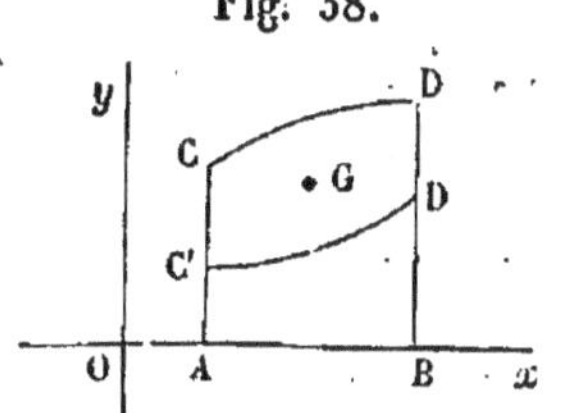

$$\lambda y_1 = \frac{1}{2}\int (y^2 - y'^2)\,dx,$$

les équations des deux courbes CD, C'D' étant

$$y = \varphi(x), \quad y' = \varphi_1(x).$$

Soit V le volume engendré par la révolution de l'aire λ autour de l'axe Ox situé dans son plan, on a

$$V = \pi \int (y^2 - y'^2)\,dx;$$

donc

$$V = \lambda \times 2\pi y_1.$$

Ainsi, *le volume engendré par la révolution d'une aire plane autour d'un axe situé dans son plan est égal à l'aire de la surface génératrice, multipliée par la circonférence que décrit son centre de gravité.*

91. Si l'aire n'accomplissait pas une révolution entière, le volume engendré serait égal à l'aire λ multipliée par l'arc de cercle que décrit le centre de gravité de l'aire.

92. Par exemple, soit un cercle de rayon a, tournant

autour d'un axe situé à une distance $CH = h$ de son centre, nous aurons

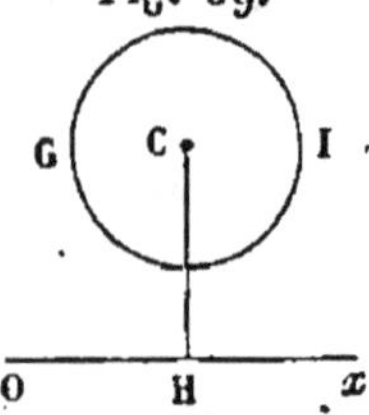

Fig. 39.

$$l = 2\pi a, \quad \lambda = \pi a^2,$$

et, par suite,

$$S = 4\pi^2 ah, \quad V = 2\pi^2 a^2 h.$$

Si une ellipse dont les axes sont $2a$ et $2b$ tourne autour d'un axe, situé dans son plan à une distance h de son centre, on aura

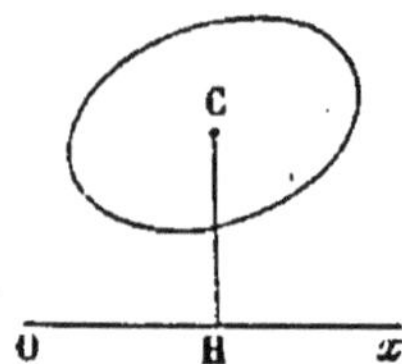

Fig. 40.

$$\lambda = \pi ab,$$
$$V = 2\pi^2 abh.$$

93. Le théorème de Guldin relatif aux volumes est susceptible d'extension.

Si une surface plane se transporte dans l'espace de telle sorte qu'un de ses points restant toujours sur une courbe quelconque IK, *son plan demeure constamment normal à cette courbe, le solide engendré par le mouvement de cette surface aura pour mesure l'aire de la surface, multipliée par la courbe que décrit son centre de gravité.*

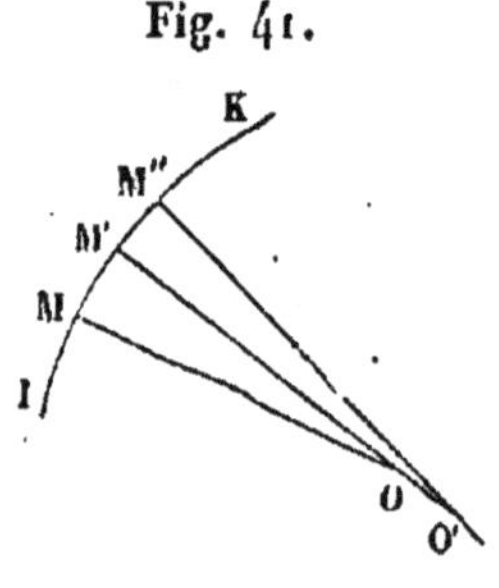

Fig. 41.

En effet, soient MO et M'O deux droites infiniment voisines suivant lesquelles le plan de la surface mobile rencontre successivement le plan osculateur de la courbe IK au point M. Les deux plans qui auront ces droites pour trace étant normaux à la courbe, se couperont sur une droite projetée en O et perpendiculaire au plan osculateur MM'O de la courbe au point M. Cette droite est l'axe du cercle osculateur et O en est le centre. Donc, quand la surface génératrice passera de la position qui correspond à OM, à celle qui correspond à OM′, elle pourra être supposée tourner autour de l'arc projeté en O. Dès lors le volume du solide engendré par ce déplacement infiniment petit aura pour mesure l'aire de la surface mobile, multipliée par le petit arc de cercle que décrit le centre de gravité de cette surface. La même chose peut se dire de chaque élément de volume ainsi formé ; on voit donc bien que le volume total sera égal à l'aire génératrice multipliée par la courbe que décrit le centre de gravité.

On remarquera que le plan de la surface mobile reste toujours tangent à la surface développable formée par les intersections successives des plans normaux à la courbe directrice.

VOLUME DU CYLINDRE.

94. Soit ABCD un cylindre dont la section droite est AB, coupé par un plan CD incliné à ses arêtes. Soient λ' l'aire de la base AB, et z_1 la distance du centre de gravité de la base supérieure à la base inférieure. Je dis que le volume du cylindre ABCD est égal à $\lambda' z_1$.

Fig. 42.

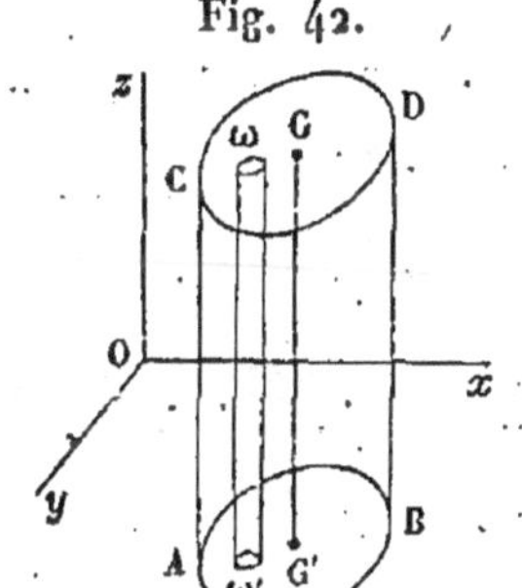

En effet, soient Ox, Oy, Oz trois axes rectangulaires, dont deux, Ox, Oy, soient dans le plan de AB. En désignant par λ l'aire CD et par ω l'aire d'un de ses éléments infiniment petits, on aura (72)

$$(1) \qquad \lambda z_1 = \int\int z\omega.$$

Soient θ l'angle des deux plans AB et CD, et ω' la projection de ω sur le plan AB, on aura

$$\omega' = \omega \cos\theta, \quad \lambda' = \lambda \cos\theta.$$

En multipliant l'égalité (1) par le facteur $\cos\theta$, on aura

$$\lambda \cos\theta \, z_1 = \int\int z\omega \cos\theta$$

ou

$$(2) \qquad \lambda' z_1 = \int\int z\omega'.$$

Or, z étant la hauteur du centre de gravité de l'élément ω, $z\omega'$ est le volume du cylindre infiniment petit $\omega\omega'$, et dès lors $\int\int z\omega'$ est le volume du cylindre entier ABCD. On a donc

$$(3) \qquad V = \lambda' z_1.$$

Ce qu'il fallait démontrer.

95. Le centre de gravité G′ de la section droite AB est la projection du centre de gravité G sur le plan de la section droite.

En effet, soient x_1, y_1, z_1 les coordonnées du point G, et x'_1, y'_1, o celles du point G′. On a

$$\lambda x_1 = \int\int x\omega, \quad \lambda y_1 = \int\int y\omega,$$

d'où l'on déduit, en multipliant par le facteur constant $\cos\theta$,

$$\lambda' x_1 = \int\int x\omega', \quad \lambda' y_1 = \int\int y\omega';$$

on aurait de même

$$\lambda' x'_1 = \int\int x\omega', \quad \lambda' y'_1 = \int\int y\omega':$$

donc

$$x'_1 = x_1, \quad y'_1 = y_1,$$

ce qui démontre la proposition énoncée.

96. De là résulte que les centres de gravité G, G′, G″, de toutes les sections planes faites dans un cylindre quelconque sont sur une même droite parallèle aux arêtes.

Enfin on peut en déduire que le volume d'un cylindre quelconque EFCD est égal à l'aire d'une section droite, multipliée par la distance GG″ des centres de gravité des deux bases.

Fig. 43.

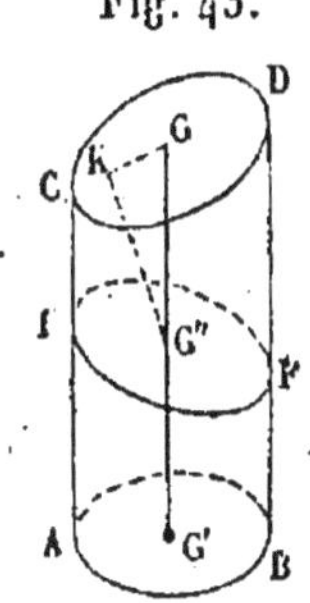

En effet, soient V_1 le volume ABCD, V_2 le volume ABEF, et V le volume EFCD. En désignant par λ' l'aire de la section droite AB, on aura

$$V_1 = \lambda' GG',$$
$$V_1 = \lambda' G'G'',$$

d'où

$$V = V_1 - V_2 = \lambda'(GG' - G'G''),$$

ou bien

$$V = \lambda' GG''.$$

SEPTIÈME LEÇON.

CENTRE DE GRAVITÉ DES VOLUMES

Centre de gravité du cône. — Centre de gravité du secteur sphérique. — Centre de gravité des solides de révolution. — Corps dont le centre de gravité s'obtient par une seule intégration. — Volume et centre de gravité d'un corps quelconque.

CENTRE DE GRAVITÉ DU CÔNE.

97. Soit OIL un cône quelconque à base plane IL et posons $\mathrm{OH} = h$. Soient $\mathrm{OP} = x$, $\mathrm{OP}' = x + dx$, les distances au point O de deux sections planes, infiniment voisines et parallèles à la base. Nommons u l'aire de la section il et b celle de la base IL. On peut considérer la tranche $ill'i'$ comme un cylindre ayant pour base u et pour hauteur dx. Ce volume sera donc $u\,dx$, ou $\frac{bx^2}{h^2}\,dx$ à cause de l'égalité

Fig. 44.

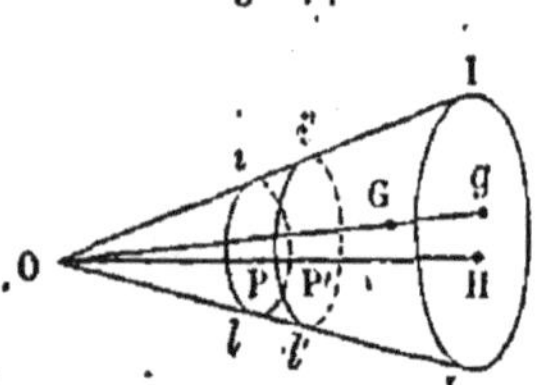

$$\frac{u}{x^2} = \frac{b}{h^2}.$$

Par suite, on aura pour le volume du cône

$$\mathrm{V} = \int_0^h \frac{bx^2\,dx}{h^2}$$

ou

$$\mathrm{V} = \frac{bh}{3}. \tag{1}$$

Appelons maintenant x_1 la distance du centre de gravité du cône à un plan parallèle à IL mené par le sommet. Le centre de gravité de la tranche infiniment mince $ili'l'$ à ce même plan est x, en négligeant des quantités infiniment petites. On aura donc, en prenant les moments par rapport à ce même plan,

$$Vx_1 = \int_0^h xu\,dx = \int_0^h \frac{bx^3\,dx}{h^2};$$

donc

$$Vx_1 = \frac{bh^4}{4h^2} = \frac{bh^2}{4},$$

d'où

$$x_1 = \frac{3}{4}h. \tag{2}$$

D'ailleurs le centre de gravité du cône est sur la droite Og, menée du sommet O au centre de gravité de la base IL, puisque les centres de gravité de toutes les tranches sont sur cette droite; par conséquent *le centre de gravité d'un cône à base quelconque est sur la droite qui va du sommet au centre de gravité de la base et aux trois quarts de cette droite à partir du sommet.*

98. En appliquant ce théorème à la pyramide triangulaire, on démontre aisément que le centre de gravité d'une telle pyramide est le même que celui de quatre poids égaux appliqués à ses sommets, et, par suite, que la distance du centre de gravité à un plan quelconque est le quart de la somme des distances des quatre sommets à ce plan.

CENTRE DE GRAVITÉ DU SECTEUR SPHÉRIQUE.

99. On peut concevoir le secteur sphérique engendré par la révolution du secteur circulaire BOA autour de OA, comme décomposé en une infinité de pyramides triangulaires équivalentes, dont les bases seraient les éléments triangulaires infiniment petits de la zone, base du secteur sphérique.

Fig. 45.

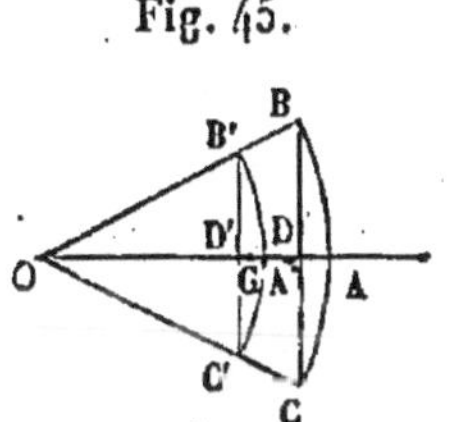

Or les centres de gravité de toutes ces pyramides se trouveront uniformément distribués sur la zone décrite par la révolution de A′B′, arc dont le rayon $OB' = \frac{3}{4} OB$. Donc le centre de gravité du secteur sphérique coïncidera avec le centre de gravité de cette zone. Ce point sera donc le point G situé à égale distance de A′ et de D′, D′ étant le point où la corde de l'arc B′A′C′ rencontre OA.

Si l'on désigne par r le rayon de la sphère et par α l'angle AOB, on aura

$$OD' = \frac{3}{4} OD = \frac{3}{4} r \cos\alpha,$$

$$OA' = \frac{3}{4} r;$$

donc

$$OG = \frac{OD' + OA'}{2} = \frac{3}{8} r(1 + \cos\alpha),$$

ou bien

$$OG = \frac{3}{4} r \cos^2 \frac{1}{2} \alpha.$$

Ainsi on obtiendra le point G en projetant le point A′ sur la bissectrice de l'angle AOB, et en projetant cette projection sur OD.

CENTRE DE GRAVITÉ DES SOLIDES DE RÉVOLUTION

100. Soit CDC′D′ une surface plane comprise entre deux courbes CD, C′D′ et deux droites parallèles CC′, DD′. Supposons que cette aire tourne autour d'une droite Ox, située dans son plan et perpendiculaire à CC′. Considérons la bande infiniment mince MNM′N′ limitée aux deux courbes CD et C′D′ et aux deux parallèles infiniment voisines PM

Fig. 46.

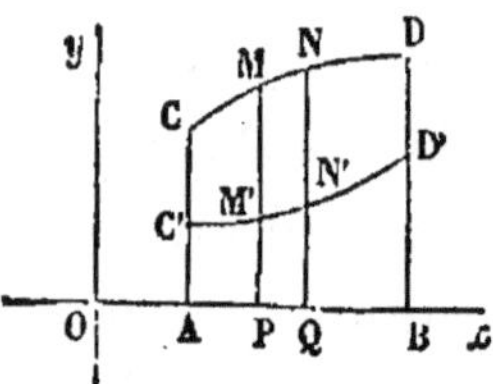

et QN. Soient

$$OP = x, \quad PQ = dx, \quad PM = y, \quad PM' = y'.$$

Le volume engendré par MM'NN' peut être regardé comme la différence de deux cylindres ayant pour hauteur commune dx, et pour bases les cercles décrits par les droites PM et PM' : ce volume sera donc

$$\pi (y^2 - y'^2)\, dx,$$

et si V est le volume total, on aura, en posant $OA = a$, $OB = b$,

$$(1) \qquad V = \pi \int_a^b (y^2 - y'^2)\, dx.$$

Maintenant x étant l'abscisse du centre de gravité du volume engendré par MM'NN', le moment de ce volume, par rapport à un plan perpendiculaire à Ox, mené par le point O, sera $\pi x (y^2 - y'^2)\, dx$. Donc si x_1 est l'abscisse du centre de gravité que l'on cherche, on aura

$$(2) \qquad V x_1 = \pi \int_a^b (y^2 - y'^2)\, x\, dx,$$

égalité qui fera connaître x_1.

CORPS DONT LE CENTRE DE GRAVITÉ S'OBTIENT PAR UNE SEULE INTÉGRATION.

101. On peut obtenir par une seule intégration le centre de gravité d'un corps lorsqu'il est décomposable en éléments infiniment petits, ayant leurs centres de gravité en ligne droite.

Fig. 47.

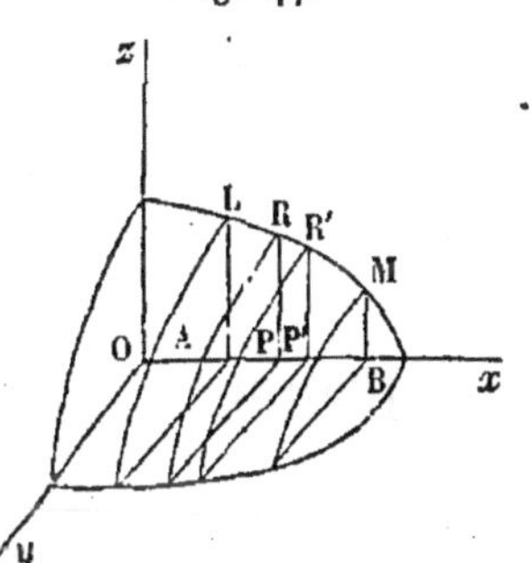

Considérons, par exemple, un segment d'ellipsoïde compris entre deux plans parallèles AL et BM.

Menons par le centre O de l'ellipsoïde un plan zOy,

parallèle à ces deux plans; soient Oy, Oz deux diamètres conjugués de la section ainsi obtenue, et Ox le diamètre conjugué à ce plan diamétral. Le diamètre Ox passera par les centres de gravité de toutes les sections parallèles à zOy, puisque ces centres de gravité sont les centres de toutes ces ellipses.

Or $2a$, $2b$, $2c$ étant les longueurs des trois diamètres conjugués, l'équation de l'ellipsoïde sera

$$\frac{x^2}{a^2}+\frac{y^2}{b^2}+\frac{z^2}{c^2}=1. \tag{1}$$

On peut concevoir le segment ALBM comme formé d'une infinité de tranches infiniment petites, limitées par des plans parallèles à zOy. Soit PRP'R' une de ces tranches, telle que $OP=x$, $OP'=x+dx$. Le volume de cette tranche différera infiniment peu de celui d'un cylindre qui, ayant l'ellipse PR pour base, aurait pour hauteur la distance entre PR et PR'. Or l'équation de l'ellipse PR est

$$\frac{y^2}{b^2}+\frac{z^2}{c^2}=1-\frac{x^2}{a^2},$$

et par suite son aire est

$$\pi bc\left(1-\frac{x^2}{a^2}\right)\sin\theta,$$

θ étant l'angle zOy. D'un autre côté, λ désignant l'angle que le diamètre Ox fait avec le plan diamétral zOy, $dx\sin\lambda$ est l'épaisseur de la tranche; le volume de cette tranche sera donc

$$\pi bc\sin\theta\sin\lambda\left(1-\frac{x^2}{a^2}\right)dx.$$

Par suite, $x=\alpha$, $x=\beta$ étant les équations des plans AL, BM, le volume V du segment sera

$$V=\frac{\pi bc\sin\theta\sin\lambda}{a^2}\int_\alpha^\beta(a^2-x^2)\,dx,$$

ce qui donne, en intégrant,

$$(2)\qquad V = \frac{\pi bc \sin\theta \sin\lambda}{3a^2}(\beta - \alpha)(3a^2 - \alpha^2 - \alpha\beta - \beta^2).$$

Maintenant le centre de gravité G du segment ALBM est sur le diamètre Ox, et comme l'abscisse du centre de gravité de la tranche infiniment petite diffère infiniment peu de x,

$$\pi \frac{bc \sin\theta \sin\lambda}{a^2}(a^2 - x^2)\,x\,dx$$

sera le moment de cette tranche par rapport au plan zOy et à la direction Ox. D'un autre côté, si $OG = x_1$, Vx_1 sera le moment du segment. On aura donc

$$Vx_1 = \frac{\pi bc \sin\theta \sin\lambda}{a^2}\int_\alpha^\beta (a^2 - x^2)\,x\,dx$$

ou

$$Vx_1 = \frac{\pi bc \sin\theta \sin\lambda}{4a^2}(\beta^2 - \alpha^2)(2a^2 - \alpha^2 - \beta^2),$$

d'où, en divisant par V,

$$(3)\qquad x_1 = \frac{3(\alpha + \beta)(2a^2 - \alpha^2 - \beta^2)}{4(3a^2 - \alpha^2 - \alpha\beta - \beta^2)}.$$

On doit remarquer que x_1 ne dépend ni des diamètres $2b$ et $2c$, ni des angles θ et λ, en sorte que cette formule donne immédiatement l'abscisse du centre de gravité d'un segment sphérique dont le rayon est a et dont α et β sont les distances des bases au centre de la sphère.

CENTRE DE GRAVITÉ D'UN CORPS QUELCONQUE.

102. Supposons le corps rapporté à trois axes rectangulaires Ox, Oy, Oz. Si l'on mène une infinité de plans parallèles au plan xOy, on partagera le solide en une

infinité de tranches dont les bases seront parallèles à ce plan; en menant des plans parallèles au plan zOx, on décomposera chaque tranche en une infinité de petits filets prismatiques ayant toutes leurs arêtes perpendiculaires au plan zOy, et enfin au moyen de plans parallèles au plan zOy, chacun de ces filets se trouvera partagé en une infinité de parallélipipèdes infiniment petits dans toutes leurs dimensions.

Fig. 48.

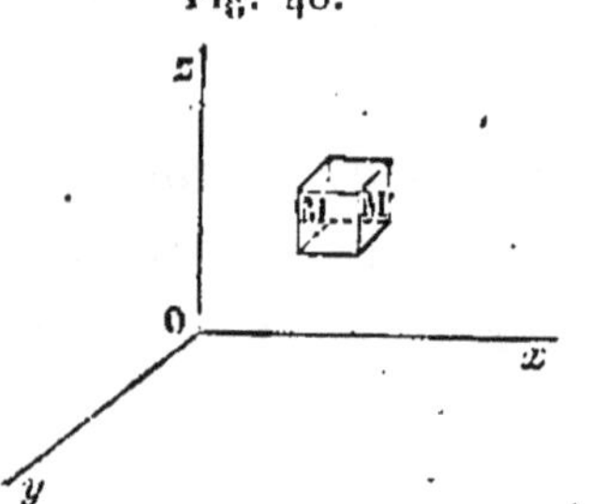

Soient $M(x, y, z)$ et $M'(x+dx, y+dy, z+dz)$ deux sommets opposés d'un de ces parallélipipèdes infiniment petits. Son volume sera $dx\,dy\,dz$, et par conséquent, si V est le volume du solide tout entier, on aura

$$(1) \qquad V = \int\int\int dx\,dy\,dz.$$

Si le corps est homogène, cette intégrale triple pourra être considérée comme représentant le poids du corps. Si le corps n'est pas homogène, le poids de l'élément MM' sera représenté par $\rho\,dx\,dy\,dz$ et le poids du solide entier P par la formule

$$(2) \qquad P = \int\int\int \rho\,dx\,dy\,dz,$$

ρ désignant la densité du corps au point (x, y, z). On suppose que ρ est une fonction continue des coordonnées, fonction qui peut être considérée comme ayant sensiblement la même valeur dans toute l'étendue d'un élément infiniment petit.

Voici maintenant comment on devra effectuer l'intégration indiquée. L'équation de la surface du corps donne, en général, pour un système de valeurs de x et de y, deux valeurs de z ; soient $f(x, y)$ la plus petite, et $F(x, y)$ la plus grande de ces valeurs. On commencera par chercher l'intégrale

$$\int_{f(x,y)}^{F(x,y)} \rho dz,$$

en regardant x et y comme des constantes.

Imaginons maintenant que, de l'équation de la trace sur le plan des xy d'un cylindre parallèle à Oz et circonscrit à la surface du corps, on tire

$$y = \varphi(x), \quad y = \Phi(x),$$

la première étant la plus petite et la seconde la plus grande des valeurs de y qui correspondent à une valeur attribuée à x. En regardant x comme une constante, on cherchera l'intégrale définie

$$\int_{\varphi(x)}^{\Phi(x)} dy \int_{f(x,y)}^{F(x,y)} \rho dz.$$

Enfin

$$x = a, \quad x = b$$

étant les équations de deux plans parallèles au plan zOy, l'un mené par le point le plus rapproché, l'autre par le point le plus éloigné de ce plan sur la surface du solide, on aura

$$(3) \qquad P = \int_a^b dx \int_{\varphi(x)}^{\Phi(x)} dy \int_{f(x,y)}^{F(x,y)} \rho dz.$$

103. Pour trouver maintenant le centre de gravité (x_1, y_1, z_1) du solide, observons que $x\rho dV$, $y\rho dV$, $z\rho dV$ seront les moments du parallélipipède MM' par rapport aux plans coordonnés, en regardant x, y, z comme les coordonnées du centre de gravité de ce parallélipipède. On aura donc, d'après le théorème des moments,

$$(4) \qquad \begin{cases} Px_1 = \int\int\int x\rho dV, \\ Py_1 = \int\int\int y\rho dV, \\ Pz_1 = \int\int\int z\rho dV. \end{cases}$$

Si le corps était homogène, le facteur constant ρ pourrait sortir du signe d'intégration et, en remplaçant $\frac{\mathrm{P}}{\rho}$ par V, on aurait

$$(5)\qquad \left\{\begin{aligned} \mathrm{V}x_1 &= \int\!\!\int\!\!\int x\,d\mathrm{V},\\ \mathrm{V}y_1 &= \int\!\!\int\!\!\int y\,d\mathrm{V},\\ \mathrm{V}z_1 &= \int\!\!\int\!\!\int z\,d\mathrm{V}. \end{aligned}\right.$$

Les limites de ces intégrales sont les mêmes que pour l'intégrale qui représente le volume

HUITIÈME LEÇON.

VOLUME ET CENTRE DE GRAVITÉ DES CORPS RAPPORTÉS A DES COORDONNÉES POLAIRES.

Coordonnées polaires. — Poids et volume d'un corps rapporté à des coordonnées polaires. — Coordonnées polaires du centre de gravité. — Limites des intégrales qui entrent dans les formules précédentes. — Application.

COORDONNÉES POLAIRES.

104. Soient $z = MP$, $y = PQ$, $x = OQ$ les coordonnées rectangulaires d'un point M. Ce point peut être déterminé par sa distance $OM = r$ à un point fixe O, par l'angle $MOx = \theta$ que fait le rayon vecteur OM avec l'axe fixe Ox, enfin par l'angle $MQP = \psi$ que le plan MOx fait avec le plan fixe xOy. Les quantités r, θ, ψ sont dites les coordonnées polaires du point M.

Fig. 49.

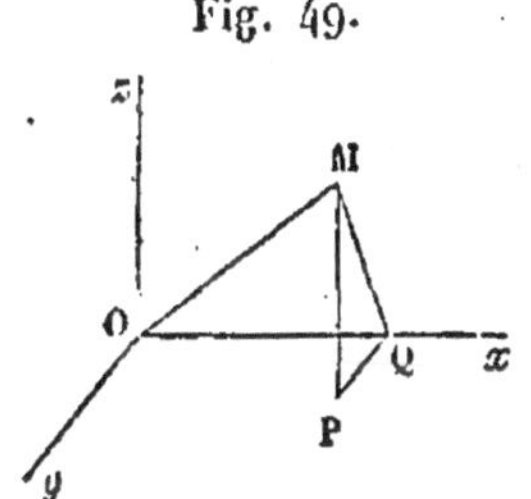

On voit que les coordonnées polaires déterminent le point M par l'intersection de trois surfaces, savoir une *sphère* décrite du point O comme centre avec r pour rayon : un *cône* de révolution dont Ox est l'axe et dont la génératrice fait avec l'axe un angle θ; enfin un *plan* passant par Ox et faisant un angle ψ avec le plan xOy.

105. Les formules propres à passer des coordonnées rectangulaires x, y, z aux coordonnées polaires r, θ, ψ se tirent immédiatement de la considération des triangles MOQ et MPQ, qui donnent

$$(1)\quad \left\{\begin{aligned} x &= r\cos\theta, \\ y &= r\sin\theta\cos\psi, \\ z &= r\sin\theta\sin\psi. \end{aligned}\right.$$

106. Inversement, pour passer du second système au premier, on aura les formules

$$(2)\quad \left\{\begin{aligned} r &= z\sqrt{x^2+y^2+z^2},\\ \operatorname{tang}\psi &= \frac{z}{y},\\ \cos\theta &= \frac{x}{\sqrt{x^2+y^2+z^2}}. \end{aligned}\right.$$

POIDS ET VOLUME DES CORPS RAPPORTÉS A DES COORDONNÉES POLAIRES.

107. Soit M (r, θ, ψ) un point pris dans le corps considéré. Décrivons dans le plan MOx et du point O comme centre deux arcs de cercle MI et LK, avec les rayons $OM = r$ et $OL = r + \Delta r$, terminés à la droite OK telle que $LOK = \Delta\theta$.

Fig. 50.

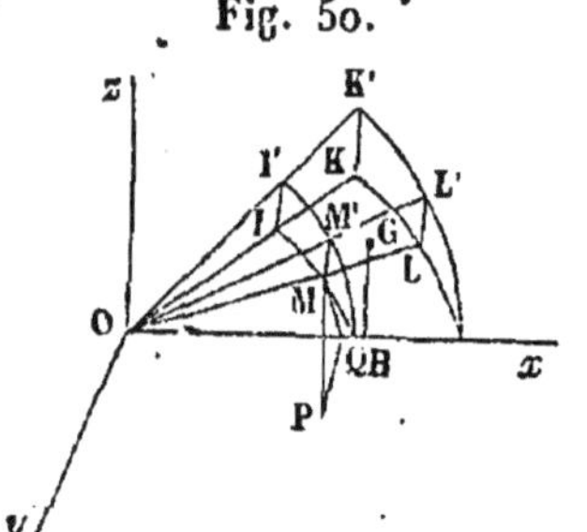

Si l'on imagine que le quadrilatère plan IMLK tourne autour de Ox d'un angle $\Delta\psi$ et vienne en I'M'L'K', nous obtiendrons un petit solide MK' que nous prendrons pour l'élément du volume total. D'après le théorème de Guldin (90), MK' aura pour mesure l'aire IMLK multipliée par l'arc de cercle que décrit le centre de gravité G de cette aire. Or

$$\text{IMLK} = \text{OKL} - \text{OMI} = \frac{1}{2}(r+\Delta r)^2\Delta\theta - \frac{1}{2}r^2\Delta\theta,$$

ou bien

$$\text{IMLK} = \left(r + \frac{1}{2}\Delta r\right)\Delta r\Delta\theta.$$

D'un autre côté, si u est la perpendiculaire GH abaissée du point G sur l'axe Ox, l'arc décrit par le point G sera égal à $u\Delta\psi$. Mais le point G étant compris dans l'intérieur du quadrilatère IKLM, peut devenir aussi voisin que l'on voudra du point M en prenant $\Delta\theta$ et $\Delta\psi$ assez petits. Par conséquent, GH différera peu de la perpendiculaire $MQ = r\sin\theta$ abaissée du point M sur l'axe Ox : on aura donc

$$(1) \qquad u = r\sin\theta + \alpha,$$

α désignant une quantité qui tend vers o en même temps que Δr et $\Delta\theta$; et par suite

$$(2) \qquad \Delta V = (r\sin\theta + \alpha)\left(r + \frac{1}{2}\Delta r\right)\Delta r \Delta\theta \Delta\psi.$$

Mais si l'on appelle ρ la densité du solide au point M, $\rho + 6$ sera la densité moyenne de l'élément de volume ΔV, 6 devenant nul à la limite. En appelant ΔP le poids de cet élément, on aura donc

$$\Delta P = (\rho + 6)\Delta V$$

et par suite

$$(3) \qquad \Delta P = (\rho + 6)(r\sin\theta + \alpha)\left(r + \frac{1}{2}\Delta r\right)\Delta r \Delta\theta \Delta\psi.$$

De là on conclut, en désignant par γ un infiniment petit,

$$P = \Sigma\rho r^2 \sin\theta \Delta r \Delta\theta \Delta\psi + \Sigma\gamma \Delta r \Delta\theta \Delta\psi.$$

Or, si l'on suppose les accroissements Δr, $\Delta\theta$, $\Delta\psi$ de plus en plus petits, on a

$$\lim \Sigma\gamma \Delta r \Delta\theta \Delta\psi = 0,$$

$$\lim \Sigma\rho r^2 \sin\theta \Delta r \Delta\theta \Delta\psi = \int\int\int \rho r^2 \sin\theta \, dr \, d\theta \, d\psi.$$

Donc

$$(4) \qquad P = \int\int\int \rho r^2 \sin\theta \, dr \, d\theta \, d\psi,$$

relation que l'on aurait pu obtenir plus rapidement par la méthode des infiniment petits.

Quand le corps est homogène, ρ est une constante qu'on peut faire sortir du signe d'intégration, et si l'on observe que $\frac{P}{\rho}$ est égal au volume V du corps, on aura

$$(5)\qquad V=\int\int\int r^2 \sin\theta\, dr\, d\theta\, d\psi.$$

COORDONNÉES POLAIRES DU CENTRE DE GRAVITÉ D'UN CORPS.

108. En posant $dP=\rho r^2 \sin\theta\, dr\, d\theta\, d\psi$, un raisonnement analogue à celui que nous venons de faire nous donnera, pour les moments du solide par rapport aux trois plans coordonnés, les intégrales

$$\int\int\int x\,dP,\quad \int\int\int y\,dP,\quad \int\int\int z\,dP,$$

et comme ces moments sont aussi égaux à Px_1, Py_1, Pz_1, on aura finalement, pour déterminer les coordonnées rectangulaires du centre de gravité solide, les formules suivantes :

$$(4)\qquad P=\int\int\int \rho r^2 \sin\theta\, dr\, d\theta\, d\psi,$$

$$(6)\qquad \left\{\begin{aligned} Px_1&=\int\int\int \rho r^3 \sin\theta \cos\theta\, dr\, d\theta\, d\psi,\\ Py_1&=\int\int\int \rho r^3 \sin^2\theta \cos\psi\, dr\, d\theta\, d\psi,\\ Pz_1&=\int\int\int \rho r^3 \sin^2\theta \sin\psi\, dr\, d\theta\, d\psi.\end{aligned}\right.$$

On obtiendrait ensuite les coordonnées polaires ρ_1, θ_1, ψ_1, du centre de gravité à l'aide des formules du n° 106.

LIMITES DES INTÉGRALES PRÉCÉDENTES.

109. Quant aux limites de ces intégrales, il faut distinguer deux cas, suivant que l'origine des coordonnées est dans le corps ou hors du corps.

Dans le premier cas, 1° on intégrera d'abord par rapport à r en regardant θ, ψ, $d\theta$, $d\psi$ comme des constantes, depuis $r=0$ jusqu'à $r=f(\theta, \psi)$, l'équation polaire de la surface du corps résolue par rapport à r étant

$$r=f(\theta, \psi).$$

On aura ainsi le poids et le centre de gravité d'une pyramide infiniment petite ayant son sommet au point O, et dont les quatre arêtes seraient les droites OL, OK, OL', OK', qui correspondent aux angles θ et ψ.

2° On intégrera ensuite par rapport à θ, en regardant ψ et $d\psi$ comme des constantes, depuis $\theta=0$ jusqu'à $\theta=\pi$, ce qui donnera le poids et le centre de gravité d'une tranche infiniment mince comprise entre deux plans infiniment voisins passant par Ox et correspondant à un angle ψ.

3° Enfin, on aura le résultat définitif en intégrant les quatre expressions trouvées par rapport à ψ entre les limites $\psi=0$ et $\psi=2\pi$. D'après cela, la formule qui donne P pourra s'écrire

$$P=\int_0^{2\pi} d\psi \int_0^{\pi} \sin\theta\, d\theta \int_0^{f(\theta,\psi)} \rho r^2 dr.$$

110. Si le point O est extérieur, on intégrera d'abord, par rapport à r, entre les limites

Fig. 51.

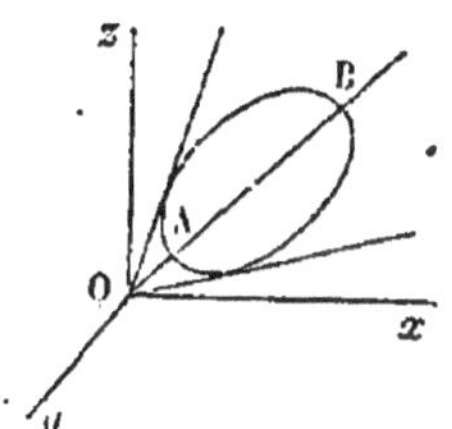

$$r=f(\theta, \psi), \quad r=F(\theta, \psi),$$

en supposant que l'équation de la surface, résolue par rapport à r, donne pour cette variable les deux valeurs

$$r=OA=f(\theta, \psi), \quad r=OB=F(\theta, \psi).$$

Soient maintenant θ' et θ'' les angles que les tangentes menées par le point O à la courbe d'intersection de la surface et du plan MOx font avec l'axe Ox. On intégrera par rapport à θ depuis θ' jusqu'à θ''. Enfin, on intégrera par rapport à ψ depuis $\psi=\alpha$ jusqu'à $\psi=\beta$, α et β

étant les valeurs de ψ correspondant à deux plans menés par Ox, et tangents à la surface.

Si l'axe Ox passait par l'intérieur du corps solide, il faudrait intégrer par rapport à ψ de $\psi = 0$ à $\psi = 2\pi$.

Enfin, dans tous les cas, on pourrait changer l'ordre des intégrations; mais les limites des intégrales ne seraient plus les mêmes.

APPLICATION.

111. Nous allons appliquer les formules précédentes à la recherche du centre de gravité d'un corps homogène, terminé par deux surfaces sphériques concentriques de rayons a et b et par la surface d'un cône droit ayant son sommet au centre commun des deux sphères.

Prenons pour origine ce centre et pour axe des x l'axe du cône. Le centre de gravité sera évidemment situé sur cette droite. Nous n'aurons donc que la seule coordonnée x_1 à déterminer au moyen des formules

$$(1)\qquad V = \int_0^{2\pi} d\psi \int_0^{\alpha} \sin\theta\, d\theta \int_a^b r^2\, dr,$$

$$(2)\qquad V x_1 = \int_0^{2\pi} d\psi \int_0^{\alpha} \sin\theta \cos\theta\, d\theta \int_a^b r^3\, dr.$$

Or, on a

$$\int_a^b r^2\, dr = \frac{b^3 - a^3}{3},$$

$$\int_0^{\alpha} \sin\theta\, d\theta = 1 - \cos\alpha = 2\sin^2\frac{1}{2}\alpha,$$

$$\int_0^{2\pi} d\psi = 2\pi;$$

donc

$$(3)\qquad V = \frac{4\pi}{3}(b^3 - a^3)\sin^2\frac{1}{2}\alpha.$$

On aura ensuite

$$\int_a^b r^3\,dr = \frac{b^4 - a^4}{4},$$

$$\int_0^\alpha \sin\theta\cos\theta = \frac{1}{2}\int_0^\alpha \sin 2\theta\, d\theta = \frac{1}{2}\sin^2\alpha\,;$$

donc

(4) $$V x_1 = \pi \sin^2\alpha\, \frac{b^4 - a^4}{4},$$

et, en divisant (4) par (3),

$$x_1 = \frac{3}{16}\,\frac{b^4 - a^4}{b^3 - a^3}\,\frac{\sin^2\alpha}{\sin^2\frac{1}{2}\alpha}$$

ou

(5) $$x_1 = \frac{3}{4}\,\frac{b^4 - a^4}{b^3 - a^3}\cos^2\frac{1}{2}\alpha.$$

Si $a = 0$ et $\alpha = 90°$, on trouve

$$x_1 = \frac{3}{8}\, b.$$

Ainsi, le centre de gravité d'une demi-sphère est situé à une distance du centre égale aux trois huitièmes du rayon, comme on le trouverait par la formule du n° 99.

NEUVIÈME LEÇON.

ATTRACTION DES CORPS.

Loi de l'attraction. — Attraction d'une couche sphérique. — Attraction de deux sphères. — Formules générales. — Réduction des intégrales générales à une seule. — Propriétés de la fonction V.

LOI DE L'ATTRACTION.

112. Tous les corps de la nature s'attirent mutuellement, et l'intensité de l'attraction pour deux corps est *proportionnelle aux masses ou quantités de matière de ces corps et en raison inverse du carré de leur distance.*

Pour éclaircir cet énoncé, supposons que deux corps de dimensions et de formes quelconques, ayant chacun une masse égale à l'unité, s'attirent mutuellement, et concevons que cette attraction ne varie ni en grandeur ni en direction dans toute l'étendue de ces deux corps, en sorte qu'elle soit la même entre deux points matériels a et b de ces deux corps que celle qui aurait lieu entre ces deux points s'ils étaient placés à l'unité de distance l'un de l'autre. Appelons f l'attraction totale exercée par l'un de ces deux corps sur l'autre. La loi énoncée plus haut signifie que si deux points matériels ont des masses μ et μ' et sont placés à une distance u l'un de l'autre, l'attraction exercée par l'un d'eux sur l'autre sera mesurée par $\frac{f\mu\mu'}{u^2}$.

ATTRACTION D'UNE COUCHE SPHÉRIQUE.

113. Considérons une couche homogène comprise entre deux sphères concentriques dont les rayons soient b et c, et cherchons à déterminer l'attraction exercée par la couche sur un point matériel K extérieur à cette couche.

Fig. 52.

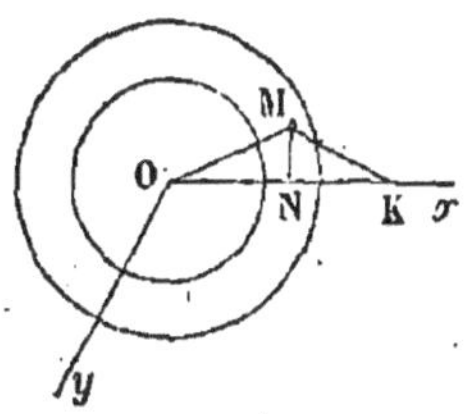

Soit M un point matériel de la couche; nommons μ' sa masse et r, θ, ψ ses coordonnées polaires, en prenant le point O pour pôle, pour axe polaire la droite Ox qui passe par le point K, et enfin pour plan fixe le plan xOy. Posons en outre

$$\mathrm{OK} = a, \quad \mathrm{MK} = u.$$

En nommant $d\mathrm{V}$ l'élément de volume de la couche, on a (107)

$$d\mathrm{V} = r^2 \sin\theta \, dr \, d\theta \, d\psi,$$

et par conséquent, si ρ est la densité de la substance dont la couche est formée, on a

$$\mu' = \rho \, d\mathrm{V} = \rho r^2 \sin\theta \, dr \, d\theta \, d\psi.$$

L'attraction exercée par le point matériel M sur le point K aura pour expression (112)

$$\frac{f\mu\mu'}{u^2},$$

c'est-à-dire

$$\frac{f\mu\rho r^2 \sin\theta \, dr \, d\theta \, d\psi}{u^2}.$$

114. Les attractions exercées par tous les points de la couche sphérique sur le point K sont des forces appliquées en ce point, et dont la résultante doit être dirigée suivant KO, car tout est symétrique autour de cette droite. Il suffira donc d'évaluer la somme des composantes partielles dirigées suivant KO. Or, la composante suivant KO de l'attraction mutuelle des points M et K est

$$\frac{f\mu\mu'}{u^2} \cos \mathrm{MKO} = \frac{f\mu\mu'}{u^2} \frac{a^2 + u^2 - r^2}{2au}$$

ou, en remplaçant μ' par sa valeur,

$$f\mu\rho r^2 \sin\theta\, dr\, d\theta\, d\psi \frac{a^2 + u^2 - r^2}{2au^2};$$

mais on a

$$u^2 = a^2 + r^2 - 2ar\cos\theta,$$

d'où

$$u\, du = ar \sin\theta\, d\theta.$$

Donc l'expression ci-dessus peut s'écrire

$$\frac{f\mu\rho\, r\, dr\, du\, d\psi}{2a^2}\left(1 + \frac{a^2 - r^2}{u^2}\right).$$

115. Pour intégrer cette expression, on remarquera d'abord que ψ n'y entre que par sa différentielle, car u et r sont indépendants de ψ. En intégrant par rapport à ψ, depuis zéro jusqu'à 2π, on aura donc

$$\frac{\pi f\mu\rho}{a^2}\int r\, dr \int\left(1 + \frac{a^2 - r^2}{u^2}\right) du.$$

Intégrant par rapport à u, on aura d'abord pour l'intégrale indéfinie

$$\int\left(1 + \frac{a^2 - r^2}{u^2}\right) du = u + \frac{r^2 - a^2}{u} + C.$$

116. Maintenant si le point K est situé entre le centre et la couche sphérique, comme la distance

Fig. 53.

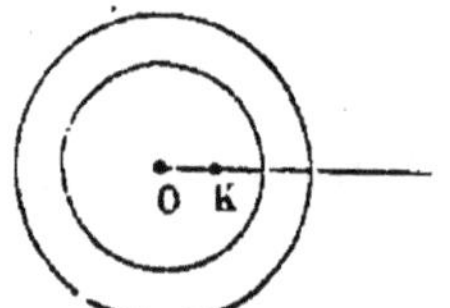

$$u = \sqrt{r^2 + a^2 - 2ar\cos\theta}$$

doit être positive et que les limites de θ sont zéro et π, les limites correspondantes de u seront $r - a$ et $r + a$ · mais

$$\int_{r-a}^{r+a}\left(1 + \frac{a^2 - r^2}{u^2}\right) du = 0.$$

Il résulte de là qu'en multipliant par $\frac{\pi f \mu r d}{a^2}$ et intégrant par rapport à r, on aura une constante pour l'intégrale indéfinie, et par suite zéro pour l'intégrale définie. On a donc ce théorème :

La résultante des attractions de tous les points matériels d'une couche sphérique homogène sur un point matériel placé dans son intérieur est nulle.

117. En second lieu, si le point K est situé à l'extérieur de la couche, après avoir intégré par rapport à ψ, il faudra intégrer par rapport à u de $u = a - r$ à $u = a + r$, valeurs extrêmes de u : or

$$\int_{a-r}^{a+r}\left(1 + \frac{a^2 - r^2}{u^2}\right) du = a + r - a + r - (a - r - r - a) = 4r;$$

par suite, en intégrant entre les limites b et c l'expression $\frac{4\pi f \mu \rho r^2}{a^2} dr$, on aura

$$\frac{4}{3}\pi(c^3 - b^3)\frac{f\mu\rho}{a^2}.$$

On peut simplifier ce résultat, en observant que si m est la masse de la couche sphérique, ρ étant sa densité et $\frac{4}{3}\pi(c^3 - b^3)$ son volume, on a

$$m = \frac{4}{3}\pi(c^3 - b^3)\rho,$$

d'où résulte que l'attraction exercée sur le point est

$$\frac{f\mu m}{a^2}.$$

De là ce théorème :

L'attraction exercée par une couche sphérique homogène sur un point matériel extérieur à cette couche est égale à celle qu'éprouverait ce point si toute la masse de la couche était réunie à son centre.

118. Les résultats trouvés (116 et 117) s'étendent au

cas d'un corps composé de couches sphériques et concentriques dont la densité varie de l'une à l'autre suivant une loi quelconque, mais de telle sorte que cette densité reste constante dans toute l'étendue d'une même couche.

Fig. 54.

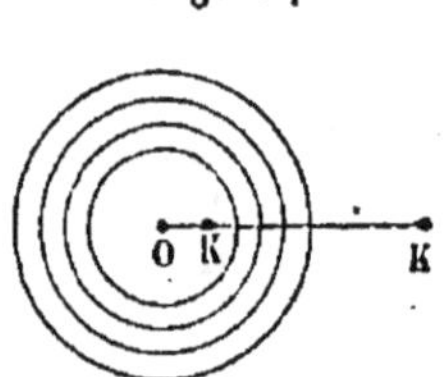

En effet, si le point K est dans l'intérieur du corps, la résultante des actions de chaque couche élémentaire étant nulle, l'attraction totale est bien nulle aussi.

En second lieu, si le point est à l'extérieur du corps, chaque couche élémentaire agissant comme si toute sa masse était concentrée en son centre, l'attraction du corps tout entier sur ce même point sera la même que si la masse totale était réunie au centre.

119. Si le point K fait partie de la masse attirante, on concevra celle-ci partagée en deux couches sphériques concentriques au moyen d'une sphère de même centre passant par ce point. L'attraction totale exercée sur le point par la couche extérieure sera nulle et le point sera seulement attiré par la seconde couche, comme si toute la masse de celle-ci était réunie au centre.

Fig. 55

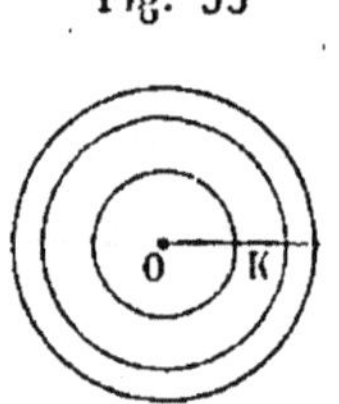

120. Quand le rayon intérieur de la couche sphérique est nul, c'est-à-dire dans le cas de la sphère, les résultats précédents subsistent encore. En supposant la sphère homogène, $\frac{4\pi a^3}{3}\rho$ est la partie de sa masse qui agit sur le point considéré et l'attraction a pour valeur $\frac{4}{3}\pi f \mu\rho a$; ainsi *l'attraction d'une sphère sur un point intérieur est proportionnelle à la distance du point attiré au centre.*

121. Au contraire, si le point attiré est extérieur à la

sphère, l'attraction exercée sur ce point sera réciproquement proportionnelle au carré de sa distance au centre et aura pour mesure $\frac{4}{3}\pi f \mu\rho \frac{c^3}{a^2}$. Du reste la comparaison des expressions $\frac{4}{3}\pi f\mu\rho\frac{c^3}{a^2}$ et $\frac{4}{3}\pi f\mu\rho a$ fait voir que l'attraction a sa plus grande valeur quand $a = c$, c'est-à-dire quand le point est à la surface de la sphère et que cette attraction est nulle pour $a = 0$ ainsi que pour $a = \infty$, ce qu'il était facile de reconnaître *à priori*.

ATTRACTION DE DEUX SPHÈRES.

122. Soient deux sphères de rayons a et b et dont les centres soient à une distance c l'un de l'autre.

Tous les points matériels de la première sphère attirent une molécule de la seconde comme s'ils étaient réunis au centre de la première. On peut donc remplacer celle-ci par un point matériel de masse $\frac{4}{3}\pi\rho a^3$. L'attraction exercée par la seconde sphère sur ce point matériel étant la même que si la masse $\frac{4}{3}\pi\rho' b^3$ de celle-ci était réunie à son centre, il en résulte que l'attraction mutuelle des deux sphères sera égale à

$$\frac{16}{9}\frac{\pi^2\rho\rho' a^3 b^3}{c^2}.$$

Ainsi deux sphères homogènes (ou composées de couches homogènes dont la densité varie d'une couche à l'autre) s'attirent comme deux molécules de même masse placées à leurs centres respectifs.

FORMULES GÉNÉRALES.

123. L'attraction exercée par un point M (x, y, z) de masse dm sur un point O $(\alpha, 6, \gamma)$ dont la masse est μ

Fig. 56.

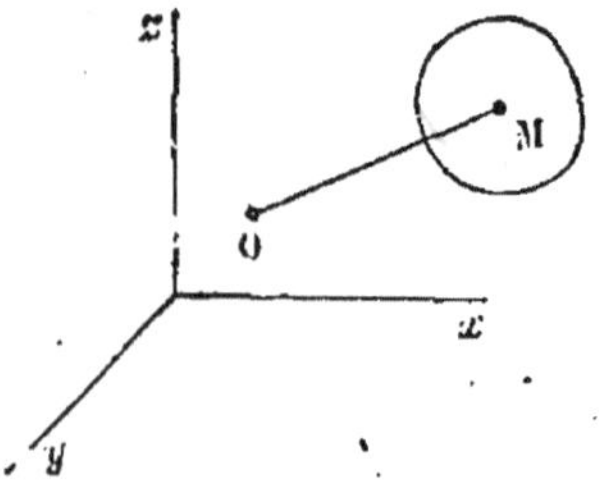

est égale à

$$\frac{\mu\, dm}{u^2},$$

et les composantes de cette attraction élémentaire, parallèles aux axes de coordonnées, sont

$$\frac{f\mu(\alpha - x)}{u^3}dm, \quad \frac{f\mu(6 - x)}{u^3}dm, \quad \frac{f\mu(\gamma - x)}{u^3}dm,$$

en regardant ces composantes comme positives quand elles tendent à diminuer les coordonnées du point attiré.

Pour avoir les composantes A, B, C de l'attraction totale exercée par tous les points du corps attirant, il faudra intégrer les expressions précédentes dans toute l'étendue de ce corps. On aura ainsi

$$(1) \quad \begin{cases} A = f\mu \displaystyle\iiint \frac{\alpha - x}{u^3}\, dm, \\ B = f\mu \displaystyle\iiint \frac{6 - y}{u^3}\, dm, \\ C = f\mu \displaystyle\iiint \frac{\gamma - z}{u^3}\, dm. \end{cases}$$

124. Pour rendre l'intégration plus facile, transportons l'origine au point attiré et désignons par g, h, l les angles que la droite OM fait avec les axes de coordonnées. On a

$$\cos g = \frac{x - \alpha}{u}, \quad \cos h = \frac{y - 6}{u}, \quad \cos k = \frac{z - \gamma}{u}.$$

Prenons en même temps des coordonnées polaires u, θ, ψ liées aux angles g, h, l par les formules

$$(2) \quad \begin{cases} \cos g = \cos\theta, \\ \cos h = \sin\theta\cos\psi, \\ \cos k = \sin\theta\sin\psi \end{cases}$$

[ce qu'on voit en faisant u ou $r = 1$ (105)]. D'ailleurs on a

$$dm = \rho u^2 du \sin\theta \, d\theta \, d\psi.$$

On aura donc

$$(3) \quad \begin{cases} A = -f\mu \int\int\int \rho \cos g \, du \sin\theta \, d\theta \, d\psi, \\ B = -f\mu \int\int\int \rho \cos h \, du \sin\theta \, d\theta \, d\psi, \\ C = -f\mu \int\int\int \rho \cos k \, du \sin\theta \, d\theta \, d\psi. \end{cases}$$

Si le point O est intérieur, il faut intégrer par rapport à u depuis $u = 0$ jusqu'à $u = R$, R désignant le rayon vecteur terminé à la surface du corps; par rapport à θ, depuis $\theta = 0$ jusqu'à $\theta = \pi$; par rapport à ψ, depuis $\psi = 0$ jusqu'à $\psi = 2\pi$.

RÉDUCTION DES INTÉGRALES GÉNÉRALES A UNE SEULE.

125. Les intégrales comprises dans les formules (1) peuvent être ramenées à la seule intégrale triple

$$(4) \qquad V = \int\int\int \frac{dm}{u},$$

étendue à toute la masse du corps.

En effet, puisque

$$u^2 = (x - \alpha)^2 + (y - \beta)^2 + (z - \gamma)^2$$

on aura

$$(5) \quad \begin{cases} \dfrac{dV}{d\alpha} = -\displaystyle\int\int\int \frac{(\alpha - x)\, dm}{u^3}, \\ \dfrac{dV}{d\beta} = -\displaystyle\int\int\int \frac{(\beta - y)\, dm}{u^3}, \\ \dfrac{dV}{d\gamma} = -\displaystyle\int\int\int \frac{(\gamma - z)\, dm}{u^3}, \end{cases}$$

par suite (123)

$$(6)\quad \begin{cases} A = -f\mu \dfrac{dV}{d\alpha}, \\ B = -f\mu \dfrac{dV}{d\beta}, \\ C = -f\mu \dfrac{dV}{d\gamma}. \end{cases}$$

Ainsi tout le calcul se réduit à la détermination de la fonction V.

PROPRIÉTÉS DE LA FONCTION V.

126. Si le point attiré est extérieur, la différentielle $\frac{dm}{u}$ ne devient pas infinie dans les limites de l'intégration. On peut donc appliquer les règles de la différentiation sous le signe à l'intégrale définie

$$(1)\qquad V = \int\int\int \frac{dm}{u}$$

et l'on en tirera

$$(2)\quad \frac{d^2V}{d\alpha^2} + \frac{d^2V}{d\beta^2} + \frac{d^2V}{d\gamma^2} = \int\int\int dm\left(\frac{d^2\frac{1}{u}}{d\alpha^2} + \frac{d^2\frac{1}{u}}{d\beta^2} + \frac{d^2\frac{1}{u}}{d\gamma^2}\right).$$

Mais à cause de

$$u = \sqrt{(\alpha - x)^2 + (\beta - y)^2 + (\gamma - z)^2}$$

on a

$$(3)\qquad \frac{d\frac{1}{u}}{d\alpha} = \frac{x - \alpha}{u^3},$$

$$(4)\qquad \frac{d^2\frac{1}{u}}{d\alpha^2} = \frac{3(x - \alpha)^2 - u^2}{u^5}.$$

On conclut de cette dernière égalité

$$(5)\qquad \frac{d^2\frac{1}{u}}{d\alpha^2}+\frac{d^2\frac{1}{u}}{d\beta^2}+\frac{d^2\frac{1}{u}}{d\gamma^2}=0.$$

Le second membre de l'équation (2) est donc nul, et l'on a

$$(6)\qquad \frac{d^2V}{d\alpha^2}+\frac{d^2V}{d\beta^2}+\frac{d^2V}{d\gamma^2}=0.$$

127. Si le point attiré est intérieur, on part des formules (6) du n° 125; en les différentiant on a

$$\frac{d^2V}{d\alpha^2}+\frac{d^2V}{d\beta^2}+\frac{d^2V}{d\gamma^2}=-\frac{1}{f\rho}\left(\frac{dA}{d\alpha}+\frac{dB}{d\beta}+\frac{dC}{d\gamma}\right)$$

ou, en vertu des formules (3) du n° 124,

$$\begin{aligned}\frac{d^2V}{d\alpha^2}+\frac{d^2V}{d\beta^2}+\frac{d^2V}{d\gamma^2}=\;&\frac{d}{d\alpha}\int\!\!\int\!\!\int\rho\cos g\sin\theta\,du\,d\theta\,d\psi\\&+\frac{d}{d\beta}\int\!\!\int\!\!\int\rho\cos h\sin\theta\,du\,d\theta\,d\psi\\&+\frac{d}{d\gamma}\int\!\!\int\!\!\int\rho\cos k\sin\theta\,du\,d\theta\,d\psi.\end{aligned}$$

Si l'on effectue les différentiations en appliquant les règles relatives au cas où les limites d'intégration sont variables, on trouve

$$\begin{aligned}&\frac{d^2V}{d\alpha^2}+\frac{d^2V}{d\beta^2}+\frac{d^2V}{d\gamma^2}\\&\quad=\int\!\!\int\!\!\int\sin\theta\,du\,d\theta\,d\psi\left(\cos g\frac{d\rho}{d\alpha}+\cos h\frac{d\rho}{d\beta}+\cos k\frac{d\rho}{d\gamma}\right)\\&\quad+\int\!\!\int\rho_2\sin\theta\,d\theta\,d\psi\left(\cos g\frac{dR}{d\alpha}+\cos h\frac{dR}{d\beta}+\cos k\frac{dR}{d\gamma}\right),\end{aligned}$$

ρ_2 et R désignant les valeurs de ρ et de u à la surface. On a d'ailleurs

$$\cos g\,\frac{d\rho}{d\alpha}+\cos h\,\frac{d\rho}{d\beta}+\cos k\,\frac{d\rho}{d\gamma}=\frac{d\rho}{du},$$

$$\cos g\,\frac{dR}{d\alpha}+\cos h\,\frac{dR}{d\beta}+\cos k\,\frac{dR}{d\gamma}=-1.$$

Par conséquent

$$\frac{d^2V}{d\alpha^2}+\frac{d^2V}{d\beta^2}+\frac{d^2V}{d\gamma^2}=\int\int\int \sin\theta\,d\theta\,d\psi\,\frac{d\rho}{du}\,du$$
$$-\int\int \rho_2 \sin\theta\,d\theta\,d\psi.$$

Mais si l'on désigne par ρ_1 la densité du corps au point O, on a

$$\int\int\int \sin\theta\,d\theta\,d\psi\,\frac{d\rho}{du}\,du=2\pi\int_0^\pi(\rho_2-\rho_1)\sin\theta\,d\theta$$
$$=-4\pi\rho_1+\int\int\rho_2\sin\theta\,d\theta\,d\psi\,;$$

donc

$$(7)\qquad \frac{d^2V}{d\alpha^2}+\frac{d^2V}{d\beta^2}+\frac{d^2V}{d\gamma^2}=-4\pi\rho_1.$$

DIXIÈME LEÇON.

ATTRACTION D'UN ELLIPSOIDE HOMOGÈNE SUR UN POINT INTÉRIEUR.

Formules relatives à l'ellipsoïde. — Conséquences de ces formules. — Suite de l'intégration. — Formules de Jacobi. — Cas où l'ellipsoïde est peu différent de la sphère.

FORMULES RELATIVES A L'ELLIPSOÏDE.

128. Proposons-nous de trouver l'attraction de l'ellipsoïde

$$\frac{x^2}{a^2}+\frac{y^2}{b^2}+\frac{z^2}{c^2}=1 \tag{1}$$

sur un point intérieur (α, β, γ).

Pour avoir la valeur de R, il faut faire

$$\left\{\begin{aligned} x &= \alpha + u\cos g,\\ y &= \beta + u\cos h,\\ z &= \gamma + u\cos k,\end{aligned}\right. \tag{2}$$

dans l'équation (1), ce qui donne

$$pu^2 + 2qu = l, \tag{3}$$

en posant

$$\left\{\begin{aligned} p &= \frac{\cos^2 g}{a^2}+\frac{\cos^2 h}{b^2}+\frac{\cos^2 k}{c^2},\\ q &= \frac{\alpha\cos g}{a^2}+\frac{\beta\cos h}{b^2}+\frac{\gamma\cos k}{c^2},\\ l &= 1-\frac{\alpha^2}{a^2}-\frac{\beta^2}{b^2}-\frac{\gamma^2}{c^2}.\end{aligned}\right. \tag{4}$$

On tire de l'équation (3)

$$u=\frac{-q\pm\sqrt{q^2+pl}}{p}.$$

Comme p et l sont positives, on a deux valeurs de u, l'une positive, qui est $\frac{-q+\sqrt{q^2+pl}}{p}$, l'autre négative, qu'il faut rejeter, car le rayon vecteur est une quantité positive, sa direction étant déterminée par les angles g, h, k, qui peuvent être aigus ou obtus. On prend donc

$$R = \frac{-q+\sqrt{q^2+pl}}{p},$$

et l'on a, en intégrant par rapport à u la première des formules (3) du n° 124 et en omettant le facteur constant $f\mu\rho$,

$$A = -\int\int R \cos g \sin\theta \, d\theta \, d\psi$$

ou

$$(4) \qquad A = \int\int \frac{q-\sqrt{q^2+pl}}{p} \cos g \sin\theta \, d\theta \, d\psi,$$

et de même

$$(5) \qquad B = \int\int \frac{q-\sqrt{q^2+pl}}{p} \cos h \sin\theta \, d\theta \, d\psi,$$

$$(6) \qquad C = \int\int \frac{q-\sqrt{q^2+pl}}{p} \cos k \sin\theta \, d\theta \, d\psi.$$

129. On peut supprimer le radical $\sqrt{q^2+pl}$ dans ces formules. Par exemple, la partie

$$\int\int \frac{\sqrt{q^2+pl}}{p} \cos g \sin\theta \, d\theta \, d\psi,$$

qui entre dans la formule (4), est nulle, car si l'on considère un élément de l'intégrale double correspondant à une certaine direction (θ, ψ) du rayon vecteur, puis l'élément correspondant à la direction opposée $(\pi-\theta, \pi+\psi)$, $\cos g$ ou $\cos\theta$ changera de signe sans changer de valeur en passant du premier élément au second; il en sera de même de $\sin\psi$ et $\cos\psi$; quant à $\sin\theta$, il ne changera pas, de sorte que les deux éléments, étant égaux et de signes contraires, se détruisent. La valeur de A se réduit donc à

$$A = \int\int \frac{q}{p} \cos g \sin\theta \, d\theta \, d\psi,$$

ou, en remplaçant q par sa valeur (128),

$$A = \frac{\alpha}{a^2}\int\int \frac{\cos^2 g}{p} \sin\theta \, d\theta \, d\psi + \frac{\beta}{b^2}\int\int \frac{\cos g \cos h}{p} \sin\theta \, d\theta \, d\psi$$
$$+ \frac{\gamma}{c^2}\int\int \frac{\cos g \cos k}{p} \sin\theta \, d\theta \, d\psi.$$

130. En prenant deux éléments pour lesquels θ ait deux valeurs supplémentaires tandis que ψ sera le même, ou, ce qui revient au même, deux éléments qui répondent à des valeurs supplémentaires de g et aux mêmes valeurs de h et de k, on voit que les deux dernières intégrales sont composées de parties qui se détruisent deux à deux, et A se réduit à la première intégrale. Une simplification analogue aura lieu dans les valeurs de B et de C. On aura donc

$$(7)\quad \left\{\begin{aligned} A &= \frac{\alpha}{a^2}\int\int \frac{\cos^2 g}{p} \sin\theta \, d\theta \, d\psi, \\ B &= \frac{\beta}{b^2}\int\int \frac{\cos^2 h}{p} \sin\theta \, d\theta \, d\psi, \\ C &= \frac{\gamma}{c^2}\int\int \frac{\cos^2 k}{p} \sin\theta \, d\theta \, d\psi, \end{aligned}\right.$$

ou, en remplaçant p, $\cos g$, $\cos h$, $\cos k$ par leurs valeurs (124),

$$(8)\quad \left\{\begin{aligned} A &= \alpha\int\int \frac{b^2c^2\cos^2\theta\sin\theta\, d\theta\, d\psi}{b^2c^2\cos^2\theta + a^2c^2\cos^2\psi\sin^2\theta + a^2b^2\sin^2\psi\sin^2\theta}, \\ B &= \beta\int\int \frac{a^2c^2\sin^3\theta\cos^2\psi\, d\theta\, d\psi}{b^2c^2\cos^2\theta + a^2c^2\cos^2\psi\sin^2\theta + a^2b^2\sin^2\psi\sin^2\theta}, \\ C &= \gamma\int\int \frac{a^2b^2\sin^3\theta\sin^2\psi\, d\theta\, d\psi}{b^2c^2\cos^2\theta + a^2c^2\cos^2\psi\sin^2\theta + a^2b^2\sin^2\psi\sin^2\theta}. \end{aligned}\right.$$

CONSÉQUENCES DES FORMULES PRÉCÉDENTES.

131. Avant d'effectuer les intégrations, on peut déduire de ces formules plusieurs conséquences.

1° Tous les points situés dans un même plan perpendiculaire à un axe sont également attirés dans le sens de cet axe, et les composantes de l'attraction sont proportionnelles aux distances du point attiré aux trois plans principaux de l'ellipsoïde. Par conséquent, cette attraction reste parallèle à une même direction pour tous les points situés sur une ligne droite passant par le centre, et elle est proportionnelle à la distance du point attiré au centre.

2° On a

$$\frac{A}{\alpha} + \frac{B}{6} + \frac{C}{\gamma} = \int\int \sin\theta\, d\theta\, d\psi = 4\pi$$

et

$$\frac{dA}{d\alpha} + \frac{dB}{d6} + \frac{dC}{d\gamma} = 4\pi,$$

cas particulier de la formule (7), n° **127**,

$$\frac{d^2V}{d\alpha^2} + \frac{d^2V}{d6^2} + \frac{d^2V}{d\gamma^2} = -4\pi\rho_1.$$

3° Les valeurs des composantes A, B, C ne renferment que les rapports des axes de l'ellipsoïde; elles restent donc les mêmes quand ces trois axes varient proportionnellement, c'est-à-dire deviennent na, nb, nc. Donc une couche homogène comprise entre deux surfaces ellipsoïdales concentriques, semblables et semblablement placées (homothétiques), n'a aucune action sur un point placé dans l'espace vide intérieur, et par conséquent l'action d'un ellipsoïde sur un point de sa propre masse se réduit à celle de la partie de ce corps qui est terminée par une surface concentrique et semblable à la sienne et passant par le point donné.

SUITE DE L'INTÉGRATION DES FORMULES DANS LE CAS DE L'ELLIPSOÏDE.

132. Comme la fonction sous les signes $\int\int$ dans les formules (8),

$$A = \alpha \int\int \frac{b^2c^2\cos^2\theta\sin\theta\, d\theta\, d\psi}{b^2c^2\cos^2\theta + a^2c^2\cos^2\psi\sin^2\theta + a^2b^2\sin^2\psi\sin^2\theta},$$

$$B = \beta \int\int \frac{a^2c^2\sin^3\theta\cos^2\psi\, d\theta\, d\psi}{b^2c^2\cos^2\theta + a^2c^2\cos^2\psi\sin^2\theta + a^2b^2\sin^2\psi\sin^2\theta},$$

$$C = \gamma \int\int \frac{a^2b^2\sin^3\theta\sin^2\psi\, d\theta\, d\psi}{b^2c^2\cos^2\theta + a^2c^2\cos^2\psi\sin^2\theta + a^2b^2\sin^2\psi\sin^2\theta},$$

a la même valeur pour deux valeurs de θ supplémentaires et pour des valeurs de ψ telles que φ, $\pi - \varphi$, $\pi + \varphi$, $2\pi - \varphi$, il suffira d'intégrer par rapport à θ de zéro à $\frac{\pi}{2}$ puis de doubler le résultat; et par rapport à ψ, de zéro à $\frac{\pi}{2}$ en quadruplant le résultat. Occupons-nous d'abord de la valeur de A. En mettant les limites en évidence, on aura

$$A = 8\, b^2c^2\alpha \int_0^{\frac{\pi}{2}} \cos^2\theta\sin\theta\, d\theta$$

$$\times \int_0^{\frac{\pi}{2}} \frac{d\psi}{b^2c^2\cos^2\theta + a^2c^2\cos^2\psi\sin^2\theta + a^2b^2\sin^2\psi\sin^2\theta}.$$

Posant

$$\tan\psi = t,$$

d'où

$$d\psi = \frac{dt}{1+t^2}, \quad \sin^2\psi = \frac{t^2}{1+t^2}, \quad \cos^2\psi = \frac{1}{1+t^2},$$

on a

$$\int_0^{\frac{\pi}{2}} \frac{d\psi}{b^2c^2\cos^2\theta + \ldots}$$

$$= \int_0^{\infty} \frac{dt}{c^2(b^2\cos^2\theta + a^2\sin^2\theta) + b^2(c^2\cos^2\theta + a^2\sin^2\theta)t^2}$$

$$= \frac{\frac{1}{2}\pi}{bc\sqrt{(b^2\cos^2\theta + a^2\sin^2\theta)(c^2\cos^2\theta + a^2\sin^2\theta)}}$$

à cause de la formule

$$\int \frac{dt}{m + nt^2} = \frac{1}{\sqrt{mn}} \text{arc tang}\left(t\sqrt{\frac{n}{m}}\right);$$

donc

$$A = 4\pi\alpha \int_0^{\frac{\pi}{2}} \frac{bc\cos^2\theta\sin\theta\, d\theta}{\sqrt{(b^2\cos^2\theta + a^2\sin^2\theta)(c^2\cos^2\theta + a^2\sin^2\theta)}}.$$

Sans nouveau calcul on déduira B et C de A par de simples permutations. On aura donc

$$(9)\quad \left\{\begin{aligned} A &= 4\pi\alpha \int_0^{\frac{\pi}{2}} \frac{bc\cos^2\theta\sin\theta\, d\theta}{\sqrt{(b^2\cos^2\theta + a^2\sin^2\theta)(c^2\cos^2\theta + a^2\sin^2\theta)}}, \\ B &= 4\pi\beta \int_0^{\frac{\pi}{2}} \frac{ac\cos^2\theta\sin\theta\, d\theta}{\sqrt{(a^2\cos^2\theta + b^2\sin^2\theta)(c^2\cos^2\theta + b^2\sin^2\theta)}}, \\ C &= 4\pi\gamma \int_0^{\frac{\pi}{2}} \frac{ab\cos^2\theta\sin\theta\, d\theta}{\sqrt{(a^2\cos^2\theta + c^2\sin^2\theta)(b^2\cos^2\theta + c^2\sin^2\theta)}}. \end{aligned}\right.$$

Ces composantes, étant positives, tendent à rapprocher le point O du centre de l'ellipsoïde. Elles ne renferment que les rapports des axes, de sorte qu'en remplaçant a, b, c par na, nb, nc elles restent les mêmes. Ainsi *l'ellipsoïde étant augmenté d'une partie comprise entre sa surface et une surface semblable, l'action de la couche ajoutée sur le point intérieur est nulle* (131, 3°).

133. Faisant $\cos\theta = u$, on a

$$A = 4\pi\alpha \frac{bc}{a^2} \int_0^1 \frac{u^2\,du}{\sqrt{\left(1 + \frac{b^2 - a^2}{a^2} u^2\right)\left(1 + \frac{c^2 - a^2}{a^2} u^2\right)}},$$

ou, en posant $M = \frac{4}{3}\pi abc$, $\lambda^2 = \frac{b^2 - a^2}{a^2}$, $\lambda'^2 = \frac{c^2 - a^2}{a^2}$,

$$(10) \qquad A = \frac{3M\alpha}{a^3} \int_0^1 \frac{u^2\,du}{\sqrt{(1 + \lambda^2 u^2)(1 + \lambda'^2 u^2)}}.$$

En permutant a et b, on a de même

$$B = 4\pi\beta \frac{ac}{b^2} \int_0^1 \frac{v^2\,dv}{\sqrt{\left(1 + \frac{a^2 - b^2}{b^2} v^2\right)\left(1 + \frac{c^2 - b^2}{b^2} v^2\right)}},$$

puis, faisant $v = \frac{u\sqrt{1 + \lambda^2}}{\sqrt{1 + \lambda^2 u^2}} = \frac{bu}{a\sqrt{1 + \lambda^2 u^2}}$,

$$(11) \qquad B = \frac{3M\beta}{a^3} \int_0^1 \frac{u^2\,du}{(1 + \lambda^2 u^2)^{\frac{3}{2}} \sqrt{1 + \lambda'^2 u^2}},$$

et pour C, en posant $v = \frac{cu}{a\sqrt{1 + \lambda'^2 u^2}} = \frac{u\sqrt{1 + \lambda'^2}}{\sqrt{1 + \lambda'^2 u^2}}$

$$(12) \qquad C = \frac{3M\gamma}{a^3} \int_0^1 \frac{u^2\,du}{(1 + \lambda'^2 u^2)^{\frac{3}{2}} \sqrt{1 + \lambda^2 u^2}}.$$

134. Posant

$$F = \int_0^1 \frac{u^2\,du}{\sqrt{(1 + \lambda^2 u^2)(1 + \lambda'^2 u)}},$$

on a

$$(13)\quad \begin{cases} A = \dfrac{3M\alpha}{a^3} F, \\[2ex] B = \dfrac{3M\beta}{a^3} \dfrac{d\lambda F}{d\lambda}, \\[2ex] C = \dfrac{3M\gamma}{a^3} \dfrac{d\lambda' F}{d\lambda'}. \end{cases}$$

FORMULES DE JACOBI.

135. Jacobi fait

$$u = \frac{a}{\sqrt{t + a^2}}, \quad \text{d'où} \quad du = -\frac{a\,dt}{2(t + a^2)^{\frac{3}{2}}},$$

ce qui lui donne les formules plus symétriques

$$(14)\quad \begin{cases} A = \dfrac{2\pi\alpha}{a^2} \displaystyle\int_0^\infty \frac{dt}{\left(1 + \frac{t}{a^2}\right)\sqrt{\left(1 + \frac{t}{a^2}\right)\left(1 + \frac{t}{b^2}\right)\left(1 + \frac{t}{c^2}\right)}}, \\[3ex] B = \dfrac{2\pi\beta}{b^2} \displaystyle\int_0^\infty \frac{dt}{\left(1 + \frac{t}{b^2}\right)\sqrt{\left(1 + \frac{t}{a^2}\right)\left(1 + \frac{t}{b^2}\right)\left(1 + \frac{t}{c^2}\right)}}, \\[3ex] C = \dfrac{2\pi\gamma}{c^2} \displaystyle\int_0^\infty \frac{dt}{\left(1 + \frac{t}{c^2}\right)\sqrt{\left(1 + \frac{t}{a^2}\right)\left(1 + \frac{t}{b^2}\right)\left(1 + \frac{t}{c^2}\right)}}. \end{cases}$$

CAS OU L'ELLIPSOÏDE EST PEU DIFFÉRENT D'UNE SPHÈRE.

136. Si l'ellipsoïde est peu différent d'une sphère, en sorte que les quantités $\dfrac{b^2 - a^2}{a^2}$ et $\dfrac{c^2 - a^2}{a^2}$ ou λ^2 et λ'^2 soient très-petites, on développera A [formule (10)] en série convergente. Posons à cet effet

$$\frac{1}{\sqrt{1 + \lambda^2 u^2}\,\sqrt{1 + \lambda'^2 u^2}} = 1 - P_1 u^2 + P_2 u^4 - P_3 u^6 + \ldots,$$

on aura

$$P_1 = \frac{1}{2}(\lambda^2 + \lambda'^2),$$

$$P_2 = \frac{1.3}{2.4}(\lambda^4 + \lambda'^4) + \frac{1}{2}\,\frac{1}{2}\,\lambda^2\lambda'^2,$$

$$P_3 = \frac{1.3.5}{2.4.6}(\lambda^6 + \lambda'^6) + \frac{1.3}{2.4}\,\frac{1}{2}\,\lambda^2\lambda'^2(\lambda^2 + \lambda'^2)$$

$$P_4 = \frac{1.3.5.7}{2.4.6.8}(\lambda^8 + \lambda'^8) + \frac{1.3.5}{2.4.6}\,\frac{1}{2}\,(\lambda^6\lambda'^2 + \lambda^2\lambda'^6) + \frac{1.3}{2.4}\,\frac{1.3}{2.4}\,\lambda^4\lambda'^4,$$

....;

et il en résultera

$$A = \frac{3M\alpha}{a^3}\left(\frac{1}{3} - \frac{1}{5}P_1 + \frac{1}{7}P_2 - \frac{1}{9}P_3 + \ldots\right).$$

Des suites semblables exprimeront B et C.

ONZIÈME LEÇON.

SUITE DE L'ATTRACTION DES ELLIPSOIDES.

Réduction aux fonctions elliptiques des composantes de l'attraction. — Cas d'un ellipsoïde de révolution. — Théorème de Newton. — Cas d'un point extérieur. — Théorème d'Ivory.

RÉDUCTION AUX FONCTIONS ELLIPTIQUES DES COMPOSANTES DE L'ATTRACTION.

137. On peut exprimer généralement A, B, C par des fonctions elliptiques de première et de deuxième espèce.

En supposant $a < b < c$, d'où $\lambda < \lambda'$, on pose dans les valeurs de A, B, C (133)

$$\lambda' u = \operatorname{tang}\varphi, \quad e^2 = 1 - \frac{\lambda^2}{\lambda'^2}, \quad \operatorname{tang} T = \lambda' = \sqrt{\frac{c^2 - a^2}{a^2}},$$

et l'on trouve

$$(1) \quad \left\{ \begin{aligned} A &= \frac{3M\alpha}{a^3\lambda'^3}\int_0^T \frac{\operatorname{tang}^2\varphi\, d\varphi}{\sqrt{1 - e^2\sin^2\varphi}}, \\ B &= \frac{3M\beta}{a^3\lambda'^3}\int_0^T \frac{\sin^2\varphi\, d\varphi}{(1 - e^2\sin^2\varphi)^{\frac{3}{2}}}, \\ C &= \frac{3M\gamma}{a^3\lambda'^3}\int_0^T \frac{\sin^2\varphi\, d\varphi}{\sqrt{1 - e^2\sin^2\varphi}}. \end{aligned} \right.$$

Or, on a

$$\frac{d}{d\varphi}\operatorname{tang}\varphi\sqrt{1 - e^2\sin^2\varphi} = \frac{1}{\cos^2\varphi}\sqrt{1 - e^2\sin^2\varphi} - \frac{e^2\sin^2\varphi}{\sqrt{1 - e^2\sin^2\varphi}}.$$

Si l'on remplace dans cette formule $\sqrt{1 - e^2\sin^2\varphi}$ par $\frac{1 - e^2\sin^2\varphi}{\sqrt{1 - e^2\sin^2\varphi}}$, on trouve

$$\frac{d}{d\varphi}\operatorname{tang}\varphi\sqrt{1 - e^2\sin^2\varphi} = \sqrt{1 - e^2\sin^2\varphi} + (1 - e^2)\frac{\operatorname{tang}^2\varphi}{\sqrt{1 - e^2\sin^2\varphi}};$$

en intégrant, il vient alors

$$\int \frac{\operatorname{tang}^2\varphi\, d\varphi}{\sqrt{1-e^2\sin^2\varphi}} = \frac{\operatorname{tang}\varphi\sqrt{1-e^2\sin^2\varphi} - \mathrm{E}(e,\varphi)}{1-e^2}.$$

En posant, conformément à l'usage,

$$\mathrm{E}(e,\varphi) = \int_0^\varphi d\varphi\sqrt{1-e^2\sin^2\varphi},$$

$$\mathrm{F}(e,\varphi) = \int_0^\varphi \frac{d\varphi}{\sqrt{1-e^2\sin^2\varphi}},$$

on a de même

$$\int \frac{\sin^2\varphi\, d\varphi}{\sqrt{1-e^2\sin^2\varphi}} = \frac{1}{e^2}[\mathrm{F}(e,\varphi) - \mathrm{E}(e,\varphi)];$$

on a ensuite

$$\begin{aligned}
&\frac{d}{d\varphi}\frac{\sin\varphi\cos\varphi}{\sqrt{1-e^2\sin^2\varphi}} \\
&= \frac{(\cos^2\varphi - \sin^2\varphi)(1-e^2\sin^2\varphi) + e^2\sin^2\varphi\cos^2\varphi}{(1-e^2\sin^2\varphi)^{\frac{3}{2}}} \\
&= \frac{\cos^2\varphi - \sin^2\varphi + e^2\sin^2\varphi(1-\cos^2\varphi)}{(1-e^2\sin^2\varphi)^{\frac{3}{2}}} \\
&= \frac{\cos^2\varphi}{\sqrt{1-e^2\sin^2\varphi}} - \frac{(1-e^2)\sin^2\varphi}{(1-e^2\sin^2\varphi)^{\frac{3}{2}}} \\
&= \frac{1}{\sqrt{1-e^2\sin^2\varphi}}\left(1-\frac{1}{e^2}\right) + \frac{1}{e^2}\sqrt{1-e^2\sin^2\varphi} - \frac{(1-e^2)\sin^2\varphi}{(1-e^2\sin^2\varphi)^{\frac{3}{2}}}.
\end{aligned}$$

En intégrant, on trouve alors

$$\begin{aligned}
\frac{\sin\varphi\cos\varphi}{\sqrt{1-e^2\sin^2\varphi}} = \frac{e^2-1}{e^2}\mathrm{F}(e,\varphi) \\
+ \frac{1}{e^2}\mathrm{E}(e,\varphi) - (1-e^2)\int \frac{\sin^2\varphi\, d\varphi}{(1-e^2\sin^2\varphi)^{\frac{3}{2}}},
\end{aligned}$$

c'est-à-dire

$$\int \frac{\sin^2\varphi\, d\varphi}{(1-e^2\sin^2\varphi)^{\frac{3}{2}}} = -\frac{1}{e^2}F(e,\varphi) + \frac{1}{e^2(1-e^2)}E(e,\varphi) - \frac{1}{(1-e^2)}\frac{\sin\varphi\cos\varphi}{\sqrt{1-e^2\sin^2\varphi}}.$$

Les formules (1) deviennent alors

$$A = 3M\alpha(c^2-a^2)^{-\frac{3}{2}}(b^2-a^2)^{-1}\left[\frac{b}{ca}(c^2-a^2)^{\frac{1}{2}} - E\right],$$

$$B = 3M6\Big[-(c^2-a^2)^{-\frac{1}{2}}(c^2-b^2)^{-1}F + (c^2-a^2)^{\frac{1}{2}}(c^2-b^2)^{-1}(b^2-a^2)^{-1}E - \frac{a}{bc}(b^2-a^2)^{-1}\Big],$$

$$C = 3M\gamma(F-E)(c^2-a^2)^{-\frac{1}{2}}(c^2-b^2)^{-1};$$

et dans ces équations il faut sous-entendre, devant les signes E et F, le symbole

$$\left(\sqrt{\frac{c^2-b^2}{c^2-a^2}},\quad \text{arc tang}\sqrt{\frac{c^2-a^2}{a^2}}\right).$$

CAS OU L'ELLIPSOÏDE EST DE RÉVOLUTION.

138. Si l'ellipsoïde est de révolution autour de son petit axe $2a$, on a $b=c$, $\lambda'=\lambda$. La formule (133)

$$A = \frac{3M\alpha}{a^3}\int_0^1 \frac{u^2\,du}{\sqrt{(1+\lambda^2u^2)(1+\lambda'^2u^2)}}$$

devient

$$A = \frac{3M\alpha}{a^3}\int_0^1 \frac{u^2\,du}{1+\lambda^2u^2}$$

et donne

(3) $$A = \frac{3Ma}{a^3\lambda^3}(\lambda - \text{arc tang}\lambda);$$

et comme en général

$$B = \frac{3M\beta}{a^3}\int_0^1 \frac{u^2\,du}{(1+\lambda^2u^2)^{\frac{3}{2}}\sqrt{1+\lambda'^2u^2}},$$

on aura pour $c = b$

$$B = \frac{3M\beta}{a^3}\int_0^1 \frac{u^2\,du}{(1+\lambda^2u^2)^2}.$$

On trouve, en effectuant l'intégration,

$$(4) \qquad B = \frac{3M\beta}{2a^3\lambda^3}\left(\text{arc tang}\lambda - \frac{\lambda}{1+\lambda^2}\right).$$

Pour avoir la valeur de C, on remarquera que les formules (13) du n° 134 donnent, en faisant $\lambda' = \lambda$,

$$\frac{C}{\gamma} = \frac{B}{\beta};$$

on aura donc

$$(5) \qquad C = \frac{3M\gamma}{2a^3\lambda^3}\left(\text{arc tang}\lambda - \frac{\lambda}{1+\lambda^2}\right).$$

Les composantes B et C étant entre elles comme les composantes β et γ du point attiré, leur résultante A' sera dirigée suivant la perpendiculaire δ abaissée de ce point sur l'axe de révolution et aura pour valeur

$$A' = \frac{3M\delta}{2a^3\lambda^3}\left(\text{arc tang}\lambda - \frac{\lambda}{1+\lambda^2}\right).$$

139. Si λ est petit, on développe suivant les puissances de cette quantité, et l'on a

$$A = \frac{M\alpha}{a^3}\left(1 - \frac{3}{5}\lambda^2 + \ldots\right),$$

$$A' = \frac{M\delta}{a^3}\left(1 - \frac{6\lambda^3}{5} + \ldots\right).$$

140. Dans le cas de la sphère $\lambda = 0$, la résultante est $\frac{M\alpha}{a^3} = \frac{4}{3}\pi\alpha$, en supposant le point placé sur l'axe des x.

141. Si l'ellipsoïde était de révolution autour de l'axe $2b$, en supposant $c = a$ et $b > a$, on aurait $\lambda' = 0$, et des calculs analogues aux précédents donneraient

$$B = \frac{3Mb}{a^3\lambda^3}\left[l\left(\lambda + \sqrt{1+\lambda^2}\right) - \frac{\lambda}{\sqrt{1+\lambda^2}}\right];$$

$$\frac{A}{\alpha} = \frac{C}{\gamma} = \frac{3M}{a^3}\int_0^1 \frac{u^2\,du}{\sqrt{1+\lambda^2 u^2}}$$

$$= \frac{3M}{2a^3\lambda^3}\left[\lambda\sqrt{1+\lambda^2} - l\left(\lambda + \sqrt{1+\lambda^2}\right)\right].$$

THÉORÈME DE NEWTON.

142. On peut démontrer synthétiquement ce théorème de Newton qu'*une couche homogène d'une épaisseur quelconque comprise entre deux surfaces ellipsoïdales semblables et semblablement placées n'exerce aucune action sur un point intérieur.*

Concevons un cône infiniment étroit ayant son sommet au point attiré O. Il intercepte dans la couche deux portions de volumes v, v' qu'on peut décomposer en tranches ou troncs de cônes par des plans perpendiculaires à l'arête qq'. La masse de la tranche mn, située à la distance $Om = u$ du point O, est $\rho\sigma du$, σ étant la section mn; mais $\sigma = \omega u^2$, en nommant ω la section faite dans le cône à une distance du point O égale à l'unité. L'attraction de cette tranche sur le point O est

Fig. 57.

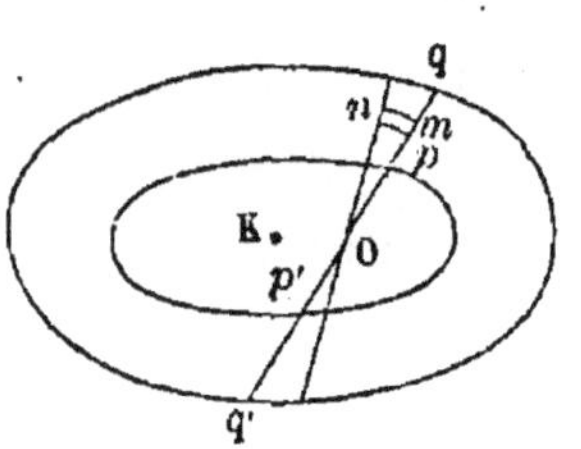

$$f\mu\rho\frac{\sigma\,du}{u^2} \quad \text{ou} \quad f\mu\rho\omega\,du.$$

En intégrant par rapport à u depuis $u = Op$ jusqu'à $u = Oq$, ρ et ω étant des constantes, on voit que l'action de ν est égale à $f\mu\rho\omega\,(\mathrm{O}q - \mathrm{O}p)$ ou $f\mu\rho\omega pq$. De même, l'action de ν' est $f\mu\rho\omega p'q'$. Ces deux forces agissent en sens contraires et se détruisent, car $pq = p'q'$, puisque dans deux ellipsoïdes semblables les cordes parallèles à une même direction ont leurs milieux sur un même plan diamétral. Donc les actions exercées sur le point O par les divers éléments de la couche peuvent se décomposer en actions deux à deux égales et contraires; donc elles se détruisent.

143. Ce théorème est vrai pour une couche infiniment mince, et par conséquent pour une couche d'épaisseur finie telle, qu'on puisse la considérer comme composée de couches infiniment minces, comprises entre des surfaces ellipsoïdales concentriques, semblables et semblablement placées, la densité ne variant que d'une couche à une autre.

Si le point O était extérieur, les deux actions exercées par les portions ν et ν' seraient encore égales, mais elles *s'ajouteraient.*

CAS D'UN POINT EXTÉRIEUR. THÉORÈME D'IVORY.

144. En conservant les mêmes notations, on a

$$A = -\int\int\int \cos g\, du \sin\theta\, d\theta\, d\psi.$$

Ici on doit intégrer depuis $u = \mathrm{R}$ jusqu'à $u = \mathrm{R}'$, R et R' désignant les distances du point attiré aux deux points où la droite déterminée par les angles θ et ψ rencontre la surface de l'ellipsoïde. On a donc

$$A = \int\int (\mathrm{R}' - \mathrm{R}) \cos\theta \sin\theta\, d\theta\, d\psi,$$

ou bien (128)

$$A = 2\int\int \frac{\sqrt{q^2 + pl}}{p} \cos\theta \sin\theta\, d\theta\, d\psi.$$

Il faudrait intégrer cette expression entre les limites qui

correspondent à $R' - R = 0$, c'est à-dire pour toutes les directions qui tombent dans l'intérieur du cône circonscrit. Mais on ramène ce cas à celui du point intérieur par le théorème d'Ivory.

145. Concevons deux ellipsoïdes ayant leurs axes a, b, c et a', b', c' dirigés suivant les trois mêmes axes rectangulaires. On appelle points *correspondants* deux points dont les coordonnées sont proportionnelles aux demi-axes auxquels elles sont parallèles, c'est-à-dire que (x, y, z) et (x', y', z') étant deux points correspondants, on aura

$$\frac{x}{a} = \frac{x'}{a'}, \quad \frac{y}{b} = \frac{y'}{b'}, \quad \frac{z}{c} = \frac{z'}{c'}.$$

Si l'un de ces points est sur la surface du premier ellipsoïde, l'autre sera évidemment sur la surface du second.

Supposons, en outre, que les sections principales de ces deux ellipsoïdes aient les mêmes foyers, c'est-à-dire que

$$a^2 - a'^2 = b^2 - b'^2 = c^2 - c'^2.$$

Si l'on prend sur les deux ellipsoïdes deux points quelconques $m(x, y, z)$, $\mu(\alpha, \beta, \gamma)$ et leurs correspondants $m'(x', y', z')$, $\mu'(\alpha', \beta', \gamma')$, les distances μm et $\mu' m'$ sont égales.

Fig. 58.

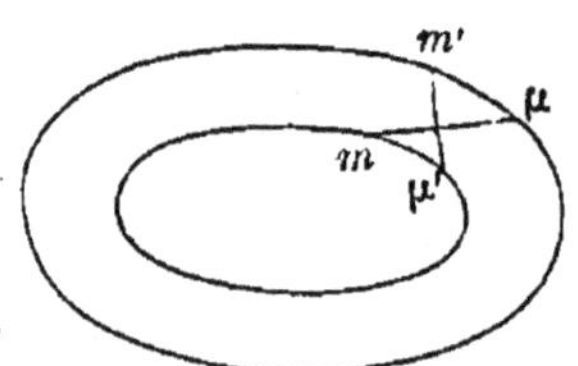

En effet, on a

$$\overline{\mu m}^2 - \overline{\mu' m'}^2$$

$$= (\alpha - x)^2 + (\beta - y)^2 + (\gamma - z)^2 - (\alpha' - x')^2 - (\beta' - y')^2 - (\gamma' - z')^2$$

$$= \left(\frac{a'}{a}\alpha' - x\right)^2 + \left(\frac{b'}{b}\beta' - y\right)^2 + \left(\frac{c'}{c}\gamma' - z\right)^2 - \left(\alpha' - \frac{a'}{a}x\right)^2 - \ldots$$

$$= \left(\frac{\alpha'^2}{a^2} - \frac{x^2}{a^2}\right)(a'^2 - a^2) + \left(\frac{\beta'^2}{b^2} - \frac{y^2}{b^2}\right)(b'^2 - b^2)$$

$$+ \left(\frac{\gamma'^2}{c^2} - \frac{z^2}{c^2}\right)(c'^2 - c^2),$$

ou bien

$$\overline{\mu m}^2 - \overline{\mu' m'}^2 = (a'^2 - a^2)\left[\frac{\alpha'^2}{a^2} + \frac{6'^2}{b^2} + \frac{\gamma'^2}{c^2} - \left(\frac{x^2}{a^2} + \frac{y^2}{b^2} + \frac{z^2}{c^2}\right)\right].$$

Mais ce dernier facteur est nul, puisque l'on a

$$\frac{x^2}{a^2} + \frac{y^2}{b^2} + \frac{z^2}{c^2} = 1, \quad \frac{\alpha'^2}{a^2} + \frac{6'^2}{b^2} + \frac{\gamma'^2}{c^2} = 1,$$

donc

$$\mu m = \mu' m'.$$

146. Appelons toujours A′, B′, C′ les composantes de l'attraction du premier ellipsoïde sur le point μ. On a, en faisant abstraction du facteur $f\mu\rho$,

$$A = \int\int\int \frac{\alpha - x}{u^3}\, dx\, dy\, dz.$$

On a, en regardant x comme seule variable

$$u\, du = -(\alpha - x)\, dx,$$

d'où

$$\int \frac{\alpha - x}{u^3}\, dx = -\int \frac{du}{u^2} = \frac{1}{u},$$

donc si l'on désigne par R et r les valeurs de u qui correspondent aux limites de l'intégrale, c'est-à-dire aux deux points où la surface de l'ellipsoïde est rencontrée par une même parallèle à l'axe des x, on aura

$$A = \int\int \left(\frac{1}{r} - \frac{1}{R}\right) dy\, dz.$$

Considérons maintenant l'attraction que le second ellipsoïde exerce sur le point μ' correspondant de μ, et nommons A′, B′, C′ ses composantes, on aura

$$A' = \int\int \left(\frac{1}{r'} - \frac{1}{R'}\right) dy'\, dz'.$$

Mais $r = \mu m$, $r' = \mu' m'$; donc (145) $r' = r$: de même, $R' = R$. D'ailleurs, $dy' = \frac{b'}{b} dy$, $dz' = \frac{c'}{c} dz$. Donc

$$A' = \int\int \left(\frac{1}{r} - \frac{1}{R}\right) \frac{b'c'}{bc}\, dy\, dz = \frac{b'c'}{bc} \int\int \left(\frac{1}{r} - \frac{1}{R}\right) dy\, dz$$

ou

$$A' = \frac{b'c'}{bc} A.$$

On aura de même

$$B' = \frac{a'c'}{ac} B, \quad C' = \frac{a'b'}{ab} C.$$

Donc *l'attraction d'un ellipsoïde sur un point extérieur μ est ramenée à l'attraction d'un ellipsoïde homofocal sur le point μ' correspondant.*

Ce théorème subsiste quelle que soit la loi d'attraction.

147. Pour faire usage de ce théorème, il faut calculer les valeurs des demi-axes a', b', c' du second ellipsoïde, connaissant ceux du premier et les coordonnées α, β, γ du point μ. On a

$$\frac{\alpha^2}{a'^2} + \frac{\beta^2}{b'^2} + \frac{\gamma^2}{c'^2} = 1;$$

or

$$b'^2 - a'^2 = b^2 - a^2 = h,$$
$$c'^2 - a'^2 = c^2 - a^2 = k,$$

d'où

$$\frac{\alpha^2}{a'^2} + \frac{\beta^2}{a'^2 + h} + \frac{\gamma^2}{a'^2 + k} = 1.$$

Cette équation donne une valeur positive pour a'^2, et une seule, car $a'^2 = 0$ rend le premier membre plus grand que l'unité et $a'^2 = \infty$ le rend moindre que l'unité. D'ailleurs ce premier membre décroît d'une manière continue quand a' varie depuis zéro jusqu'à l'infini : il ne peut donc passer qu'une seule fois par la valeur de 1. Le demi-axe a' étant déterminé, on aura les deux autres par les équations

$$b'^2 = a'^2 + h, \quad c'^2 = a'^2 + k.$$

DYNAMIQUE.

PREMIÈRE PARTIE.

DOUZIÈME LEÇON.

NOTIONS PRÉLIMINAIRES SUR LE MOUVEMENT

Définitions. — Mouvement uniforme. — De l'inertie. — Vitesse dans le mouvement varié.

DÉFINITIONS.

148. La *dynamique* a pour objet l'étude des lois du mouvement des corps. On considère, dans cette partie de la Mécanique, une quantité dont on n'a pas eu à s'occuper en statique, *le temps*. L'idée du temps, comme celle de l'espace, est une idée simple, qu'on ne définit pas; mais il est nécessaire de définir l'égalité des temps.

Deux intervalles de temps sont égaux, quand deux corps identiques, placés dans les mêmes circonstances, parcourent des espaces égaux dans ces deux intervalles de temps, quelle que soit la loi de leur mouvement commun. C'est ce qui aurait lieu, par exemple, si l'on abandonnait le même corps ou deux corps identiques, partant d'un même point, à l'action de la pesanteur à deux époques différentes : le point de départ étant le même, ils emploieraient le même temps à parcourir le même espace. De même encore, si l'on suppose deux globules pesants et identiques, suspendus aux extrémités de deux fils pareils et de même longueur, dont l'autre extrémité est fixe, et qu'à deux époques différentes ces deux pendules soient également écartés de la verticale, la durée de la première oscillation sera la même pour l'un et pour l'autre. La notion d'une suite d'intervalles de temps égaux conduit à celle du rapport commensurable ou incommensurable de deux temps quelconques. L'unité de temps généralement adoptée est la *seconde*. Nous n'avons pas à la définir ici.

MOUVEMENT UNIFORME.

149. Le mouvement le plus simple que puisse prendre un point matériel est celui dans lequel ce point décrit une ligne droite, sur laquelle il parcourt des espaces égaux dans des temps égaux. Ce mouvement est dit *uniforme* et sert de terme de comparaison à tous les autres mouvements. On appelle mouvement *varié* tout mouvement qui n'est pas uniforme.

150. Quand un point M se meut en ligne droite, l'espace parcouru par ce point, ou plus généralement sa distance x à un point fixe O pris sur cette droite, est une fonction du temps t écoulé depuis une époque convenue, en sorte qu'on a

Fig. 59.

O B M x

$$x = f(t);$$

cette équation est ce qu'on appelle l'*équation du mouvement*.

151. Un mouvement uniforme diffère d'un autre mouvement uniforme par la grandeur de l'espace constant que le mobile parcourt dans l'unité de temps. Cet espace est ce qu'on nomme la *vitesse* du mobile. Si donc l'on désigne par s l'espace parcouru dans le temps t et par a l'espace parcouru dans l'unité de temps, on aura

$$s = at \quad \text{ou} \quad \frac{s}{t} = a.$$

On voit par là que l'on peut encore définir la vitesse, le rapport de l'espace parcouru au temps employé à le parcourir.

Si l'on rapporte la position du mobile à un point O fixe pris sur la droite parcourue et que l'on désigne par b sa distance OB à cette origine, à l'origine du temps, il est clair qu'on aura

$$x = s + b$$

ou

$$x = at + b. \tag{1}$$

C'est l'équation la plus générale du mouvement uniforme.

Pour un autre point M' on aurait

$$x = a't + b'. \tag{2}$$

Ces deux équations serviront à résoudre toutes les questions qui concernent les positions relatives des deux points mobiles, à des époques quelconques.

152. L'équation du mouvement uniforme suppose qu'on ait adopté deux unités, l'unité de longueur et l'unité de temps. Le nombre qui exprime la vitesse dépend de chacune d'elles; mais le rapport des vitesses dans deux mouvements uniformes reste invariable quand on change ces unités. En effet, si l'unité de temps devient n fois plus grande, les vitesses qui étaient auparavant exprimées par a et a' le seront maintenant par na et na': or $\frac{na}{na'} = \frac{a}{a'}$. De même, si l'unité de longueur devient p fois plus grande, les vitesses auront pour expressions nouvelles $\frac{a}{p}$ et $\frac{a'}{p}$, et leur rapport ne sera pas changé.

En général, le nombre qui exprime la vitesse varie avec l'unité de longueur. Il est d'autant moindre que cette unité est plus grande. Ce nombre varie aussi dans le même rapport que l'unité de temps.

DE L'INERTIE.

153. Il est évident que si un point matériel est en repos, il ne peut se mettre en mouvement de lui-même et sans une cause extérieure, car il n'y a pas de raison pour que ce point se meuve de lui-même dans un certain sens plutôt que dans un autre. En outre, si un point matériel a été mis en mouvement par des causes quelconques (que nous appelons des *forces*) et qu'ensuite il ne soit plus sollicité par aucune force, il devra se mouvoir suivant une certaine ligne droite, en conservant toujours la même vitesse, c'est-à-dire en parcourant sur cette ligne droite des espaces égaux en temps égaux. On voit bien d'abord que le point se mouvra en ligne droite, car il n'y a pas de raison pour qu'il s'écarte de la direction de son mouvement à l'instant où les forces ont cessé d'agir. Il n'est pas aussi facile d'admettre que sa vitesse restera la même ou que son mouvement sera uniforme, car il n'y aurait rien d'absurde à supposer que son mouvement se ralentisse peu à peu et cesse entièrement au bout d'un certain temps. Mais on observe qu'un corps, soumis à une impulsion et abandonné ensuite à lui-même, possède pendant un certain temps un mouvement sensiblement rectiligne et uniforme, et qui dure d'autant plus longtemps que les obstacles et les résistances qui s'opposent à ce mouvement sont moindres. Tel est, par exemple, un corps solide qui reçoit une impulsion sur un plan fixe horizontal très-poli, sur lequel il repose par une face plane et qui n'éprouve que peu de frottement. On est donc conduit à admettre que s'il était possible qu'un point matériel, après avoir été mis en mouvement par des causes quelconques, ne fût plus sollicité par aucune force et ne rencontrât aucun obstacle, son mouvement serait rectiligne et uniforme.

154. Ces propriétés constituent ce qu'on appelle l'*inertie* de la matière.

L'inertie de la matière consiste donc en ce que tout point matériel en repos reste en repos, tant qu'aucune cause extérieure n'agit sur lui, et s'il a été mis en muovement et qu'ensuite aucune force ne lui soit appliquée, son mouvement est naturellement rectiligne et uniforme.

Le mot inertie ne signifie pas que la matière soit incapable d'agir, car, au contraire, la plupart des forces dont nous observons les effets proviennent des actions que les molécules matérielles exercent les unes sur les autres, de sorte qu'un point matériel peut trouver dans un autre, mais jamais en lui-même, la cause de son mouvement.

VITESSE DANS LE MOUVEMENT VARIÉ.

155. Il résulte de ce qui précède que tout point matériel doué d'un mouvement varié rectiligne ou d'un mouvement curviligne doit être sollicité par une ou plusieurs forces, sans quoi son mouvement serait uniforme. Comme l'espace parcouru par le mobile n'est pas toujours le même dans des temps égaux, la définition que nous avons donnée de la vitesse n'aurait pas de sens dans ce cas. Pour concevoir ce qu'on entend alors par vitesse, imaginons que la cause ou force qui produit le mouvement cesse d'agir à un instant déterminé : le point continuera à se mouvoir dans la direction d'une certaine droite et son mouvement sur cette droite sera uniforme. On appelle vitesse d'un mobile au bout du temps t, la vitesse du mouvement uniforme qui succéderait au mouvement varié si, à cet instant, la force motrice cessait d'agir.

156. Quand le mouvement n'est pas uniforme et rectiligne, la vitesse varie à chaque instant et d'une manière continue, soit en grandeur, soit en direction. En effet, l'observation prouve qu'il n'existe pas de force qui puisse, dans un instant indivisible, changer brusquement la grandeur ou la direction de la vitesse d'un corps ou imprimer subitement une vitesse finie à un corps en repos.

On a pendant longtemps distingué deux espèces de forces : les *forces continues*, comme la pesanteur, agissant sans interruption sur le mobile pendant un temps fini, et les *forces instantanées* qu'on supposait capables d'imprimer subitement à un corps en repos une vitesse finie ou de changer instantanément la vitesse ou la direction d'un corps en mouvement; mais par l'observation attentive des phénomènes on reconnaît que ces dernières forces n'existent pas dans la nature, et qu'une force ne peut changer d'une manière sensible la grandeur et la direction de la vitesse qu'en agissant pendant un certain temps qui est quelquefois assez court pour n'être pas appréciable. On s'accorde aujourd'hui à n'admettre que des forces continues.

157. Soit M un point matériel qui se meut, d'un mouvement varié, sur une droite Ox. Appelons x la distance OM de ce mobile à un point quelconque de la direction Ox, et t le temps compté à partir d'une époque quelconque, temps au bout duquel le mobile est en M; soit v la vitesse inconnue qu'il possède à cet instant. Nous allons faire voir que

Fig. 60.

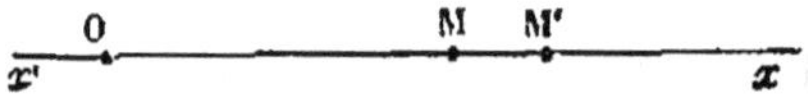

$$v = \frac{dx}{dt}.$$

On peut d'abord démontrer ce théorème par la considération des infiniment petits. En effet, supposons le mobile arrivé en M au bout du temps t. Pendant l'intervalle de temps infiniment petit dt qui succède au temps t, le mobile parcourt l'espace infiniment petit $MM' = dx$, et sa vitesse varie infiniment peu (156), de sorte qu'on peut regarder le mouvement du mobile de M en M' comme uniforme. On a donc

$$dx = v\,dt \quad \text{ou} \quad v = \frac{dx}{dt}.$$

158. On peut établir rigoureusement cette formule par la méthode des limites. Supposons qu'après le temps t le mobile parcoure pendant l'intervalle de temps Δt

l'espace $MM' = \Delta x$. On pourra toujours prendre le temps Δt assez court pour que, pendant ce temps-là, la vitesse du mobile soit continuellement croissante ou décroissante. Supposons-la croissante : v étant la vitesse du mobile au point M, désignons par v' sa vitesse quand il arrive au point M'. L'espace Δx parcouru par le mobile pendant le temps Δt doit être évidemment plus grand que l'espace $v\Delta t$ qu'il parcourrait s'il se mouvait uniformément pendant le temps Δt avec la vitesse v qu'il a au commencement de ce temps, puisque v est sa plus petite vitesse pendant le temps Δt. Ensuite Δx doit être plus petit que l'espace $v' \Delta t$ que parcourrait le mobile s'il se trouvait avoir la vitesse constante v' qu'il a au bout du temps Δt et qui est sa plus grande vitesse.

On a donc

$$v\Delta t < \Delta x < v' \Delta t,$$

d'où

$$v < \frac{\Delta x}{\Delta t} < v'.$$

Si Δt tend vers zéro, v' se rapproche indéfiniment de v qui ne change pas ; $\frac{\Delta x}{\Delta t}$ se rapproche donc aussi indéfiniment de v, de sorte que l'on a

$$v = \lim \frac{\Delta x}{\Delta t} = \frac{dx}{dt}.$$

159. Jusqu'ici nous n'avons pas considéré le sens du mouvement. Or le point peut se mouvoir dans le sens Mx ou dans le sens contraire. Mais dans l'un et l'autre cas la formule

$$v = \frac{dx}{dt}$$

donnera la vitesse du mobile, pourvu que l'on convienne de regarder comme positive la vitesse du mobile lorsqu'il va dans le sens des abscisses positives, et de la regarder comme négative dans le cas contraire ; car le rapport $\frac{\Delta x}{\Delta t}$

est positif dans le premier cas, négatif dans le second, et il en est de même de sa limite $\frac{dx}{dt}$.

160. La relation $v = \frac{dx}{dt}$ montre que si

$$x = f(t)$$

est l'équation du mouvement, on aura

$$v = f'(t).$$

Si l'équation du mouvement était de la forme

$$\varphi(x, t) = 0,$$

on aurait

$$v = -\frac{\frac{d\varphi}{dt}}{\frac{d\varphi}{dx}}.$$

161. Réciproquement, si l'on donne l'équation

$$v = \varphi(t),$$

une simple intégration donnera l'équation du mouvement rectiligne du mobile, savoir :

$$x = \int \varphi(t)\,dt + c.$$

On déterminera la constante c en exprimant que le mobile a une position donnée à une époque donnée.

TREIZIÈME LEÇON.

DE L'ACCÉLÉRATION.

Du mouvement uniformément varié. — Principe des mouvements relatifs. — Comparaison des forces d'après les mouvements qu'elles impriment aux points matériels. — De l'accélération dans un mouvement rectiligne quelconque.

DU MOUVEMENT UNIFORMÉMENT VARIÉ.

162. Soit un point matériel M qui se meut sur une droite Ox de telle sorte que sa vitesse v croisse proportionnellement au temps t, à partir du moment où le mobile était en un point donné A. Soit g l'accroissement constant de la vitesse pour chaque unité de temps. Le point O étant pris pour origine, soient $OA = b$ l'abscisse du mobile à l'époque initiale, et $OM = x$ son abscisse après le temps t. En appelant a la vitesse du mobile au point A, on aura

Fig. 61.

O A M x

(1) $$v = a + gt$$

ou

$$dx = a\,dt + gt\,dt;$$

on a donc, en intégrant,

$$x = c + at + \frac{gt^2}{2}.$$

Or pour $t = 0$, on doit avoir $x = b$; donc $c = b$, et l'équation du mouvement est

(2) $$x = b + at + \frac{gt^2}{2}.$$

Le mouvement représenté par cette équation est dit *uniformément varié* ou *accéléré*.

163. Si l'on place le point O en A, c'est-à-dire si l'on compte les espaces à partir du point où se trouvait le mobile à l'origine du temps; si de plus on suppose $a = 0$, on aura

$$v = gt, \quad x = \frac{gt^2}{2}.$$

Ces deux équations sont celles qui lient l'espace, la vitesse et le temps dans la chute des corps pesants qui tombent dans le vide. L'observation donne à Paris $g = 9^m,80896$ en prenant la seconde pour unité de temps. Il en résulte que tout corps pesant parcourt dans le vide, dans la première seconde de sa chute, $\frac{1}{2}g$ ou $4^m,90448$.

PRINCIPE DES MOUVEMENTS RELATIFS.

164. Il existe une relation entre l'intensité de la force qui sollicite un point matériel et la variation de vitesse que cette force produit. Cette relation se déduit d'un principe qu'il ne paraît pas possible de démontrer à l'aide du seul raisonnement, mais auquel on a été conduit par une multitude d'observations et d'expériences, principe qui est vérifié par l'accord constant des conséquences qui s'en déduisent avec les phénomènes observés. Ce principe consiste en ce que *si des points matériels* M, N, P... *se meuvent dans l'espace suivant des droites parallèles, avec une vitesse constante ou variable, mais qui soit la même pour tous à chaque instant, de sorte qu'ils paraissent ne pas se déplacer les uns par rapport aux autres, si l'un des points,* M *par exemple, vient à être sollicité par une certaine force, le mouvement relatif du point* M *à l'égard des autres points sera le même que le mouvement absolu qu'aurait ce point* M *si le mouvement commun n'existait pas et que le point* M *partant du repos fût encore sollicité par la même force.*

Fig. 62.

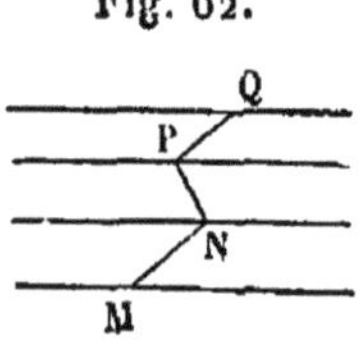

C'est ainsi que sur un bateau transporté d'un mouvement rectiligne et uniforme, les mouvements relatifs que nous imprimons aux corps transportés avec nous sont les mêmes que si le bateau était en repos.

Mais cette loi de la nature ne peut être soumise à aucune expérience directe et rigoureuse. Elle est vérifiée par l'accord des conséquences qu'on en tire avec les faits observés, surtout en Astronomie.

165. Il résulte d'abord de ce principe que si un point matériel animé d'une vitesse acquise vient à être sollicité par une force dirigée dans le sens même de son mouvement, cette force lui communiquera, après un temps quelconque, un accroissement de vitesse précisément égal à la vitesse qu'elle lui imprimerait s'il partait de l'état de repos.

En effet, soit un point matériel M se mouvant uniformément sur une ligne droite avec une vitesse v. Dans un temps quelconque θ, succédant au temps t, il parcourra un espace $v\theta$ si aucune force n'agit sur lui. Mais supposons que, pendant le temps θ, il vienne à être sollicité par une force P dans le sens de son mouvement. Désignons par ξ l'espace que cette force ferait parcourir au point M s'il partait du repos, et par u la vitesse qu'elle lui imprimerait au bout du temps θ, vitesse égale à $\frac{d\xi}{d\theta}$ (158). Alors le point M, animé de sa vitesse acquise v et sollicité en outre par la force P, parcourra pendant le temps θ un espace égal à $v\theta + \xi$. Car si l'on considère d'autres points sur la même droite Ox ou en dehors, se mouvant uniformément avec la vitesse v, chacun d'eux parcourra dans le temps θ l'espace $v\theta$. Or, en vertu du principe des mouvements relatifs (164), le point M, auquel seul est appliquée la force P, doit, au bout du temps θ, précéder les autres points dans le sens du mouvement d'une quantité égale à l'espace ξ que la force lui ferait parcourir s'il était d'abord en repos. Le point M parcourra donc l'espace $v\theta + \xi$ dans le temps θ, et sa vitesse sera

$$\frac{d(v\theta + \xi)}{d\theta} = v + \frac{d\xi}{d\theta} = v + u.$$

Ainsi la vitesse v se trouve augmentée par l'action de la force P de la quantité u, c'est-à-dire de la vitesse que la force P imprimerait, après le temps θ, au mobile pris d'abord à l'état de repos.

On voit de même que si le point mobile, animé d'une vitesse v, est sollicité par la force P en sens contraire de son mouvement, sa vitesse diminuera de la même quantité u et deviendra $v - u$ au bout du temps θ. Ainsi le changement de vitesse produit par une force qui vient solliciter un point en mouvement est indépendant de la vitesse précédemment acquise.

EFFET D'UNE FORCE CONSTANTE SUR UN POINT MATÉRIEL.

166. Supposons maintenant qu'une force P, d'intensité constante, agisse d'une manière continue sur un mobile. Il résulte de ce qui précède qu'elle devra augmenter ou diminuer sa vitesse de quantités égales en temps égaux. En effet, soit u la variation de vitesse produite par cette force dans un premier intervalle de temps θ, $v + u$ sera au bout de ce temps la vitesse du mobile. Mais au bout d'un second intervalle de temps égal à θ, sa vitesse devra être $v + u + u$ ou $v + 2u$; par la même raison, au bout d'un troisième intervalle de temps θ, sa vitesse est $v + 3u$, et ainsi de suite.

Soit a la vitesse que possède le point mobile à l'instant où la force commence à agir sur lui, et soit g la vitesse que la force imprimerait à ce point au bout de l'unité de temps, s'il était d'abord en repos. Alors le mobile, au bout du temps t, aura la vitesse $a + gt$ ou $a - gt$, suivant que la force constante agira dans le sens de la vitesse initiale a ou en sens contraire. Le mouvement du point est donc uniformément varié (162).

COMPARAISON DES FORCES, D'APRÈS LES MOUVEMENTS QU'ELLES IMPRIMENT AU MÊME POINT MATÉRIEL.

167. Nous n'avons considéré qu'une seule force agissant sur le point M. Supposons maintenant que ce mobile, déjà animé de la vitesse v, vienne au bout du temps t à être sollicité dans le même sens pendant le temps θ, par deux forces P et P′ qui, en agissant séparément, feraient parcourir à ce point, pris à l'état de repos, des espaces ξ et ξ' pendant le temps θ et lui imprimeraient des vitesses

$$u = \frac{d\xi}{d\theta}, \quad u' = \frac{d\xi'}{d\theta}.$$

Imaginons que de la position M partent à la fois deux points matériels animés tous deux de la vitesse v, mais l'un étant soumis simplement à l'action de la force P et l'autre à l'action simultanée des forces P et P′. Le premier parcourra dans le temps θ l'espace $v\theta + \xi$, et, d'après le principe (164), le second aura sur le premier une avance de ξ'. De là il suit que $v\theta + \xi + \xi'$ est l'espace parcouru par le point matériel M qui, déjà animé de la vitesse v, est sollicité pendant le temps θ par les deux forces P et P′. Donc au bout de ce temps sa vitesse sera

$$v + \frac{d\xi}{d\theta} + \frac{d\xi'}{d\theta} \quad \text{ou} \quad v + u + u'.$$

Ainsi *le changement de vitesse produit sur un mobile par l'action simultanée de deux forces est indépendant de la vitesse acquise et est égal à la somme des vitesses qu'aurait eues séparément le mobile si, pris à l'état de repos, il avait été tour à tour soumis à l'action de chacune des forces* P *et* P′.

On verrait de même que si les forces P et P′ agissaient

en sens contraire, le changement de vitesse dans le temps θ serait égal à $u - u'$.

168. Cela posé, il est facile de démontrer que *deux forces d'intensités constantes sont entre elles comme les changements de vitesses qu'elles peuvent produire séparément pendant le même temps sur un même point matériel.*

En effet, supposons qu'une force f agisse pendant un temps θ sur un mobile dont la vitesse acquise est v. Elle fera subir à ce mobile un accroissement de vitesse k. Soit k' la variation de vitesse qu'éprouverait le point par l'action séparée d'une autre force f' ; si f et f' agissent simultanément, le changement de vitesse sera $k + k'$ (167). Donc si $f' = f$, on aura $k + k' = 2k$. Ainsi une force $2f$ produira un changement de vitesse égal à $2k$; de même, une force $3f$ produira un changement de vitesse égal à $3k$, et en général une force nf produira un changement de vitesse égal à nk.

Soient maintenant P et P' deux forces d'intensité constante, et soient u et u' les changements de vitesse qu'elles produisent sur un même mobile pendant un temps θ. Je dis qu'on aura

$$\frac{P}{P'} = \frac{u}{u'}.$$

En effet, si les forces P et P' sont entre elles dans un rapport commensurable, soit f leur commune mesure et soit

$$P = nf, \quad P' = n'f,$$

n et n' étant deux nombres entiers, de sorte que l'on ait

$$\frac{P}{P'} = \frac{n}{n'}.$$

Si k est le changement de vitesse que produirait la force f dans les circonstances déjà spécifiées, on aura

$$u = nk, \quad u' = n'k,$$

d'où

$$\frac{u}{u'} = \frac{n}{n'}$$

donc

$$\frac{P}{P'} = \frac{u}{u'}.$$

Si les forces P et P' n'ont pas entre elles un rapport commensurable, je dis que l'égalité précédente aura encore lieu.

En effet, divisons la force P en n forces égales à f, de sorte que

$$P = nf:$$

en désignant par k la vitesse que produirait la force f, on aura

$$u = nk.$$

Si f est contenu n' fois dans P', on aura

$$n'f < P' < (n'+1)f,$$
$$n'k < u' < (n'+1)k.$$

Donc les rapports $\frac{P'}{P}$ et $\frac{u'}{u}$ tombent entre $\frac{n'}{n}$ et $\frac{n'+1}{n}$, et, comme ces derniers peuvent différer d'aussi peu qu'on voudra en prenant n suffisamment grand, on en conclut que

$$\frac{P}{P'} = \frac{u}{u'}.$$

Ainsi *des forces d'intensités constantes sont entre elles comme les changements de vitesses qu'elles font subir à un même point matériel, quand elles agissent séparément sur lui, pendant le même temps*.

169. Ce fait est confirmé par l'expérience.

1° On sait que la pesanteur n'a pas la même intensité en différentes régions de la terre, et le poids d'un même corps varie d'un lieu à l'autre, dans le rapport des intensités de cette force. Or, l'expérience montre que ce rapport est précisément le même que celui des vitesses acquises par un même corps tombant, en ces différents endroits, pendant le même temps.

2° Soit P le poids d'un corps tombant le long d'un plan incliné, qui fait avec l'horizon un angle α. Soit P' la composante de ce poids parallèle au plan incliné : on a

Fig. 63.

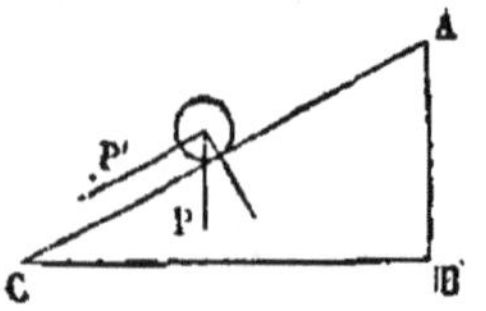

$$P' = P \sin\alpha.$$

Or, en appelant u la vitesse acquise par le corps tombant librement, et u' celle qu'il acquiert en descendant sur le plan incliné, l'expérience montre que

$$u' = u \sin\alpha.$$

Donc on a bien

$$\frac{P}{P'} = \frac{u}{u'}.$$

DE L'ACCÉLÉRATION.

170. Supposons qu'une force d'intensité variable sollicite un point matériel M suivant une certaine droite Ox. Soient OM $= x$ et v la vitesse que possède le point matériel au point M, au bout du temps t compté à partir d'une époque quelconque. A ce moment la force présente une certaine intensité P, et, si elle agissait constamment avec cette intensité, elle ferait éprouver à la vitesse, pendant l'unité de temps, une certaine variation φ. Cette quantité φ est ce qu'on nomme l'*accélération*, et nous allons démontrer que l'on a

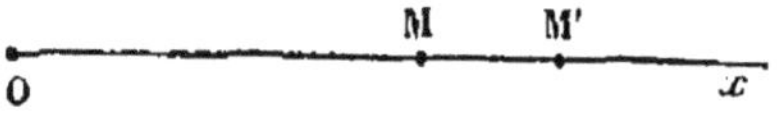

Fig. 64.

$$\varphi = \frac{dv}{dt}.$$

En effet, soit Δt un intervalle de temps assez petit pour que l'intensité de la force soit constamment croissante ou décroissante, lorsque le point ira de M en M'. Ici, pour fixer les idées, nous la supposerons croissante. Soient φ et φ' les accélérations qui correspondent aux points M et M'; v et $v + \Delta v$ les vitesses du mobile en ces deux points. Si la force conservait pendant le temps Δt une intensité égale à celle qu'elle a en M, $\varphi \Delta t$ serait l'accroissement de vitesse du mobile sous l'action de cette force au bout du temps Δt. De même $\varphi' \Delta t$ serait la vitesse acquise pendant le même temps, si la force avait la même intensité qu'en M', dans cet intervalle. On aura donc

$$\varphi \Delta t < \Delta v < \varphi' \Delta t,$$

ou

$$\varphi < \frac{\Delta v}{\Delta t} < \varphi'.$$

Donc, comme $\lim \varphi' = \varphi$, on a

$$\varphi = \lim \frac{\Delta v}{\Delta t} = \frac{dv}{dt}$$

171. Autrement : l'espace Δx parcouru pendant le temps Δt est évidemment compris entre les espaces qui auraient été parcourus si la force avait eu constamment, pendant cet intervalle de temps, ou sa plus petite, ou sa plus grande intensité. On aura donc, si $\Delta t = \theta$

$$\Delta x > v\theta + \frac{1}{2}\varphi\theta^2,$$

$$\Delta x < v\theta + \frac{1}{2}\varphi'\theta^2.$$

Or

$$\Delta x = \frac{dx}{dt}\theta + \left(\frac{d^2x}{dt^2} + \alpha\right)\frac{\theta^2}{1.2}$$

ou

$$\Delta x = v\theta + \left(\frac{d^2x}{dt^2} + \alpha\right)\frac{\theta^2}{1.2}:$$

donc $\frac{d^2x}{dt^2} + \alpha$ est toujours compris entre φ et φ', et par suite

$$\frac{d^2x}{dt^2} = \varphi$$

Mais $\frac{dx}{dt} = v$; donc

$$\varphi = \frac{dv}{dt}.$$

172. Quant au sens du mouvement, l'accélération φ sera positive ou négative selon que la force P tirera dans le sens des x positifs ou dans le sens contraire; car dans le premier cas la force augmentera la vitesse et dans le second cas elle la diminuera. On aura donc dans le premier cas $\frac{dv}{dt} > 0$, dans le second $\frac{dv}{dt} < 0$.

QUATORZIÈME LEÇON.

DE LA MASSE DES CORPS.

Masse d'un point matériel. — Masse d'un corps. — Relation entre les forces, les masses et les vitesses. — De la quantité de mouvement. — Force motrice. — Force accélératrice. — Relations entre le poids et la masse. — Des unités employées en Mécanique.

MASSE DES POINTS MATÉRIELS.

173. Jusqu'à présent nous n'avons considéré que des forces appliquées à un seul et même point matériel. Nous allons maintenant examiner ce qui se passe quand des forces agissent sur des corps de grandeur finie. Mais quelques remarques sont utiles auparavant.

Concevons qu'un corps soit placé sur un plan horizontal et qu'il n'y soit retenu par aucun frottement. Si l'on veut faire glisser ce corps sur le plan, il faut exercer un effort quelconque. Pour expliquer cet effort, on doit observer que si l'on agit sur un corps pour le mettre en mouvement, une réaction en sens inverse s'exerce contre l'agent ou l'organe qui donne le mouvement, et cette réaction est la cause de la sensation que nous éprouvons. En général un corps ne peut agir sur un autre sans éprouver de la part de cet autre une réaction égale et contraire.

174. De ce qu'il faut des efforts plus ou moins considérables pour donner le même mouvement à des corps différents, on doit conclure que ces corps ne contiennent pas des quantités égales de matière. On est ainsi conduit à la notion de la *masse* des corps.

On dit que *deux points matériels ont des masses égales, quand deux forces égales, appliquées pendant le même temps à ces deux points, leur donnent le même mouvement.*

Fig. 65.

M' M''

Il faut remarquer que cette définition ne suppose nullement que les deux points matériels soient formés de la même substance. Quant à l'égalité des forces, on doit l'entendre comme en statique. Ainsi deux forces sont égales si, en les supposant appliquées verticalement aux deux plateaux d'une balance, elles se font équilibre.

175. Si l'on conçoit une multitude de points matériels ayant des masses égales et qu'on réunisse plusieurs de ces points en un seul, on formera des molécules dont les masses auront entre elles des rapports quelconques.

MASSE DES CORPS.

176. Soient A, B, C, D des points matériels de même masse. Des forces égales et parallèles appliquées à ces points, pendant le même temps, leur feront parcourir des droites égales et parallèles avec une vitesse commune, laquelle, du reste, sera généralement variable. Il suit de là que le mouvement ne sera pas troublé si ces points sont liés entre eux par des droites rigides et invariables. On forme ainsi un corps solide, lequel d'ailleurs peut être quelconque. D'un autre côté, les forces égales et parallèles, appliquées à ces différents points, peuvent être remplacées par leur résultante qui est parallèle aux forces considérées, égale à leur somme et passe toujours par le même point, quelle que soit d'ailleurs la direction commune de ces forces. Ce point est dit *le centre de masse*

Fig. 66.

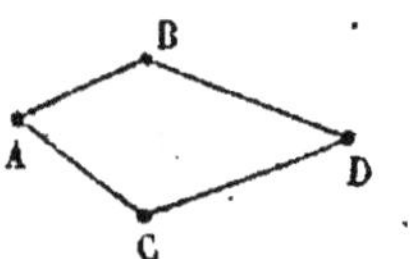

du corps. Donc, *quand un corps de figure invariable est sollicité par une force qui passe par le centre de masse, tous ses points décrivent des droites parallèles et égales, dans le même temps*, car cette force pourrait être décomposée en autant de forces parallèles et égales appliquées aux différents points, égaux en masse, qui composent ce corps.

Au contraire, le mouvement n'aurait plus lieu de cette manière si la direction de la force ne passait pas par le centre de masse. Il y aurait alors pour chaque point tout à la fois un mouvement de translation dans l'espace et un mouvement de rotation autour du centre de masse.

Cela posé, *les masses de deux corps sont égales, lorsqu'en appliquant des forces égales à leur centre de masse tous les points de ces corps décrivent des droites parallèles avec la même vitesse*. Les masses m et m' de deux corps sont dans le rapport de n à n' lorsqu'on peut les partager l'un en n parties, l'autre en n' parties ayant la même masse μ. On aura dans ce cas

$$m = n\mu, \quad m' = n'\mu.$$

RELATION ENTRE LES FORCES, LES MASSES ET LES VITESSES.

177. Il suit de là que *si des forces constantes* P *et* P' *appliquées aux masses m et m' leur impriment la même vitesse u, elles seront entre elles comme ces masses.*

Soit $\frac{n}{n'}$ le rapport des masses, en sorte que l'on ait

$$m = n\mu, \quad m' = n'\mu :$$

en appelant ϖ la force qui communiquerait à la masse μ la vitesse u dans le temps t, on a

$$P = n\varpi, \quad P' = n'\varpi$$

car la force P par exemple équivaut à n forces égales à ϖ appliquées aux n molécules μ qui forment la masse m :

par suite

$$\frac{P}{P'} = \frac{n}{n'} = \frac{m}{m'}.$$

On étendra sans peine cette propriété aux masses dont le rapport serait incommensurable.

178. Supposons que deux forces d'intensité constante P et P′, appliquées à deux corps quelconques dont les masses sont m et m', leur fassent acquérir des vitesses u et u' au bout d'un même temps t. Je dis qu'on aura

$$\frac{P}{P'} = \frac{mu}{m'u'}.$$

Appelons en effet Q la force qui dans le temps t donnerait la vitesse u au corps dont la masse est m'. On aura

$$\frac{P}{Q} = \frac{m}{m'}, \quad \frac{Q}{P'} = \frac{u}{u'} \ (*)$$

d'où l'on déduit

$$\frac{P}{P'} = \frac{mu}{m'u'}.$$

DE LA QUANTITÉ DE MOUVEMENT.

179. Le produit mu de la masse d'un corps m par la vitesse u commune à tous ses points est ce qu'on appelle la *quantité de mouvement* du corps. Ainsi la proportion

$$\frac{P}{P'} = \frac{mu}{m'u'}$$

(*) Car, en désignant par q et p' les forces qui imprimeraient à une molécule μ de la masse m' les vitesses respectives u et u', on a

$$\frac{q}{p'} = \frac{u}{u'}.$$

Donc la somme des forces q appliquées à toutes les molécules du corps m' est à la somme des forces p' comme u est à u', c'est-à-dire

$$Q : P' = u : u'.$$

peut s'énoncer en disant que *les intensités de deux forces appliquées à deux corps quelconques, à leurs centres de masse, sont proportionnelles aux quantités de mouvement qu'elles donnent à ces deux corps,* d'où il suit qu'on peut prendre pour mesure de l'intensité d'une force P la quantité de mouvement mu qu'elle communique à une masse m dans un temps déterminé, par exemple dans l'unité de temps. On prend donc

$$P = mu;$$

mais si l'on choisit arbitrairement l'unité de longueur, l'unité de force et l'unité de temps, on est obligé de prendre pour unité de masse la masse d'un corps qui, sollicité par l'unité de force, acquerrait dans l'unité de temps une vitesse égale à l'unité de longueur.

FORCE MOTRICE. — FORCE ACCÉLÉRATRICE.

180. La formule $P = mu$ donne la mesure de l'intensité d'une force constante : mais elle s'étend aux forces dont l'intensité est variable avec le temps. Supposons en effet qu'une force appliquée au centre de masse d'un corps dont la masse est m, ait, à l'instant considéré, une intensité P. Soit φ la vitesse que cette force ferait acquérir au mobile au bout de l'unité de temps, si pendant ce temps elle conservait une intensité constante égale à P. On aura alors

$$P = m\varphi.$$

Mais φ étant l'accélération du mobile au bout du temps t, on a

$$\varphi = \frac{dv}{dt}.$$

Donc à chaque instant l'intensité de la force P, que l'on appelle *force motrice,* est donnée par la relation

$$P = m\frac{dv}{dt}.$$

181. Si l'on désigne par p la force qui donne la même accélération φ à l'unité de masse, on a

$$p = \varphi.$$

Ainsi le nombre p, qui représente la force motrice de l'unité de masse, est le même que celui qui exprime l'accélération φ, en sorte qu'il est permis de les substituer l'un à l'autre. La force motrice qui produit le mouvement de l'unité de masse est dite la force accélératrice du mobile, et la quantité φ est nommée indifféremment l'*accélération* ou la *force accélératrice.*

RELATION ENTRE LE POIDS ET LA MASSE.

182. L'observation prouve que deux corps pesants, quelles que soient leur substance et leur forme, acquièrent la même vitesse, au bout du même temps, quand ils tombent dans le vide. Ce fait n'était pas connu avant Galilée, et l'on croyait que la pesanteur agissait avec une intensité variable sur les corps de différente nature. Mais Galilée démontra ce fait par l'expérience, et fit voir que si les choses ne semblaient pas se passer ainsi dans la nature, la cause en était due à la résistance de l'air, milieu dans lequel s'opère la chute du corps.

Il résulte de ce fait que les *poids de deux corps sont proportionnels à leurs masses* : car les poids étant des forces constantes, on a

$$\frac{P}{P'} = \frac{mu}{m'u'},$$

et, puisque dans ce cas $u = u' = g$, on aura

$$\frac{P}{P'} = \frac{m}{m'}.$$

Le nombre qui exprime le poids d'un corps en représente aussi la masse, si l'on prend pour unité de masse la masse d'un corps dont le poids est égal à l'unité. Mais nous verrons bientôt qu'on adopte une autre convention.

Il est utile de remarquer que l'égalité des masses de deux corps hétérogènes ne pouvait pas se conclure de ce seul fait que ces corps ont des poids égaux. Il fallait savoir en outre que ces corps acquièrent la même vitesse après être tombés pendant le même temps.

Il résulte de la proportionnalité des poids aux masses que le centre de masse d'un corps n'est autre chose que son centre de gravité.

DES UNITÉS EMPLOYÉES EN MÉCANIQUE

183. On peut maintenant fixer les différentes unités que l'on doit employer dans l'étude des propriétés de la pesanteur. On prend ordinairement pour unité de temps la seconde, pour celle de longueur le mètre. L'unité de force est le gramme ou le kilogramme : le gramme est le poids d'un centimètre cube d'eau distillée à son maximum de densité. Soit g la vitesse acquise par un corps pesant au bout d'une seconde ; à Paris, on a $g = 9^{m},80896$. Il reste encore à fixer l'unité de masse qui n'est plus arbitraire. Or, si dans la relation

$$P = mg$$

on fait $P = g$, on a $m = 1$: on doit donc prendre pour unité de masse la masse du poids

$$9^{gr},80896,$$

poids qui peut servir de mesure à l'intensité de la pesanteur.

184. L'intensité de la pesanteur ou le poids d'un corps varie à la surface de la terre, et la vitesse que la pesanteur imprime au corps, au bout d'une seconde, varie dans le même rapport. La relation $P = mg$ fait voir

que le nombre $\frac{P}{g}$, qui exprime la masse, reste le même, en quelque endroit qu'on le détermine.

185. Soient V le volume d'un corps supposé homogène et D sa densité ou sa masse sous l'unité de volume. En appelant m la masse de tout le corps, on aura

$$m = VD,$$

ou, à cause de $P = mg$,

$$P = VDg.$$

QUINZIÈME LEÇON.

MOUVEMENT DES CORPS PESANTS.

Mouvement vertical des corps pesants dans le vide. — Mouvement d'un corps pesant sur un plan incliné. — Détermination de la constante g. — Chute d'un corps dans un milieu qui résiste comme le carré de la vitesse. — Cas particulier où la résistance devient nulle.

MOUVEMENT VERTICAL DES CORPS PESANTS DANS LE VIDE.

186. Quand un corps, sollicité par une force P, constante ou variable, parcourt une certaine droite, son mouvement est représenté par les équations

$$\varphi = \frac{dv}{dt}, \quad v = \frac{dx}{dt},$$

φ désignant l'accélération et v la vitesse; on déduit de ces formules, en prenant t pour variable indépendante,

$$\varphi = \frac{d^2x}{dt^2}, \quad v\,dv = \varphi\,dx.$$

On retrouve aisément, au moyen de ces équations, les lois du mouvement uniformément varié. Ainsi, en appelant g l'accélération due à la pesanteur, on a

$$\varphi \text{ ou } \frac{dv}{dt} = g,$$

d'où

$$(1) \qquad v = a + gt,$$

a représentant la vitesse possédée par le mobile à l'origine du temps. On déduit ensuite de $v = \frac{dx}{dt}$ l'équation

$$(2) \qquad x = b + at + \frac{gt^2}{2},$$

b étant l'abscisse du mobile à l'origine du temps.

187. Si l'on compte les espaces et le temps à partir du point où la vitesse est nulle, on a

$$(3) \qquad v = gt, \quad x = \frac{gt^2}{2}.$$

L'élimination de t entre ces deux équations donne la relation

$$(4) \qquad v = \sqrt{2gx}, \quad \text{d'où} \quad x = \frac{v^2}{2g},$$

entre la vitesse et l'espace parcouru. On appelle $\sqrt{2gx}$ *la vitesse due à la hauteur* x, et $\frac{v^2}{2g}$ est dite *la hauteur due à la vitesse* v.

188. Supposons maintenant qu'un corps soit lancé de bas en haut suivant la verticale. La force constante agissant en sens inverse du mouvement, on devra poser

$$\frac{dv}{dt} = -g,$$

si l'on compte de bas en haut les abscisses positives.

On tire de là

$$(5) \qquad v = a - gt$$

et, par suite,

$$x = b + at - \frac{gt^2}{2}.$$

Si l'on compte les espaces à partir du point où se trouve le mobile à l'origine du temps, on a $b = 0$ et

$$(6) \qquad x = at - \frac{gt^2}{2}.$$

En appelant θ le temps au bout duquel le mobile cesse de monter, et h la hauteur à laquelle il s'élève, on a

$$a - g\theta = 0,$$

d'où

$$(7) \qquad \theta = \frac{a}{g}, \quad h = \frac{a^2}{2g}.$$

Arrivé a cette hauteur, le corps commence à descendre et, revenu au point de départ, sa vitesse redevient égale à sa vitesse initiale; car, en faisant $x = \frac{a^2}{2g}$ dans la formule (4), on trouve $v = a$, mais elle est de sens contraire.

MOUVEMENT D'UN CORPS PESANT SUR UN PLAN INCLINÉ.

189. Soit G le centre de gravité d'un corps pesant, placé sur un plan incliné : la composante de son poids, parallèle à la longueur AB du plan incliné, tendra seule à faire descendre le corps. En appelant α l'angle BAC de ce plan avec l'horizon, $g \sin \alpha$ sera l'accélération du mobile, et l'on aura, pour déterminer son mouvement,

Fig. 67.

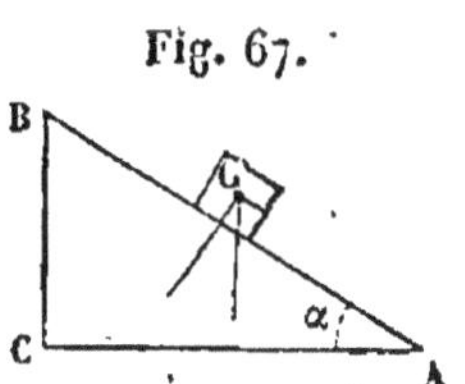

$$\frac{dv}{dt} = g \sin \alpha.$$

Ainsi, le mouvement du mobile sera le même que celui qui aurait lieu suivant la verticale si l'intensité de la pesanteur, au lieu d'être g, était $g \sin \alpha$. On aura donc, en changeant g en $g \sin \alpha$ dans les formules (3) et (4) du n° 187,

(1) $$v = g \sin \alpha t,$$

(2) $$x = \frac{g \sin \alpha t^2}{2},$$

(3) $$v^2 = 2gx \sin \alpha.$$

190. Si x' représente la longueur AB du plan incliné et h sa hauteur BC, on aura, pour $x = x'$,

$$v^2 = 2gx' \sin \alpha \quad \text{ou} \quad v^2 = 2gh.$$

Donc *la vitesse acquise par un mobile qui a parcouru toute la longueur* BA *du plan incliné est égale à celle qu'il aurait acquise en tombant de la hauteur* BC.

191. Soit ABD une circonférence dont le diamètre AD est vertical. Supposons qu'un corps descende le long de la corde AB, et cherchons le temps qu'il mettra à parcourir cette corde.

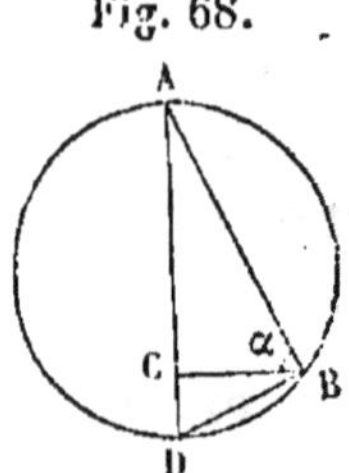

Fig. 68.

Menons BC perpendiculaire à AD : soient $AB = x$, $AD = a$, $ABC = ADB = \alpha$. En appliquant au triangle ABC les formules du plan incliné (189), on aura

$$x = \frac{1}{2} g t^2 \sin\alpha;$$

mais on a

$$AB = AD.\sin\alpha \quad \text{ou} \quad x = a \sin\alpha,$$

donc

$$a = \frac{1}{2} g t^2$$

ou

$$t = \sqrt{\frac{2a}{g}};$$

d'où l'on conclut que *le temps employé par le corps pour descendre le long de* AB *est le même, quelle que soit cette corde, et qu'il est égal au temps que le corps emploierait à descendre de la hauteur* AD.

DÉTERMINATION DE LA CONSTANTE g.

192. Le plan incliné rend la chute d'un corps moins rapide sans changer la loi de son mouvement. En prenant l'angle α suffisamment petit, il devient possible d'observer le temps que met le corps à descendre d'une hauteur donnée, et par suite d'en conclure la quantité g qui représente l'intensité de la pesanteur.

Il existe d'autres moyens d'arriver au même résultat.

193. Soit G′ un corps placé sur un plan horizontal AB et tiré par un fil horizontal dont la direction passe par le centre de masse. Supposons que ce fil, enroulé autour d'une poulie p, soit entraîné suivant la verticale par le poids d'un corps G sollicité librement par la pesanteur.

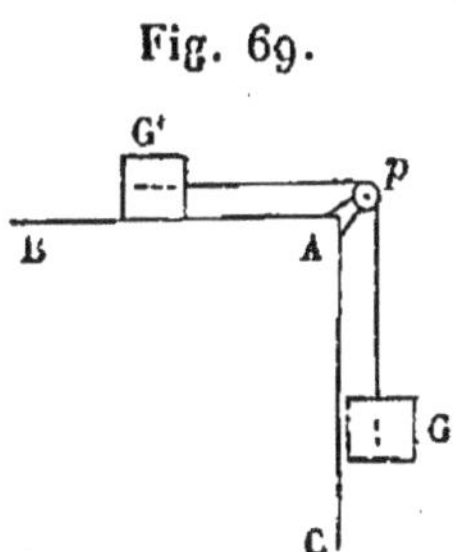

Fig. 69.

Soient m et m' les masses des corps G et G′. La force accélératrice du mobile G étant g, et la force motrice du corps G se répartissant sur la masse $m + m'$, la force accélératrice de tout le système sera $\frac{mg}{m + m'}$. Le mouvement suivra donc les mêmes lois que celui d'un corps entièrement libre, mais pourra être ralenti autant que l'on voudra, en prenant m' assez grand par rapport à m.

194. La machine d'Atwood offre un troisième moyen. Réduite à l'état le plus simple, elle se compose d'une poulie verticale P, mobile autour d'un axe horizontal et sur la gorge de laquelle s'enroule un fil portant à ses extrémités deux corps pesants G et G′.

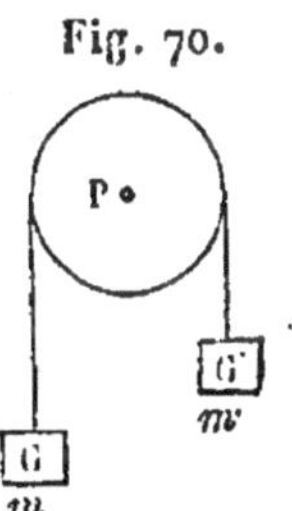

Fig. 70.

Soient m et m' les masses des corps G et G′. La force motrice de G étant mg, et $m'g$ étant celle de G′, si l'on suppose $m > m'$, le système sera entraîné par une force motrice égale à $mg - m'g$ ou $(m - m')g$. Mais comme cette force sollicite une masse $m + m'$, la force accélératrice du système ou la force motrice rapportée à l'unité de masse sera

$$\frac{(m - m')g}{m + m'}.$$

On pourra donc au moyen de cet appareil ralentir autant qu'on le voudra le mouvement du système.

CHUTE D'UN CORPS PESANT DANS UN MILIEU QUI RÉSISTE COMME LE CARRÉ DE LA VITESSE.

195. Supposons que le corps qui tombe soit symétrique autour d'un axe vertical. Le poids du corps est une force dirigée suivant cet axe, et il en est de même de la résultante R des résistances partielles qu'oppose l'air à la chute du corps, aux différents points de sa surface; la force R agit en sens contraire de la pesanteur.

Soient m la masse du corps et G son centre de gravité ou de masse, situé nécessairement sur Ox. La force motrice du corps due à la pesanteur étant mg, $mg - R$ sera la force motrice réelle et $\frac{mg-R}{m}$ ou $g - \frac{R}{m}$ sera la force accélératrice.

Fig. 72.

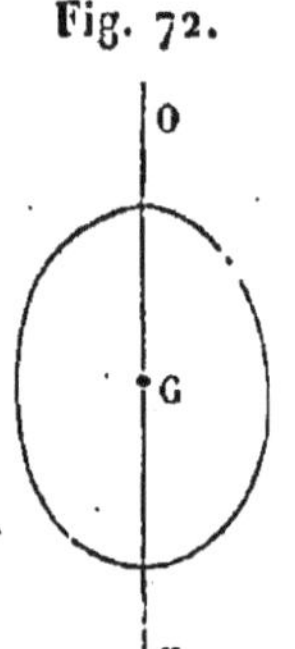

L'observation prouve que la résistance R, lorsque le mouvement du corps n'est ni très-lent, ni très-rapide, peut être regardée comme proportionnelle à la densité du milieu et au carré de la vitesse du mobile. On peut donc poser

$$(1) \qquad R = a\rho v^2,$$

ρ désignant la densité de l'air, v la vitesse du corps et a un coefficient que l'on peut déterminer pour le corps pesant considéré par une expérience, et qui ne dépend ni de ρ ni de v. Par conséquent la force accélératrice du mobile sera $g - \frac{a\rho v^2}{m}$.

196. Si le corps est une sphère, en appelant D sa densité, r son rayon, on aura

$$m = \frac{4}{3}\pi r^3 D,$$

d'où

$$(2) \qquad \frac{R}{m} = \frac{3a\rho v^2}{4\pi r^3 D}.$$

D'ailleurs on trouve par l'observation que la résistance du fluide est proportionnelle à la surface de la sphère ou au carré de son rayon; on peut donc poser $a = br^2$, et l'on a

$$\frac{R}{m} = \frac{3b}{4\pi}\frac{\rho v^2}{Dr} = \frac{\gamma\rho v^2}{Dr}.$$

Enfin, pour la même sphère et pour le même milieu, γ, ρ, D, r étant des constantes, on peut poser

$$\frac{Dr}{\gamma\rho} = \frac{k^2}{g},$$

et il vient enfin

$$(3) \qquad \frac{R}{m} = \frac{gv^2}{k^2}.$$

La constante k désigne la vitesse que devrait avoir le mobile pour que la résistance de l'air fût précisément égale au poids du corps.

197. En supposant toute la masse du corps concentrée à son centre de gravité G, le mouvement de ce point, et par suite celui de tout le corps sera déterminé par l'équation

$$(4) \qquad \frac{dv}{dt} = g - \frac{R}{m} = g - \frac{gv^2}{k^2};$$

de là on tire

$$\frac{2g\,dt}{k} = \frac{2k\,dv}{k^2 - v^2},$$

ce que l'on peut écrire ainsi :

$$\frac{2g\,dt}{k} = \frac{k + v + k - v}{k^2 - v^2}\,dv = \frac{dv}{k - v} + \frac{dv}{k + v}.$$

En intégrant de part et d'autre, on aura donc

$$\frac{2gt}{k} = \mathrm{l}\,\frac{k + v}{k - v} + c.$$

Si l'on détermine la constante par la condition que la vitesse soit nulle pour $t=0$, on a $c=0$, et l'équation devient

(5) $$\frac{2gt}{k} = \mathrm{l}\,\frac{k+v}{k-v}.$$

On en tire

$$\frac{k+v}{k-v} = e^{\frac{2gt}{k}},$$

d'où

$$v = k\,\frac{e^{\frac{2gt}{k}} - 1}{1 + e^{\frac{2gt}{k}}},$$

ou enfin, en divisant les deux termes par $e^{\frac{gt}{k}}$,

(6) $$v = k\,\frac{e^{\frac{gt}{k}} - e^{-\frac{gt}{k}}}{e^{\frac{gt}{k}} + e^{-\frac{gt}{k}}}.$$

198. Pour déduire de là l'espace en fonction du temps, remplaçons v par $\frac{dx}{dt}$, nous aurons

$$dx = k\,\frac{\left(e^{\frac{gt}{k}} - e^{-\frac{gt}{k}}\right)dt}{e^{\frac{gt}{k}} + e^{-\frac{gt}{k}}};$$

mais le numérateur de cette fraction est la différentielle du dénominateur, à un facteur constant près. Donc on aura en intégrant

(7) $$x = \frac{k^2}{g}\,\mathrm{l}\,\frac{1}{2}\left(e^{\frac{gt}{k}} + e^{-\frac{gt}{k}}\right),$$

la constante étant déterminée par la condition que l'on ait à la fois $x=0$ et $t=0$.

199. Enfin on peut trouver une relation entre l'espace parcouru et la vitesse. On a (nº 186)

$$v\,dv = \varphi\,dx.$$

Ici la force accélératrice φ est égale à $g - \frac{gv^2}{k^2}$. On a donc

$$v\,dv = \left(g - \frac{gv^2}{k^2}\right) dx$$

ou

$$dx = \frac{k^2}{2g} \times \frac{2v\,dv}{k^2 - v^2}.$$

En intégrant et déterminant la constante par la condition que l'on ait $x = 0$, lorsque $v = 0$, on a

$$(8) \qquad x = \frac{k^2}{2g}\,\mathrm{l}\,\frac{k^2}{k^2 - v^2}.$$

200. Quand on suppose t très-grand, $e^{-\frac{gt}{k}}$ est très-petit, et, en négligeant ce terme, on a

$$v = k, \quad x = kt - \frac{k^2}{g}\,\mathrm{l}\,2.$$

Ainsi, au bout d'un temps très-long, le mouvement devient sensiblement uniforme, et la force accélératrice $\varphi = g - \frac{gv^2}{k^2}$ est sensiblement nulle, car elle devient nulle pour $v = k$. Ce fait se conçoit sans peine, car le poids du corps est une force constante, et la résistance de l'air une force variable qui augmente avec la vitesse du mobile et qui finit par faire, à très-peu près, équilibre au poids du corps. Mais on n'a $v = k$ que pour $t = \infty$, en sorte que le mouvement tend à devenir uniforme, mais ne l'est jamais rigoureusement.

De la valeur

$$k^2 = \frac{g\,\mathrm{D}r}{\gamma\rho}$$

on conclut que le carré de la vitesse du mouvement uniforme vers lequel tend le mouvement varié est proportionnel à la densité du corps et au rayon de la sphère, et en raison inverse de la densité du milieu résistant. Ce fait est confirmé par l'expérience.

Le temps au bout duquel le mouvement devient sensiblement uniforme est d'autant plus grand que la valeur de k est plus grande. Car, pour que l'on ait

$$e^{-\frac{gt}{k}} < \frac{1}{n},$$

il faut que l'on ait

$$t > \frac{k}{g} \,\mathrm{l}\, n.$$

CAS PARTICULIER OU LA RÉSISTANCE DU MILIEU DEVIENT NULLE.

201. Nous avons vu que la résistance du milieu avait pour expression

$$\mathrm{R} = \frac{gv^2}{k^2} m.$$

Il suit de là qu'en faisant $k = \infty$, on a $\mathrm{R} = 0$. Cette hypothèse doit donc faire retrouver les lois de la chute des corps pesants dans le vide. Mais comme les formules se présentent alors sous une forme indéterminée, nous allons remplacer dans ces équations $e^{\frac{gt}{k}}$ et $e^{-\frac{gt}{k}}$ par leur développement en séries convergentes. Or on a

$$e^{\frac{gt}{k}} = 1 + \frac{gt}{k} + \frac{g^2t^2}{2k^2} + \frac{g^3t^3}{6k^3} + \ldots,$$

$$e^{-\frac{gt}{k}} = 1 - \frac{gt}{k} + \frac{g^2t^2}{2k^2} - \frac{g^3t^3}{6k^3} + \ldots,$$

d'où l'on déduit

$$\frac{1}{2}\left(e^{\frac{gt}{k}}-e^{-\frac{gt}{k}}\right)=\frac{gt}{k}+\frac{g^3t^3}{6k^3}+\ldots,$$

$$\frac{1}{2}\left(e^{\frac{gt}{k}}+e^{-\frac{gt}{k}}\right)=1+\frac{g^2t^2}{2k^2}+\ldots.$$

Substituant ce résultat dans l'équation

(6) $$v=\frac{k\left(e^{\frac{gt}{k}}-e^{-\frac{gt}{k}}\right)}{e^{\frac{gt}{k}}-e^{-\frac{gt}{k}}} \quad (197),$$

et faisant les réductions, on trouve pour $k=\infty$

$$v=gt.$$

Maintenant l'équation

(7) $$x=\frac{k^2}{g}\,\mathrm{l}\,\frac{1}{2}\left(e^{\frac{gt}{k}}+e^{-\frac{gt}{k}}\right) \quad (198)$$

devient par la substitution

$$x=\frac{k^2}{g}\,\mathrm{l}\left(1+\frac{g^2t^2}{2k^2}+\ldots\right).$$

Si l'on développe $\mathrm{l}\left(1+\frac{g^2t^2}{2k^2}+\ldots\right)$ en série, on aura

$$x=\frac{gt^2}{2}+\alpha,$$

α étant la somme des termes qui s'évanouissent pour $k=\infty$. Donc à cette limite on a

$$x=\frac{gt^2}{2}.$$

SEIZIÈME LEÇON.

SUITE DU MOUVEMENT DES CORPS PESANTS.

Mouvement d'un corps pesant lancé de bas en haut. — Mouvement d'un corps pesant dans un milieu qui résiste comme la vitesse. — Chute d'un corps dans le vide en ayant égard à la variation d'intensité de la pesanteur. — Cas particulier d'un corps placé à une petite distance de la surface terrestre.

MOUVEMENT D'UN CORPS PESANT LANCÉ DE BAS EN HAUT.

202. Supposons maintenant que le corps considéré ait un mouvement vertical, mais de bas en haut, dans le milieu résistant. En conservant les mêmes notations,

$$-mg - R$$

sera la force motrice du mobile, et sa force accélératrice sera

$$\varphi = -g - \frac{R}{m},$$

puisque la pesanteur et la résistance du milieu sollicitent le corps en sens inverse de son mouvement. On a donc ici

$$(1)\qquad \frac{dv}{dt} = -g - \frac{R}{m},$$

et si l'on pose encore

$$(2)\qquad \frac{R}{m} = \frac{gv^2}{k^2},$$

il vient

$$\frac{g\,dt}{k} = -\frac{k\,dv}{k^2 + v^2}.$$

Intégrant et déterminant la constante, par la condition que pour $t = 0$ on ait $v = a$, a étant la vitesse initiale du mobile, on a

$$(3) \qquad \frac{gt}{k} = \text{arc tang}\,\frac{a}{k} - \text{arc tang}\,\frac{v}{k}.$$

203. Cette équation donne le temps en fonction explicite de la vitesse. Pour en déduire la vitesse en fonction du temps, posons

$$\text{arc tang}\,\frac{a}{k} = p, \quad \text{arc tang}\,\frac{v}{k} = q,$$

on aura

$$\frac{gt}{k} = p - q,$$

d'où

$$q = p - \frac{gt}{k}$$

et

$$\text{tang}\,q = \frac{\text{tang}\,p - \text{tang}\,\frac{gt}{k}}{1 + \text{tang}\,p\;\text{tang}\,\frac{gt}{k}}.$$

Remplaçant $\text{tang}\,q$ par $\frac{v}{k}$ et $\text{tang}\,\frac{gt}{k}$ par $\frac{\sin\frac{gt}{k}}{\cos\frac{gt}{k}}$, on trouve

$$(4) \qquad v = k\,\frac{a\cos\frac{gt}{k} - k\sin\frac{gt}{k}}{a\sin\frac{gt}{k} + k\cos\frac{gt}{k}}.$$

204. Pour obtenir x ou l'espace parcouru au bout du temps t, on observera que le numérateur de v multiplié par dt est, à un facteur constant près, la différentielle du dénominateur. Donc, si l'on intègre et qu'on détermine la constante par la condition que l'on ait simultanément $x = 0$ et $t = 0$, ce qui revient à placer l'origine des abscisses au point de départ du mobile, on a

$$(5) \qquad x = \frac{k^2}{g}\,\mathrm{l}\left(\frac{a}{k}\sin\frac{gt}{k} + \cos\frac{gt}{k}\right).$$

205. Quand on veut exprimer x en fonction de v, on fait usage de la formule

$$v\,dv = \varphi\,dx,$$

qui devient, en remplaçant φ par sa valeur (202),

$$v\,dv = -\left(g + \frac{gv^2}{k^2}\right)dx$$

ou

$$-\frac{k^2 . 2v\,dv}{k^2 + v^2} = 2g\,dx.$$

Intégrant et déterminant la constante, de manière que l'on ait à la fois $x = 0$ et $v = a$, on a

$$(6) \qquad x = \frac{k^2}{2g}\,\mathrm{l}\,\frac{k^2 + a^2}{k^2 + v^2}.$$

206. Il y a un instant où le corps cesse de monter. Si θ est le temps de l'ascension et h la hauteur la plus grande à laquelle parvient le mobile, on aura, en faisant $v = 0$ dans les formules (4) et (6),

$$\operatorname{tang}\frac{g\theta}{k} = \frac{a}{k}, \quad \text{d'où} \quad \theta = \frac{k}{g}\operatorname{arc\,tang}\frac{a}{k}$$

et

$$h = \frac{k^2}{2g}\,\mathrm{l}\,\frac{k^2 + a^2}{k^2}.$$

Parvenu à cette hauteur, le mobile commence à descendre, et si l'on appelle a' la vitesse qu'il possède lorsqu'il est revenu au point de départ, on aura, en faisant $x = h$, $v = a'$ dans la formule (8) du n° 199,

$$h = \frac{k^2}{2g}\,\mathrm{l}\,\frac{k^2}{k^2 - a'^2}$$

ou

$$\frac{k^2}{2g}\,\mathrm{l}\,\frac{k^2 + a^2}{k^2} = \frac{k^2}{2g}\,\mathrm{l}\,\frac{k^2}{k^2 - a'^2}.$$

On a donc

$$\frac{k^2 + a^2}{k^2} = \frac{k^2}{k^2 - a'^2},$$

d'où l'on tire

$$a' = \frac{ak}{\sqrt{a^2 + k^2}}.$$

Cette formule fait voir que a' est toujours moindre que a.

207. Pour déterminer le temps θ' de la chute du corps, on remplacera, dans la formule (5) du n° 197,

$$\frac{2gt}{k} = 1\frac{k+v}{k-v},$$

v par a' et t par θ', d'où l'on déduira

$$\theta' = \frac{k}{g} 1 \sqrt{\frac{k+a'}{k-a'}} = \frac{k}{g} 1 \frac{\sqrt{a^2+k^2}+a}{k},$$

et si l'on nomme T le temps total que le mobile met à revenir à sa position initiale, on aura

$$\mathrm{T} = \theta + \theta'$$

ou

$$\mathrm{T} = \frac{k}{g}\left(\text{arc tang}\frac{a}{k} + 1\frac{\sqrt{a^2+k^2}+a}{k}\right)$$

Les quantités a et g sont supposées connues; le temps T peut être obtenu par l'expérience : cette dernière relation peut donc servir à déterminer la constante k pour un mobile donné.

MOUVEMENT D'UN CORPS PESANT DANS UN MILIEU QUI RÉSISTE COMME LA VITESSE.

208. Quand le mobile possède une très-petite vitesse, on peut regarder la résistance du milieu comme proportionnelle à cette vitesse. Si le corps descend, il faudra poser

$$\frac{dv}{dt} = g - \frac{gv}{k}$$

ou

$$(1) \qquad \frac{g\,dt}{k} = \frac{dv}{k-v}.$$

Intégrant et déterminant la constante par la condition

qu'on ait à la fois $t=0$, $v=0$, on a

$$(2)\qquad \frac{gt}{k} = l\,\frac{k}{k-v},$$

d'où

$$(3)\qquad v = k\left(1 - e^{-\frac{gt}{k}}\right).$$

Multipliant par dt et intégrant,

$$(4)\qquad x = kt - \frac{k^2}{g}\left(1 - e^{-\frac{gt}{k}}\right),$$

la constante étant déterminée par la condition que $x=0$ pour $t=0$.

MOUVEMENT D'UN CORPS DÉNUÉ DE PESANTEUR DANS UN MILIEU QUI RÉSISTE COMME LA RACINE CARRÉE DE LA VITESSE.

209. Ce cas est intéressant, parce que le mobile finit par s'arrêter et que cette circonstance répond à une solution particulière de l'équation différentielle.

La résistance du milieu, seule force qui sollicite le mobile, agissant en sens inverse du mouvement, on aura

$$(1)\qquad \frac{dv}{dt} = -\alpha\sqrt{v}.$$

Comme l'unité de vitesse est arbitraire, on peut la choisir de telle sorte que $\alpha = 2$. Alors l'équation précédente revient à

$$(2)\qquad dt = -\frac{dv}{2\sqrt{v}}.$$

Intégrant et supposant $v=a$ pour $t=0$, on aura

$$t = \sqrt{a} - \sqrt{v}$$

ou

$$(3)\qquad v = (\sqrt{a} - t)^2.$$

De cette équation on déduit

$$dx = (\sqrt{a} - t)^2 dt,$$

d'où l'on tire, en intégrant et supposant $x=0$ pour $t=0$,

$$(4) \qquad x=\frac{a\sqrt{a}}{3}-\frac{(\sqrt{a}-t)^3}{3}.$$

210. La formule (3) fait voir que si t augmente en restant moindre que $\sqrt{a}$, v diminue, et que $v=0$ pour $t=\sqrt{a}$; on a en même temps $x=\frac{a\sqrt{a}}{3}$. Ainsi le mobile s'arrêtera après avoir parcouru un espace $\frac{a\sqrt{a}}{3}$, et comme la force accélératrice est nulle en ce moment, le corps restera indéfiniment en repos. Cependant les formules (3) et (4) ne conduisent pas à cette conséquence; car v et x varient pour $t>\sqrt{a}$. Mais, si l'on remonte à l'équation (1), on voit qu'elle est satisfaite par $v=0$, quel que soit d'ailleurs t. Cette solution particulière s'applique aux cas où $t \geqq \sqrt{a}$; mais elle ne peut s'appliquer au cas où $t<\sqrt{a}$, car au moment du départ la vitesse du mobile est a et non o. Ainsi, quand on a $t<\sqrt{a}$, on doit appliquer les formules (3) et (4), et la solution particulière quand on a $t \geqq \sqrt{a}$.

CHUTE D'UN CORPS DANS LE VIDE EN AYANT ÉGARD A LA VARIATION DE LA PESANTEUR.

211. Soit M un point matériel pesant tombant dans le vide et placé d'abord à une assez grande distance de la surface de la terre. Dans ce cas l'intensité de la pesanteur ne doit pas être regardée comme constante, car cette intensité varie en raison inverse du carré de la distance du point matériel au centre de la terre. Soient $OB=r$ le rayon de la terre, g l'intensité de la pesanteur à la surface, $AO=a$ la

Fig. 72.

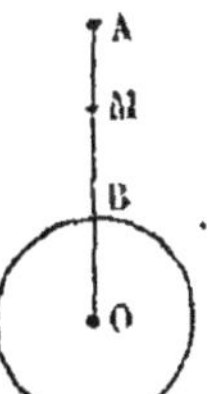

distance initiale du point M, enfin $AM = x$ l'espace parcouru dans le temps t.

L'accélération φ au point M sera donnée par la proportion

$$\frac{\varphi}{g} = \frac{r^2}{(a-x)^2}.$$

On aura donc

$$(1) \qquad \frac{d^2x}{dt^2} = \frac{gr^2}{(a-x)^2}.$$

Si l'on multiplie de part et d'autre par $2\,dx$, on aura

$$\frac{2\,dx\,d^2x}{dt^2} = \frac{2\,gr^2\,dx}{(a-x)^2}$$

ou

$$d\left(\frac{dx}{dt}\right)^2 = d\,\frac{1}{(a-x)}\,2\,gr^2.$$

Donc, en intégrant et déterminant la constante par la condition que la vitesse initiale soit nulle, on aura

$$(2) \qquad v^2 = \frac{2\,gr^2}{a}\,\frac{x}{a-x}.$$

212. Cette formule fait voir que la vitesse augmente avec x, ce qu'on pouvait prévoir. Si l'on fait

$$x = AB = a - r = h,$$

il vient

$$v = \sqrt{2\,gh}\,\sqrt{\frac{r}{a}};$$

comme on a $r < a$, on voit que la vitesse du mobile en arrivant à la surface de la terre est moindre que la vitesse qu'il aurait en tombant de la même hauteur h, si la pesanteur était partout la même qu'à la surface : conséquence évidente.

213. Pour $x = a$, on a $v = \infty$. Donc, si toute la masse du globe était réunie à son centre, la vitesse acquise par le mobile arrivant au centre serait infinie.

214. Si l'on remplace v par $\frac{dx}{dt}$ dans l'équation (2), on a

$$\sqrt{\frac{2gr^2}{a}}\,dt = \frac{(a-x)\,dx}{\sqrt{ax-x^2}};$$

on donne aux radicaux le signe +, parce que la vitesse $\frac{dx}{dt}$ doit être positive. Pour intégrer on écrira

$$\sqrt{\frac{2gr^2}{a}}\,dt = \frac{\left(\frac{1}{2}a-x\right)dx}{\sqrt{ax-x^2}} + \frac{\frac{1}{2}a\,dx}{\sqrt{ax-x^2}};$$

or

$$\frac{\left(\frac{1}{2}a-x\right)dx}{\sqrt{ax-x^2}} = d\sqrt{ax-x^2},$$

$$\frac{\frac{1}{2}a\,dx}{\sqrt{ax-x^2}} = \frac{1}{2}a\,d\,\text{arc}\cos\frac{a-2x}{a},$$

donc

$$(3)\qquad \sqrt{\frac{2gr^2}{a}}\,t = \sqrt{ax-x^2} + \frac{1}{2}a\,\text{arc}\cos\frac{a-2x}{a}.$$

On n'ajoute pas de constante, parce qu'on doit avoir $x=0$ pour $t=0$.

215. Cette relation entre l'espace et le temps peut être représentée par une courbe. Menons Ay perpendiculaire à AO, et OD parallèle à Ay. Imaginons qu'une circonférence ayant AO pour diamètre roule sur OD, le point A de cette circonférence engendrera une cycloïde AND, dont l'équation différentielle,

Fig. 73.

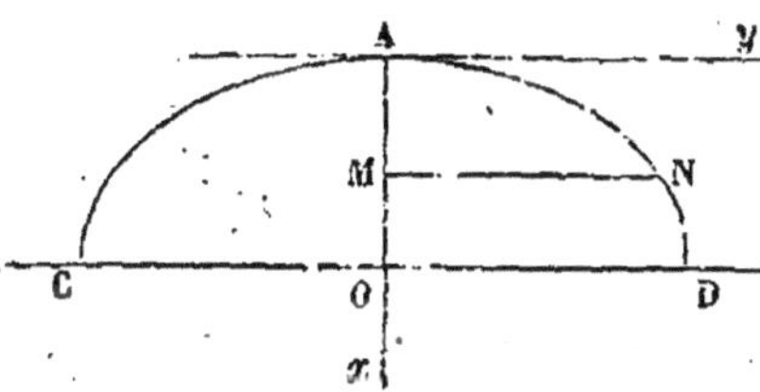

par rapport aux axes Oy et Ox, sera

$$dy = dx\sqrt{\frac{a-x}{x}}$$

ou

$$dy = \frac{(a-x)\,dx}{\sqrt{ax-x^2}}.$$

Or le second membre est égal à $\sqrt{\frac{2gr^2}{a}}\,dt$; on aura donc

$$dy = \frac{\sqrt{2gr^2}}{a}\,dt$$

et par conséquent

$$y = t\sqrt{\frac{2gr^2}{a}} \quad \text{ou} \quad t = \frac{y}{r}\sqrt{\frac{a}{2g}}.$$

Le temps employé par le mobile à parcourir l'espace AM est donc proportionnel à l'ordonnée correspondante de la cycloïde.

CAS PARTICULIER D'UN CORPS PLACÉ A UNE PETITE DISTANCE DE LA SURFACE TERRESTRE.

216. Les formules que nous venons de trouver doivent devenir celles du mouvement uniformément accéléré quand on suppose la distance AB très-petite par rapport au rayon terrestre.

En effet, soit (*fig.* 72, p. 150)

$$AB = h,$$

d'où

$$a = r + h,$$

on a, formule (2), n° 211,

$$v^2 = \frac{2gr}{a}\,\frac{x}{r+h-x}.$$

Comme h et x sont des quantités très-petites par rapport à r, on peut négliger $h-x$, qui est ajouté à r, et remplacer a par r, ce qui donne

$$v^2 = 2gx.$$

Maintenant dans la formule (3) (214) on peut remplacer

$$\frac{1}{2}a \operatorname{arc} \cos \frac{a-2x}{a}$$

par

$$\frac{1}{2}a . \operatorname{arc} \sin \left(\frac{2}{a}\sqrt{ax-x^2}\right);$$

mais $\frac{x}{a}$ et par suite $\frac{2}{a}\sqrt{ax-x^2}$ ou $2\sqrt{\frac{x}{a}\left(1-\frac{x}{a}\right)}$ étant très-petit, on peut remplacer l'arc par son sinus et à la place de $\frac{1}{2}a \operatorname{arc} \sin \left(\frac{2}{a}\sqrt{ax-x^2}\right)$ écrire $\sqrt{ax-x^2}$.

Par la même raison, négligeant x^2 devant ax et remplaçant a par r, la formule (3) devient

$$\sqrt{2gr}t = 2\sqrt{rx}$$

ou

$$x = \frac{gt^2}{2}.$$

DIX-SEPTIÈME LEÇON.

DU MOUVEMENT RECTILIGNE DES POINTS ATTIRÉS OU REPOUSSÉS PAR DES CENTRES FIXES.

Mouvement de deux points qui s'attirent en raison inverse du carré des distances. — Mouvement d'un point attiré par un centre fixe en raison directe de la distance. — Mouvement d'un point repoussé par un centre fixe en raison directe de la distance.

MOUVEMENT DE DEUX POINTS MATÉRIELS QUI S'ATTIRENT EN RAISON INVERSE DU CARRÉ DES DISTANCES.

217. On peut ramener au problème précédent (211) le mouvement de deux points matériels qui s'attirent en raison directe des masses et en raison inverse du carré de la distance.

Les équations du mouvement de ces deux points, en appelant m et m' leurs masses, x et x' leurs distances à une origine prise sur la droite qu'ils parcourent et u leur distance au bout du temps t, seront

$$m\frac{d^2x}{dt^2} = \frac{fmm'}{u^2}, \quad m'\frac{d^2x'}{dt^2} = -\frac{fmm'}{u^2};$$

on a donc

$$m\frac{d^2x}{dt^2} + m'\frac{d^2x'}{dt^2} = 0,$$

d'où l'on déduit

$$\frac{mx + m'x'}{m + m'} = at + b,$$

c'est-à-dire que le centre de gravité des deux masses se meut uniformément. On a ensuite

$$\frac{d^2x}{dt^2} - \frac{d^2x'}{dt^2} = \frac{f(m + m')}{u^2}$$

ou, à cause de $x' - x = u$,

$$\frac{d^2u}{dt} = -\frac{f(m+m')}{u^2}.$$

Donc l'un des points se meut par rapport à l'autre comme s'il était attiré par une masse égale à $(m+m')$ placée en un centre fixe. On déterminera donc u en fonction de t comme dans le problème précédent, puis on aura les valeurs de x et de x' par les équations

$$x' - x = u, \quad \frac{mx + m'x'}{m+m'} = at + b.$$

MOUVEMENT D'UN POINT ATTIRÉ EN RAISON DIRECTE DE LA DISTANCE.

218. Considérons un point matériel placé d'abord au point A où sa vitesse est nulle et attiré par un centre fixe O, en raison directe de sa distance à ce dernier point, que nous prendrons pour origine. Comme la force attractive tend à diminuer l'abscisse variable x du point mobile, on a l'équation

Fig. 74.

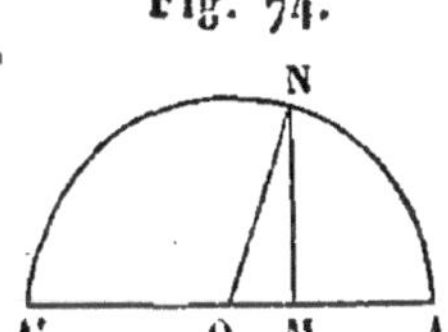

$$(1) \qquad \frac{d^2x}{dt^2} = -n^2x,$$

n^2 étant la mesure de l'attraction exercée sur l'unité de masse du corps à l'unité de distance. Multiplions de part et d'autre par $2dx$, nous aurons

$$\frac{2dx\,d^2x}{dt^2} = -2n^2xdx,$$

d'où, en intégrant,

$$(2) \qquad \frac{dx^2}{dt^2} = n^2(a^2 - x^2),$$

la constante étant déterminée par la condition que $\frac{dx}{dt}$ ou v soit nulle pour $x = a$.

Comme la vitesse du mobile est négative quand il va dans le sens AO, on a

$$dx = -n\,dt\,\sqrt{a^2 - x^2}$$

ou

$$n\,dt = -\frac{dx}{\sqrt{a^2 - x^2}}.$$

Intégrant et déterminant la constante par la condition que l'on ait à la fois $t = 0$, $x = a$, ce qui la rend nulle on a

$$nt = \text{arc}\cos\frac{x}{a}$$

ou

(3) $$x = a\cos nt;$$

et ensuite

(4) $$v = -na\sin nt.$$

219. Lorsque le point mobile arrive en O, on a

$$x = 0 \quad \text{et} \quad nt = \frac{\pi}{2},$$

d'où

$$t = \frac{\pi}{2n}.$$

Parvenu à ce point, sa vitesse est égale à $-na$. Le mobile dépasse donc le point O et continue sa route en vertu de sa vitesse acquise. Pour déterminer le point A′ où il s'arrêtera, faisons $v = 0$, il en résulte $nt = \pi$, d'où $t = \frac{\pi}{n}$ et par suite $x = -a$. Ainsi OA′ = OA.

Arrivé en A′ où il n'a plus de vitesse, le mobile se trouve placé par rapport au point O, comme il l'était en A. Il sera donc attiré avec une vitesse croissante de A′ jusqu'au point O où sa vitesse sera na, puis continuera sa route en vertu de sa vitesse acquise jusqu'en A, pour revenir de nouveau en O, et ainsi de suite.

Ainsi le mobile fera une infinité d'oscillations toutes

égales entre elles et de même durée, de A en A′ et de A′ en A.

220. On peut, comme dans le cas précédent (215), représenter par une construction géométrique la relation qui existe entre l'espace et le temps. Sur AA′ (*fig.* 74, n° 218) comme diamètre décrivons une demi-circonférence. Soit OM $= x$, et menons MN perpendiculaire à AA′. Le triangle rectangle ONM donne

$$x = a \cos \frac{\text{AN}}{a};$$

mais

$$x = a \cos nt,$$

donc

$$\text{AN} = ant.$$

Ainsi $\frac{\text{AN}}{an}$ représentera le temps que le mobile emploie à aller du point M au point A.

MOUVEMENT D'UN POINT REPOUSSÉ PAR UN CENTRE FIXE EN RAISON DIRECTE DE LA DISTANCE.

221. Examinons maintenant le cas d'un point matériel repoussé par un centre fixe O, en raison directe de la distance.

Supposons qu'à l'origine du temps le point matériel placé à une distance OA $= a$ du centre fixe soit animé d'une vitesse dirigée vers le point O et représentée par $-nb$.

Fig. 75.

O A x

La force accélératrice, positive puisque la répulsion tend à augmenter l'abscisse du point M, étant représentée par n^2x, on aura

$$(1) \qquad \frac{d^2x}{dt^2} = n^2x,$$

d'où l'on déduit, en multipliant par $2dx$ et intégrant,

$$\left(\frac{dx}{dt}\right)^2 = n^2x^2 + c.$$

Mais, pour $t = 0$, on a $\frac{dx}{dt}$ ou $v = -nb$, $x = a$; donc

$$n^2 b^2 = n^2 a^2 + c,$$

d'où, en éliminant la constante,

$$\left(\frac{dx}{dt}\right)^2 = n^2(x^2 + b^2 - a^2). \tag{2}$$

On en déduit

$$\frac{dx}{\sqrt{x^2 + b^2 - a^2}} = -n\,dt$$

ou

$$v = -n\sqrt{x^2 + b^2 - a^2}. \tag{3}$$

On prend le signe —, parce que la vitesse est d'abord négative. En intégrant de nouveau et ayant égard aux circonstances initiales, on aura

$$1\frac{x + \sqrt{x^2 + b^2 - a^2}}{a + b} = -nt$$

ou

$$x + \sqrt{x^2 + b^2 - a^2} = (a + b)e^{-nt}.$$

On tire facilement de cette équation

$$2x = (a + b)e^{-nt} + (a - b)e^{nt}. \tag{4}$$

222. Examinons maintenant quelques cas particuliers. La formule

$$v = -n\sqrt{x^2 + b^2 - a^2}$$

montre que la vitesse ne peut jamais être nulle, si l'on a $b^2 > a^2$. Dans ce cas le mobile atteindra l'origine lorsqu'on aura

$$t = -\frac{1}{n}\,1\,\frac{\sqrt{b^2 - a^2}}{a + b},$$

valeur positive, puisqu'on a $\sqrt{b^2 - a^2} < a + b$. Sa vitesse étant alors $-n\sqrt{b^2 - a^2}$, le mobile dépassera le point O, et il est clair qu'il se mouvra indéfiniment vers la gauche.

Si l'on a $b < a$, la vitesse sera nulle lorsque l'on aura

$$x = \sqrt{a^2 - b^2},$$

ce qui correspond à un point placé entre O et A, et cette circonstance arrivera à une époque donnée par

$$t = -\frac{1}{n}\,\mathrm{l}\,\frac{\sqrt{a^2 - b^2}}{a + b}.$$

Il est clair qu'arrivé au point B le mobile, repoussé par l'action du centre fixe, commencera à se mouvoir vers la droite, et sa vitesse sera positive. Il faudra donc, à partir de cet instant, prendre la formule

$$v = +\sqrt{x^2 + b^2 - a^2}.$$

Dans ce cas le mobile ne passera jamais par le point O, car la formule

$$t = -\mathrm{l}\,\frac{x + \sqrt{x^2 + b^2 - a^2}}{a + b}$$

donne pour $x = 0$

$$t = -\mathrm{l}\,\frac{\sqrt{b^2 - a^2}}{a + b},$$

valeur imaginaire,

Enfin si l'on a $b = a$, les formules se simplifient, et l'on a

$$v = -nx,$$

$$x = 2ae^{-nt},$$

$$t = -\frac{1}{n}\,\mathrm{l}\,\frac{x}{a}.$$

La première montre que l'on a $v = 0$ pour $x = 0$; mais la seconde ou la troisième donnant pour $x = 0$, $t = \infty$, on voit que le mobile approchera continuellement du point O, mais n'y arrivera jamais.

DIX-HUITIÈME LEÇON.

DU MOUVEMENT CURVILIGNE ET DES FORCES QUI LE PRODUISENT.

Projection d'un mouvement rectiligne et uniforme sur un axe. — De la vitesse dans le mouvement curviligne. — De la force qui produit un mouvement curviligne donné.

PROJECTION D'UN MOUVEMENT RECTILIGNE ET UNIFORME SUR UN AXE.

223. Si M est la position occupée par le mobile au bout du temps t, sur la droite AB, et v sa vitesse supposée constante, on aura

Fig. 76.

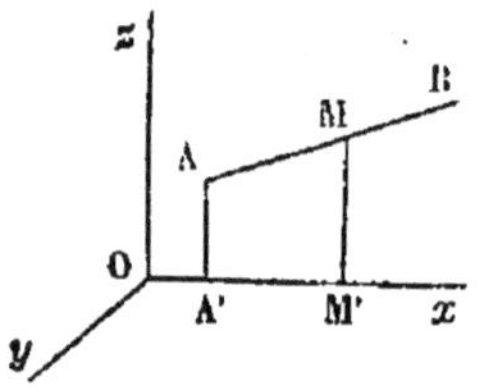

$$AM = vt.$$

Soit Ox un axe quelconque avec lequel AM fait un angle α, et soit $A'M'$ la projection de AM sur Ox; on aura

$$A'M' = AM\cos\alpha = vt\cos\alpha,$$

ou bien

$$A'M' = v\cos\alpha\, t.$$

Donc *la projection du mobile sur un axe quelconque se meut d'un mouvement uniforme, dont la vitesse p est liée à la vitesse v par la formule*

$$p = v\cos\alpha.$$

Si l'on projette de la même manière le point mobile sur deux autres axes, Oy, Oz, faisant avec AM des angles β, γ, les vitesses p, q, r des projections sur les trois axes seront données par les formules

$$(1)\qquad p = v\cos\alpha,\quad q = v\cos\beta,\quad r = v\cos\gamma.$$

Les quantités p, q, r sont nommées les *composantes de la vitesse* du mobile sur ces axes. On démontre facilement que ces formules conviennent à tous les cas, pourvu que l'on considère p, q, r comme positives ou négatives suivant que les projections du point M se meuvent dans le sens positif de l'axe ou en sens contraire.

224. Lorsqu'on donnera le mouvement du point M, c'est-à-dire les valeurs de v, α, β, γ, les équations

$$v\cos\alpha = p, \quad v\cos\beta = q, \quad v\cos\gamma = r$$

feront connaître les composantes p, q, r. Réciproquement ces composantes étant connues, on en déduira v, α, β, γ par les formules

$$(2) \qquad v = \sqrt{p^2 + q^2 + r^2},$$

$$(3) \qquad \cos\alpha = \frac{p}{v}, \quad \cos\beta = \frac{q}{v}, \quad \cos\gamma = \frac{r}{v}.$$

Si l'on mène par le point O une droite représentant en grandeur et en direction la vitesse du mobile, on voit que les composantes de cette vitesse seront représentées en grandeur et en direction par les arêtes d'un parallélipipède dont la vitesse du mobile serait la diagonale.

225. Soient a, b, c les coordonnées du point A où se trouve le mobile à l'origine des temps, et soient x, y, z celles du point M où il se trouve au bout du temps t, le mouvement sera complétement représenté par les trois équations

$$(4) \qquad \begin{cases} x = a + pt, \\ y = b + qt, \\ z = c + rt. \end{cases}$$

En effet, on a

$$\mathrm{OM}' = \mathrm{OA}' + \mathrm{A'M'}.$$

Mais

$$\mathrm{OM}' = x, \quad \mathrm{OA}' = a, \quad \mathrm{A'M'} = pt;$$

donc

$$x = a + pt.$$

On démontrerait de la même manière les deux autres formules.

On aurait des formules semblables en prenant des axes obliques.

226. On a vu que la projection sur un axe quelconque d'un point qui se meut d'un mouvement uniforme et rectiligne se meut elle-même d'un mouvement uniforme. Réciproquement, *si les projections d'un point* M *sur trois axes* Ox, Oy, Oz *se meuvent avec des vitesses constantes* p, q, r, *le mouvement du point* M *sera lui-même rectiligne et uniforme.* En effet, soit A le point où se trouve le mobile quand $t = 0$; les projections de la droite AM sur les axes étant pt, qt, rt, on a

$$\text{AM} = t\sqrt{p^2 + q^2 + r^2};$$

de sorte que la distance AM est proportionnelle au temps. En outre, si l'on appelle α, β, γ les angles que la droite AM fait avec les axes, on a

$$\cos\alpha = \frac{pt}{\text{AM}}, \quad \cos\beta = \frac{qt}{\text{AM}}, \quad \cos\gamma = \frac{rt}{\text{AM}}$$

ou

$$(5) \quad \left\{ \begin{aligned} \cos\alpha &= \frac{p}{\sqrt{p^2 + q^2 + r^2}}, \\ \cos\beta &= \frac{q}{\sqrt{p^2 + q^2 + r^2}}, \\ \cos\gamma &= \frac{r}{\sqrt{p^2 + q^2 + r^2}}. \end{aligned} \right.$$

Donc la droite AM conserve une direction constante; et comme sa longueur varie proportionnellement au temps, le mouvement est bien rectiligne et uniforme.

DE LA VITESSE DANS LE MOUVEMENT CURVILIGNE.

227. Soit $M(x, y, z)$ un point qui décrit dans l'espace une ligne courbe CMD. Ce point doit être constamment sollicité par une force dont la direction change à chaque instant. Si au bout du temps t cette force cessait d'agir, le mobile prendrait, suivant une certaine droite MT, un mouvement uniforme, et c'est la vitesse de ce mouvement uniforme que nous sommes convenus d'appeler *la vitesse du mobile au point* M (155).

Fig. 77.

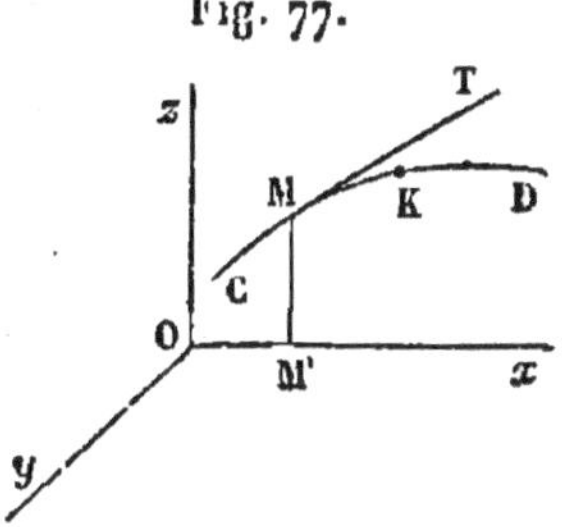

La projection M' du point M sur l'axe Ox se meut d'un mouvement quelconque, qui deviendrait aussi uniforme si la force qui sollicite le point M cessait d'agir.

228. Le mouvement du point M est déterminé par trois équations

$$x = f(t), \quad y = \varphi(t), \quad z = \psi(t),$$

au moyen desquelles on peut obtenir la vitesse du mobile en fonction du temps. Pour le démontrer, nous distinguerons deux cas.

En premier lieu, si la force P qui sollicite le mobile est constante d'intensité et de direction, la projection de MK sur l'axe des x sera

$$v \Delta t \cos \alpha + \frac{1}{2} \frac{P}{m} \Delta t^2 \cos \lambda,$$

α désignant l'angle que la direction de la vitesse fait avec l'axe des x, et λ l'angle que la force P fait avec ce même axe. On aura donc

$$\frac{\Delta x}{\Delta t} = v \cos \alpha + \frac{1}{2} \frac{P}{m} \Delta t \cos \lambda,$$

et, en passant à la limite,

$$\frac{dx}{dt} = v \cos\alpha. \tag{1}$$

Si les axes étaient obliques, on aurait, en décomposant la vitesse v en trois autres, p, q, r, et la force P en trois forces X, Y, Z, suivant les axes,

$$\Delta x = p\,\Delta t + \frac{1}{2}\,\frac{X}{m}\,\Delta t^2, \quad \text{d'où} \quad \frac{dx}{dt} = p.$$

Ainsi *les composantes de la vitesse suivant les axes s'obtiendront en prenant les vitesses des projections sur ces axes*, et l'on aura, dans le cas des axes rectangulaires,

$$\frac{dx}{dt} = v \cos\alpha, \quad \frac{dy}{dt} = v \cos\beta, \quad \frac{dz}{dt} = v \cos\gamma, \tag{2}$$

d'où l'on déduira

$$v^2 = \frac{dx^2 + dy^2 + dz^2}{dt^2} = \frac{ds^2}{dt^2},$$

d'où

$$v = \frac{ds}{dt}, \tag{3}$$

en désignant par s la longueur d'un arc comptée sur la trajectoire à partir d'un point fixe. Cette formule conviendrait encore si les axes étaient obliques.

229. Quand la force qui agit sur le mobile est variable, on a, en désignant par μ un infiniment petit,

$$\Delta x = \frac{dx}{dt}\,\Delta t + \frac{\Delta t^2}{2}\left(\frac{d^2x}{dt^2} + \mu\right). \tag{4}$$

La molécule va de M en K, comme un point qui aurait au bout du temps t la vitesse v suivant la tangente MT et qui serait sollicité par une force d'intensité et de direction constante, dont les composantes seraient

$$\frac{d^2x}{dt^2} + \mu, \quad \frac{d^2y}{dt^2} + \mu', \quad \frac{d^2z}{dt^2} + \mu''.$$

Cette force diffère infiniment peu de P, si Δt est très-petit; car si l'on imagine une autre molécule soumise à une force constante P′ et arrivant en K, on a

$$\Delta x = v \Delta t \cos\alpha + \frac{\Delta t^2}{2} \frac{P'}{m} \cos\lambda.$$

On déduit de (4)

$$\lim \frac{\Delta x}{\Delta t} \quad \text{ou} \quad \frac{dx}{dt} = v \cos\alpha.$$

Les formules sont donc les mêmes que dans le cas où la force est constante.

Dans tous les cas on a

$$\cos\alpha = \frac{\frac{dx}{dt}}{v} = \frac{dx}{dt} : \frac{ds}{dt},$$

ou

(5) $$\cos\alpha = \frac{dx}{ds}, \quad \cos\beta = \frac{dy}{ds}, \quad \cos\gamma = \frac{dz}{ds};$$

donc la vitesse est dirigée suivant la tangente MT.

230. Ces formules peuvent encore être obtenues par la méthode des infiniment petits. Pendant le temps infiniment petit dt, le mobile parcourt sur sa trajectoire un espace infiniment petit ds. On peut considérer son mouvement comme rectiligne et uniforme pendant le temps dt, puisque la vitesse ne varie qu'infiniment peu en grandeur et en direction. On aura donc

$$ds = v\,dt, \quad \text{d'où} \quad v = \frac{ds}{dt}.$$

D'ailleurs la direction de la vitesse est celle de l'élément ds ou de la tangente au point M.

DES FORCES QUI PRODUISENT UN MOUVEMENT DONNÉ.

231. Considérons maintenant la force qui produit le mouvement d'un point matériel dont la masse est m.

Soit v la vitesse du mobile au bout du temps t, lorsqu'il arrive au point M de la trajectoire AMB. Supposons que

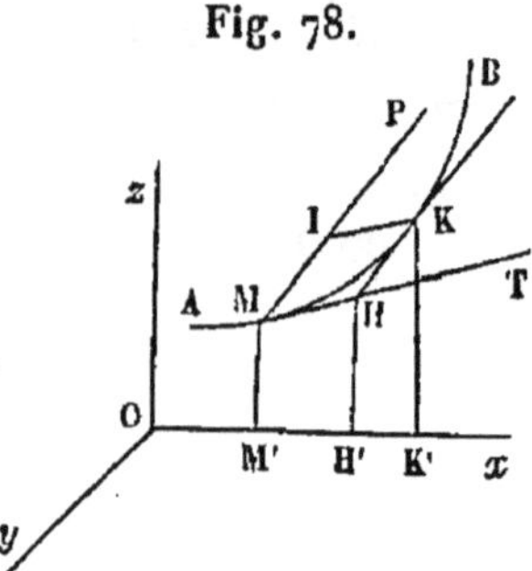

Fig. 78.

la force motrice qui sollicite continuellement ce mobile conserve une intensité constante P et une direction constante parallèle à MP, pendant un certain intervalle de temps θ, qui succède au temps t. Si le point M était en repos au commencement du temps θ, la force constante P lui ferait parcourir dans le temps θ un espace MI égal à $\frac{1}{2}\varphi\theta^2$, φ étant l'accélération due à la force P ou la vitesse que cette force communiquerait à la masse m après l'unité de temps. D'un autre côté, si la force P cessait tout à coup d'agir, au bout du temps t, le mobile suivrait la direction de la tangente MT et parcourrait sur cette direction l'espace $MH = v\theta$, pendant le temps θ, avec la vitesse constante v. Maintenant concevons deux points matériels arrivant en même temps au point M et animés tous deux de la vitesse v suivant la tangente MT, l'un d'eux étant sollicité en outre, pendant le temps θ, par la force constante P. Il résulte du principe général sur les mouvements relatifs, dont nous avons déjà fait usage, que ce point se déplacera par rapport à l'autre, comme si les deux points eussent d'abord été en repos. Le point mobile animé de la vitesse v en M et sollicité par la force constante P arrivera donc, au bout du temps θ, en un point K qu'on déterminera en menant par le point H la droite HK parallèle et égale à MI.

La courbe MK décrite ainsi est une parabole; car on a

$$MH = IK = v\theta, \quad MI = \frac{1}{2}\varphi\theta^2,$$

d'où résulte

$$IK^2 = \frac{2v^2}{\varphi} MI,$$

équation d'une parabole, si l'on considère MI et IK comme les coordonnées du point M par rapport aux axes MP et MT.

232. Pendant que le mobile parcourt l'arc de parabole MK, sa projection sur Ox parcourt l'espace M'K' égal à M'H' + H'K', c'est-à-dire à la somme des projections des droites MH et HK. Or on a

$$M'H' = MH \cos\alpha = v\theta \cos\alpha = \frac{dx}{dt}\theta,$$

$$H'K' = HK \cos\lambda = \frac{1}{2}\varphi\theta^2 \cos\lambda = \frac{1}{2}\frac{P}{m}\theta^2\cos\lambda,$$

en appelant λ l'angle que la direction constante de la force P fait avec l'axe des x. On a donc

$$M'K' = \frac{dx}{dt}\theta + \frac{P}{m}\cos\lambda\frac{\theta^2}{2}.$$

D'un autre côté, l'espace M'K' étant l'accroissement que prend la variable x, qui est une certaine fonction de t, quand t prend l'accroissement θ, on a, par la formule de Taylor,

$$M'K' = \frac{dx}{dt}\theta + \left(\frac{d^2x}{dt^2} + \mu\right)\frac{\theta^2}{2},$$

μ désignant une quantité qui tend vers zéro, avec θ.

En égalant ces deux valeurs de M'K', supprimant le terme commun $\frac{dx}{dt}\theta$, et divisant ensuite par le facteur commun $\frac{\theta^2}{2}$, on aura

$$\frac{d^2x}{dt^2} + \mu = \frac{P}{m}\cos\lambda.$$

Si θ diminue jusqu'à zéro, μ tend vers zéro; mais les autres quantités indépendantes de θ ne changent pas. On aura donc, en passant à la limite,

$$\frac{d^2x}{dt^2} = \frac{P}{m}\cos\lambda,$$

ou

$$m\frac{d^2x}{dt^2} = \mathrm{P}\cos\lambda.$$

Ainsi, dans le cas où la force est constante, $m\frac{d^2x}{dt^2}$ a une valeur constante égale à $\mathrm{P}\cos\lambda$, c'est-à-dire à la projection de la force sur l'axe des x.

233. Quand l'intensité et la direction de la force motrice varient à chaque instant, on a encore la formule

$$m\frac{d^2x}{dt^2} = \mathrm{P}\cos\lambda,$$

en désignant par P l'intensité de cette force à l'instant considéré, et par λ l'angle qu'elle fait à cet instant avec l'axe des x.

En effet, pendant le temps θ qui succède au temps t, le mobile parcourt une portion MK de sa trajectoire (qui n'est plus une parabole), dont la projection sur l'axe des x est

$$(1)\qquad \mathrm{M'K'} = \frac{dx}{dt}\theta + \left(\frac{d^2x}{dt^2} + \mu\right)\frac{\theta^2}{2}.$$

Désignons par P′ la plus grande intensité de la force motrice qui sollicite le point M pendant le temps θ et par λ' le plus petit angle que fait la direction variable de cette force avec l'axe des x. Si le mobile arrivé en M avec la vitesse v était sollicité par une force constante P′ et faisant toujours avec l'axe des x l'angle λ', ce mobile serait transporté, après le temps θ, en un point L au delà du plan KK′ parallèle au plan zOy mené par le point K. En d'autres termes, l'espace M′L′ parcouru par sa projection sur l'axe Ox serait plus grand que l'espace M′K′

Fig. 79.

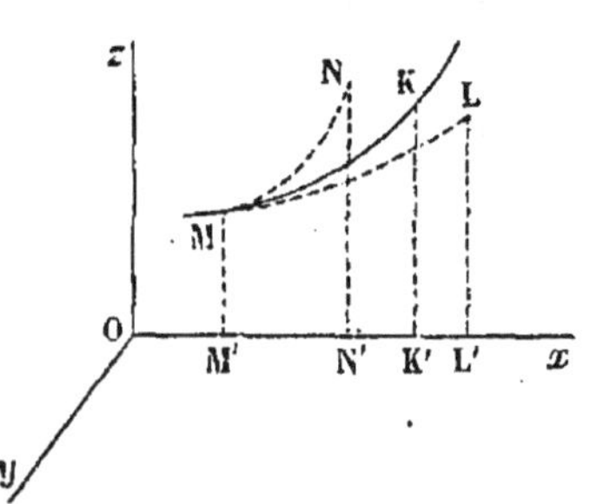

parcouru par la projection du mobile qui décrit réellement la courbe MK. On a donc

$$M'K' < M'L'$$

ou

$$(2) \qquad \frac{dx}{dt}\theta + \left(\frac{d^2x}{dt^2} + \mu\right)\frac{\theta^2}{2} < \frac{dx}{dt}\theta + \frac{P'}{m}\cos\lambda'\,\frac{\theta^2}{2}.$$

Si la force motrice agissait sur le mobile, animé au point M de la vitesse v, avec sa plus faible intensité P″ et sous une inclinaison constante λ'' égale au plus grand angle qu'elle fasse pendant le temps θ avec l'axe des x, le mobile m arriverait en un point N situé en deçà du plan KK′, en sorte que l'espace M′N′ décrit par sa projection sur Ox serait moindre que M′K′. On aurait donc

$$M'K' > M'N'$$

ou

$$(3) \qquad \frac{dx}{dt}\theta + \left(\frac{d^2x}{dt^2} + \mu\right)\frac{\theta^2}{2} > \frac{dx}{dt}\theta + \frac{P''}{m}\cos\lambda''\,\frac{\theta^2}{2}.$$

Des deux inégalités précédentes on déduit

$$\frac{P'}{m}\cos\lambda' > \frac{d^2x}{dt^2} + \mu > \frac{P''}{m}\cos\lambda'',$$

et en passant à la limite

$$(4) \qquad \frac{d^2x}{dt^2} = \frac{P}{m}\cos\lambda,$$

ou, en posant $P\cos\lambda = X$,

$$m\frac{d^2x}{dt^2} = X.$$

Le même raisonnement s'applique aux autres axes : on aura donc, en désignant par Y et Z les composantes de la force P suivant les axes des y et des z,

$$(5) \qquad m\frac{d^2x}{dt^2} = X, \quad m\frac{d^2y}{dt^2} = Y, \quad m\frac{d^2z}{dt^2} = Z.$$

Ces formules montrent que les projections du point mobile sur chaque axe se meuvent comme des points matériels de même masse sollicités uniquement par la composante de la force motrice suivant cet axe. Elles ne supposent pas les axes rectangulaires.

234. Si X, Y, Z, au lieu de représenter les composantes de la force motrice, représentaient celles de la force accélératrice, on aurait plus simplement

$$\frac{d^2x}{dt^2} = X, \quad \frac{d^2y}{dt^2} = Y, \quad \frac{d^2z}{dt^2} = Z.$$

235. Si l'on connaît la courbe décrite par un mobile et la loi de son mouvement, c'est-à-dire si les coordonnées x, y, z sont données en fonction du temps par les trois équations

$$x = f(t), \quad y = \varphi(t), \quad z = \psi(t),$$

une première différentiation fera connaître les composantes de la vitesse parallèles aux axes

$$\frac{dx}{dt}, \quad \frac{dy}{dt}, \quad \frac{dz}{dt},$$

et une seconde différentiation fera connaître les composantes de la force accélératrice, savoir :

$$\frac{d^2x}{dt^2}, \quad \frac{d^2y}{dt^2}, \quad \frac{d^2z}{dt^2},$$

et, par suite, les composantes de la force motrice.

236. Ordinairement on doit résoudre le problème inverse, c'est-à-dire que la force motrice est donnée à chaque instant de grandeur et de direction. Alors X, Y, Z sont des fonctions connues de t, et l'on a, pour connaître complétement le mouvement du mobile, à intégrer trois équations simultanées.

DIX-NEUVIÈME LEÇON.

SUITE DU MOUVEMENT CURVILIGNE D'UN POINT MATÉRIEL.

Mouvement d'un point assujetti à se mouvoir sur une courbe ou sur une surface donnée. — Mouvement des projectiles dans le vide.

POINT ASSUJETTI A SE MOUVOIR SUR UNE COURBE DONNÉE.

237. Considérons un point assujetti à se mouvoir sur une ligne courbe donnée AMB et sollicité par la force P. La courbe donnée ou le lien qui force le point matériel à rester sur cette courbe exerce sur lui une certaine action qu'on appelle la *résistance de la courbe*, et le point exerce sur la courbe une réaction ou pression égale et contraire. On peut donc faire abstraction de la courbe donnée et considérer le point mobile comme libre, pourvu qu'on joigne à la force donnée P une force N de grandeur inconnue qui représentera la résistance de la courbe.

Fig. 80.

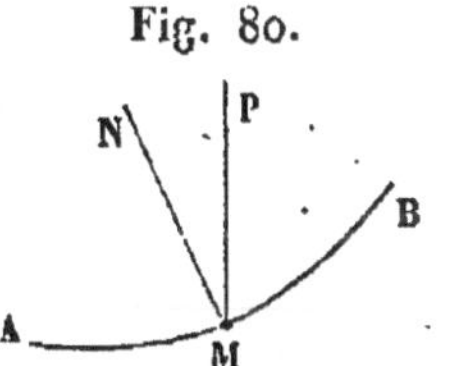

Cette action ou résistance de la courbe peut être décomposée en deux forces, l'une dirigée suivant la tangente à la courbe, en sens contraire du mouvement, qu'on appelle le *frottement*, l'autre perpendiculaire à la tangente ou normale à la courbe. S'il n'y a pas de frottement, l'action N de la courbe sur le mobile est alors dirigée suivant une normale. En admettant cette hypothèse et désignant par λ, μ, ν les angles que la direction de la force normale N fait avec les axes rectangulaires, les équations du mouvement du point matériel seront

$$(1)\qquad \begin{cases} m\dfrac{d^2x}{dt^2} = X + N\cos\lambda, \\ m\dfrac{d^2y}{dt^2} = Y + N\cos\mu, \\ m\dfrac{d^2z}{dt^2} = Z + N\cos\nu. \end{cases}$$

L'intensité de la force N n'est pas connue *à priori*, et quant à sa direction, on sait seulement qu'elle est perpendiculaire à la tangente; on aura donc

$$(2)\qquad \cos\lambda\, dx + \cos\mu\, dy + \cos\nu\, dz = 0,$$

relation à laquelle il faudra joindre la suivante :

$$(3)\qquad \cos^2\lambda + \cos^2\mu + \cos^2\nu = 1.$$

238. Si le point matériel est assujetti à demeurer sur une surface donnée

$$(4)\qquad f(x, y, z) = 0,$$

il décrira sur cette surface une certaine courbe inconnue. L'action ou la résistance N que la surface exerce à chaque instant sur le point matériel, égale et contraire à la pression que ce point exerce sur la surface, est dirigée suivant la normale à la surface, s'il n'y a pas de frottement : le point se meut alors comme un point libre qui serait sollicité à la fois par les forces P et N, dont les composantes seraient X, Y, Z, $N\cos\lambda$, etc., et l'on a encore les équations (1).

On a d'ailleurs

$$\cos\lambda = h\frac{df}{dx}, \quad \cos\mu = h\frac{df}{dy}, \quad \cos\nu = h\frac{df}{dz},$$

en posant, pour abréger,

$$h = \pm\frac{1}{\sqrt{\left(\dfrac{df}{dx}\right)^2 + \left(\dfrac{df}{dy}\right)^2 + \left(\dfrac{df}{dz}\right)^2}};$$

h a le double signe parce qu'on ne sait pas dans quel sens agit la force N qui est dirigée suivant la normale à la surface.

MOUVEMENT DES PROJECTILES DANS LE VIDE.

239. Soit A le point de départ d'un point matériel pesant, lancé avec une vitesse a dans la direction AI.

Fig. 81.

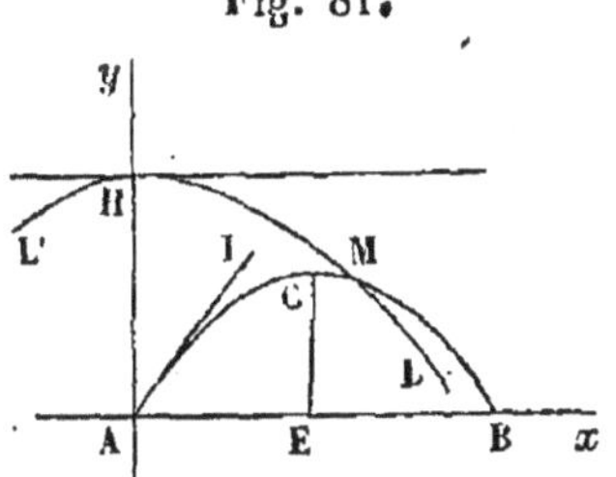

Prenons deux axes, l'un Ay vertical et dirigé en sens inverse de la pesanteur, l'autre horizontal Ax, mené dans le plan IAy. Comme le mobile n'est sollicité, pendant tout son mouvement, que par la pesanteur, il doit se mouvoir dans le plan IAy, car il n'y a pas de raison pour qu'il s'écarte d'un côté de ce plan plutôt que d'un autre. Les équations différentielles du mouvement se réduiront donc, dans ce cas, aux deux suivantes :

(1) $$\frac{d^2x}{dt^2} = 0,$$

(2) $$\frac{d^2y}{dt^2} = -g.$$

240. L'intégration de la première équation donne

$$\frac{dx}{dt} = \mathrm{C}.$$

La constante C est égale à la composante horizontale de la vitesse, c'est-à-dire à $a\cos\alpha$, α étant l'angle IAx : on a donc

(3) $$\frac{dx}{dt} = a\cos\alpha.$$

La seconde équation du mouvement donne

(4) $$\frac{dy}{dt} = a\sin\alpha - gt,$$

en déterminant la constante par la condition que l'on ait $\frac{dy}{dt} = a \sin\alpha$ pour $t = 0$.

Intégrant de nouveau les équations (3) et (4), et ayant égard à la condition $z = 0$, $y = 0$ pour $t = 0$, on aura enfin

$$x = at\cos\alpha, \tag{5}$$

$$y = at\sin\alpha - \frac{gt^2}{2}. \tag{6}$$

La première montre que la projection du point mobile sur l'axe Ox se meut d'un mouvement uniforme dont la vitesse est $a\cos\alpha$. La projection sur l'axe Oy se meut d'un mouvement uniformément retardé, comme ferait un mobile lancé de bas en haut avec une vitesse initiale égale à $a \sin\alpha$.

241. En ajoutant les équations (3) et (4) élevées au carré, on trouve

$$v^2 = a^2 - 2agt\sin\alpha + g^2t^2$$

ou

$$v^2 = a^2 - 2gy. \tag{7}$$

242. Pour connaître la courbe que décrit le mobile, il faut éliminer t entre les équations (5) et (6), et l'on aura

$$y = x\,\text{tang}\,\alpha - \frac{gx^2}{2a^2\cos^2\alpha},$$

ou, si l'on pose, pour simplifier, $a^2 = 2gh$,

$$y = x\,\text{tang}\,\alpha - \frac{x^2}{4h\cos^2\alpha}. \tag{8}$$

Cette trajectoire est donc *une parabole, dont l'axe est vertical.*

243. Pour déterminer la position du sommet C, mettons l'équation (8) sous la forme

$$4h\cos^2\alpha\, y - 4hx\sin\alpha\cos\alpha + x^2 = 0,$$

ou, en complétant le carré et transposant,

$$(x - 2h \sin\alpha \cos\alpha)^2 = 4h \cos^2\alpha\,(h \sin^2\alpha - y).$$

Donc si l'on pose

$$h \sin^2\alpha - y = y',$$

$$x - 2h \sin\alpha \cos\alpha = x',$$

l'équation de la parabole prend la forme

$$x'^2 = 4h \cos\alpha\, y', \tag{9}$$

et la courbe se trouve rapportée à son axe de figure comme axe des ordonnées et à la tangente au sommet comme axe des abscisses. Les coordonnées du sommet sont donc

$$AE = 2h \sin\alpha \cos\alpha,$$

$$EC = h \sin^2\alpha.$$

244. Si dans l'équation (8) on fait $y = 0$, on obtient

$$x = AB = 4h \sin\alpha \cos\alpha,$$

ce qui fait connaître le point B où le projectile rencontre de nouveau l'horizontale Ax. La longueur AB est ce qu'on appelle l'*amplitude du jet*. Elle est double de l'abscisse du sommet, et c'est ce qui devait être, puisque la parabole est symétrique par rapport à son axe CE.

On peut écrire

$$AB = 2h \sin 2\alpha :$$

il en résulte que l'*amplitude du jet a sa plus grande valeur, quand* $\sin 2\alpha = 1$, *c'est-à-dire quand* $\alpha = 45°$, *la vitesse initiale restant la même.*

245. Proposons-nous de trouver sous quel angle il faut lancer un projectile du point A, pour qu'il atteigne un point donné (X, Y). Ici l'inconnue est $\tan\alpha$, et si l'on pose

$$\tan\alpha = u, \quad \text{d'où} \quad \frac{1}{\cos^2\alpha} = 1 + u^2,$$

l'équation (8) devient, en y remplaçant $\tang\alpha$, x, y par u, X, Y,

$$Y = Xu - \frac{X^2(1+u^2)}{4h},$$

d'où l'on tire

$$u = \frac{2h}{X} \pm \frac{1}{X}\sqrt{4h^2 - 4hY - X^2}.$$

Donc si l'on a

$$4h^2 - 4hY - X^2 > 0,$$

on aura deux valeurs réelles de u, toutes deux positives dans le cas où X est > 0, et par conséquent le projectile pourra être lancé dans deux directions différentes pour atteindre le point M. Si l'on a

$$4h^2 - 4hY - X^2 = 0,$$

il n'existe plus qu'une seule direction donnée par la formule

$$\tang\alpha = \frac{2h}{X},$$

et enfin le problème est impossible quand on a

$$4h^2 - 4hY - X^2 < 0$$

246. La courbe dont l'équation est

$$4h^2 - 4hy - x^2 = 0$$

ou

$$x^2 = 4h(h-y)$$

est une parabole L'HL (*fig.* 81, n° 239), dont l'axe est dirigé suivant Ay, et dont le sommet H est situé à la hauteur AH $= h$. Les résultats précédents peuvent s'énoncer ainsi : Quand le point que l'on veut atteindre est dans l'intérieur de cette parabole, le mobile peut être lancé suivant deux directions différentes; il n'y a plus qu'une seule direction convenable, si le point est sur la parabole même; enfin quand ce point est hors de la courbe, le problème n'est plus possible.

247. Si, laissant l'intensité de la vitesse initiale constante, on fait varier sa direction, on obtiendra une infinité de paraboles ACB, AC'B', ... Toutes ces paraboles ont pour directrice commune l'horizontale HL menée à la hauteur $AH = h$. En effet, soit

Fig. 82.

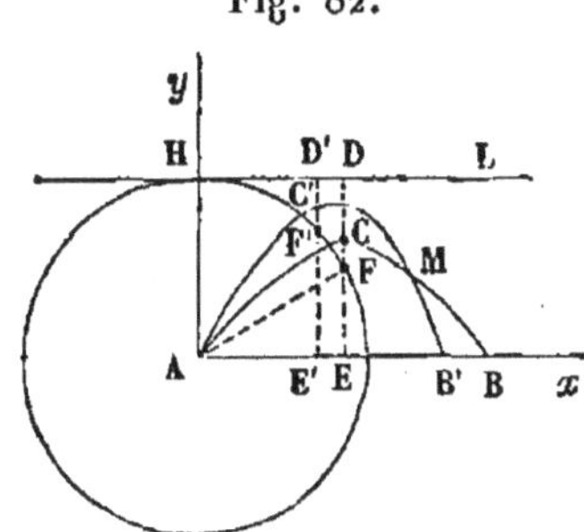

$$y = x \operatorname{tang} \alpha - \frac{x^2}{4h \cos^2 \alpha}$$

l'une des paraboles ACB dont C est le sommet : on a

$$CE = h \sin^2 \alpha,$$

et $4h \cos^2 \alpha$ étant le paramètre, $h \cos^2 \alpha$ est la distance du sommet à la directrice, et par suite $h \sin^2 \alpha + h \cos^2 \alpha = h$ est la distance de la directrice, qui est horizontale, à l'axe Ax.

HL étant la directrice de l'une quelconque des paraboles, si F en est le foyer, on a $AF = AH$. Donc les foyers de toutes les paraboles sont sur une circonférence décrite du point A comme centre avec $AH = h$ pour rayon. On trouvera facilement que les sommets C et C' sont sur une ellipse.

248. Représentons par

$$f(x, y, u) = 0$$

l'équation

$$y - xu + \frac{x^2(1 + u^2)}{4h} = 0$$

de l'une quelconque des paraboles. Une autre de ces courbes aura pour équation

$$f(x, y, u + \Delta u) = 0.$$

Si M (x, y) est un point commun à ces deux courbes, on aura donc à la fois

$$f(x, y, u) = 0,$$
$$f(x, y, u + \Delta u) = 0,$$

d'où l'on déduit

$$\frac{f(x, y, u + \Delta u) - f(x, y, u)}{\Delta u} = 0.$$

Si maintenant on suppose $\Delta u = 0$, on a, pour déterminer le point d'intersection de deux paraboles infiniment voisines, les équations

$$f(x, y, u) = 0, \quad \frac{df}{du} = 0$$

ou

$$y = xu - \frac{x^2(1 + u^2)}{4h},$$
$$u = \frac{2h}{x}.$$

L'élimination de u entre ces deux équations donnera

$$4h(h - y) - x^2 = 0$$

pour l'équation du lieu des points M, c'est-à-dire pour l'enveloppe de toutes les paraboles.

Or cette équation est précisément celle que nous avons trouvée pour la parabole HLM, lieu des points que le projectile ne peut atteindre que dans une seule direction. Ce résultat pouvait être prévu, car l'équation $\frac{df}{du} = 0$ exprime que pour un système quelconque de valeurs attribuées à x et y, u considérée comme inconnue a deux valeurs égales.

VINGTIÈME LEÇON.

DES COMPOSANTES DE LA FORCE MOTRICE.

Décomposition de la force motrice en force tangentielle et force centripète. — Cas d'un point assujetti à décrire une courbe donnée. — Force centrifuge. — Cas d'un point assujetti à demeurer sur une surface donnée. — Méthode d'Huyghens. — Application au mouvement de rotation de la terre.

DÉCOMPOSITION DE LA FORCE MOTRICE EN FORCE TANGENTIELLE ET FORCE CENTRIPÈTE.

249. Soit M un point entièrement libre dans l'espace et sollicité par plusieurs forces dont la résultante est P.

Fig. 83.

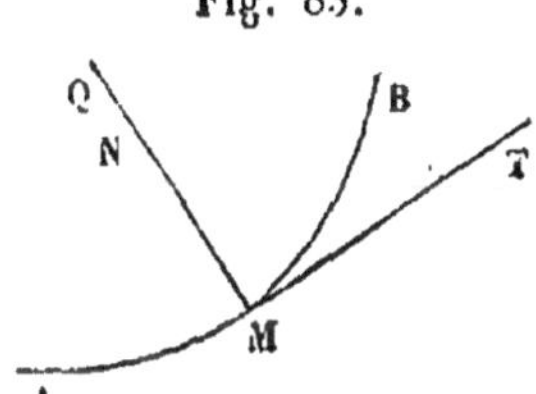

On sait que si X désigne la composante de cette force parallèle à l'axe des x, on a

$$(1) \qquad X = m\frac{d^2x}{dt^2};$$

mais si α est l'angle que la tangente à la trajectoire fait avec l'axe des x, et v la vitesse, on a

$$\frac{dx}{dt} = v\cos\alpha,$$

d'où

$$\frac{d^2x}{dt^2} = \frac{d(v\cos\alpha)}{dt} = \frac{dv}{dt}\cos\alpha + v\frac{d\cos\alpha}{dt}.$$

or

$$\frac{d\cos\alpha}{dt} = \frac{d\frac{dx}{ds}}{dt} = v\frac{d\frac{dx}{ds}}{ds} = \frac{v}{\rho}\cos\lambda,$$

λ étant l'angle que fait avec l'axe des x la droite qui va du point M au centre du cercle osculateur à la courbe en ce point, et ρ le rayon du cercle osculateur : donc

$$(2) \qquad X = m\frac{dv}{dt}\cos\alpha + \frac{mv^2}{\rho}\cos\lambda.$$

Cette équation exprime que la projection de la force P sur un axe quelconque est égale à la somme des projections sur cet axe : 1° d'une force $m\frac{dv}{dt}$, dirigée suivant la tangente à la courbe; 2° d'une force $\frac{mv^2}{\rho}$, dirigée suivant la normale qui passe par le centre de courbure. Donc P est la résultante de ces deux dernières forces.

Ainsi, dans le mouvement d'un point en ligne courbe, la force motrice P se décompose à chaque instant en deux forces : l'une, dirigée suivant la tangente, est nommée la *force tangentielle*; l'autre, dirigée suivant le rayon de courbure, se nomme la *force centripète*. En désignant la première par T, la deuxième par Q, on aura donc

$$(3) \qquad T = \frac{mdv}{dt}, \quad Q = \frac{mv^2}{\rho}.$$

C'est cette dernière force qui produit la courbure de la trajectoire en écartant le mobile de la tangente.

Il résulte de là que le plan qui passe par la force motrice et par la tangente est le plan osculateur au point M, puisqu'il renferme le centre de courbure.

250. Quand le point matériel est sollicité par plusieurs forces dont P est la résultante, on peut décomposer chacune des premières forces en deux autres dirigées l'une suivant la tangente et l'autre perpendiculairement à cette tangente, et par conséquent dans le plan normal à la courbe. Les forces tangentielles se composeront en une seule T, égale à leur somme algébrique, et les forces normales se composeront aussi en une seule Q, nécessairement dirigée suivant le centre de courbure. Il résulte de

là que si une des forces appliquées au point M est normale à la trajectoire, elle ne donnera pas de composante suivant la tangente et n'entrera pas dans la valeur de $m\frac{dv}{dt}$: en d'autres termes, elle n'influera pas sur l'accélération du mobile. De même une force dirigée suivant la tangente à la trajectoire n'aura aucune influence sur la valeur de $\frac{mv^2}{\rho}$, et par suite ne tendra pas à changer la direction du mobile.

POINT ASSUJETTI A SE MOUVOIR SUR UNE COURBE DONNÉE. FORCE CENTRIFUGE.

231. Supposons en premier lieu qu'un point M (*fig.* 83, p. 180), qui n'est actuellement sollicité par aucune force et qui ne se meut qu'en vertu de sa vitesse acquise, soit assujetti à demeurer sur la courbe AMB. Son mouvement doit être celui d'un point libre sollicité par une certaine force N qui représente la résistance de la courbe, action égale et contraire à celle qu'exerce le mobile sur la courbe. En supposant qu'il n'y ait pas de frottement, cette résistance est normale à la courbe, et par conséquent elle n'a pas de composante tangentielle. Donc on a

$$m\frac{dv}{dt} = 0, \quad \text{d'où} \quad v = a,$$

a étant la vitesse initiale. Ainsi la vitesse est constante, et comme de l'équation v ou $\frac{ds}{dt} = a$ on déduit $s = at$, le mobile parcourt sur la trajectoire des espaces égaux en temps égaux. La force normale N doit alors être dirigée suivant le rayon de courbure MK, et l'on a

$$\frac{mv^2}{\rho} = \text{N}.$$

La pression exercée par le mobile M sur la courbe ou

sur le lien qui l'oblige à parcourir cette courbe est égale et contraire à la résistance N de la courbe et par conséquent son expression est $\frac{mv^2}{\rho}$. Cette force, égale et contraire à la force centripète, est ce qu'on appelle la *force centrifuge.*

252. Supposons en second lieu que le point M soit sollicité par une certaine force motrice P. On peut faire abstraction de la courbe, si l'on joint à la force P une certaine force N, normale à la courbe, force égale et contraire à la pression que le point M exerce sur elle. Décomposons la force P en deux autres T et Q, la première dirigée suivant la tangente, et la seconde située dans le plan normal de la courbe. Soit F la résultante des deux forces Q et N, situées toutes les deux dans le plan normal. La force F agira suivant le rayon de courbure (251), et l'on aura

Fig. 84.

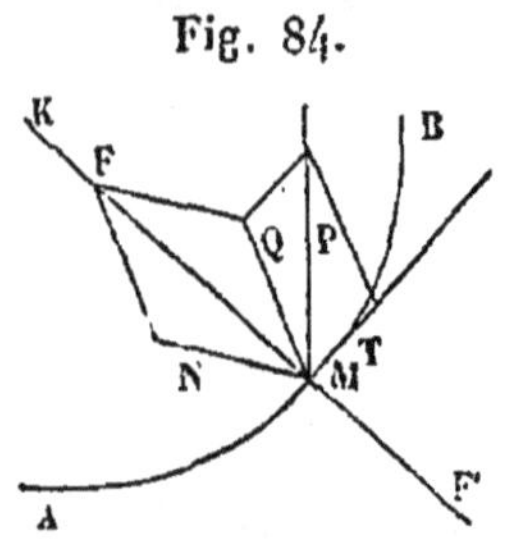

$$m\frac{dv}{dt} = T, \quad \frac{mv^2}{\rho} = F.$$

La force F, dirigée suivant le rayon du cercle osculateur et qui agit à chaque instant pour empêcher le mobile de s'écarter de la courbe suivant la tangente, est la *force centripète*. Une force F', égale et contraire à la force F, qui la détruit à chaque instant, est appelée la *force centrifuge*. La force N étant égale et contraire à la pression exercée à chaque instant par le mobile sur la courbe, cette pression s'obtiendra en cherchant la résultante des deux forces Q et F' qui font équilibre à la force N. On aura

$$F : Q = \sin QMN : \sin FMN,$$

ce qui donne la position de MN.

253. Dans le cas général, la force centrifuge en chaque

point est proportionnelle au carré de la vitesse du mobile et en raison inverse du rayon de courbure de la courbe en ce point.

Si la force motrice était normale à la courbe, on aurait

$$T = 0, \quad \text{ou} \quad m\frac{dv}{dt} = 0;$$

par suite

$$v = \text{constante}:$$

le mouvement serait uniforme.

Si la force motrice était dirigée suivant la tangente à la courbe, on aurait $Q = 0$. Alors la force N se confondrait en grandeur et en direction avec la force centripète F, et la pression exercée sur la courbe par le mobile avec la force centrifuge F'.

MOUVEMENT D'UN POINT SUR UNE SURFACE.

254. Supposons que le mobile soit assujetti à rester sur une surface donnée, et soit AMB (*fig.* 84, p. 183) la courbe qu'il y décrit. On peut faire abstraction de la surface, pourvu que l'on joigne à la force motrice P du mobile, à l'instant considéré, une force N, nécessairement normale à la surface, égale et contraire à la pression que le mobile exerce sur elle. Décomposons encore la force P en deux autres T et Q, l'une tangente et l'autre normale à la trajectoire AMB. Les deux forces Q et N normales à la trajectoire se composent en une seule F dirigée suivant le rayon du cercle osculateur de la trajectoire au point M, et l'on a

$$m\frac{dv}{dt} = T, \quad \frac{mv^2}{\rho} = F;$$

on aura aussi

$$F : Q = \sin QMN : \sin FMN,$$

ce qui détermine la position de MF ou du plan osculateur quand on connaît v, ρ, Q et l'angle QMN.

On aura encore dans ce cas la pression exercée par le point mobile sur la surface, en cherchant la résultante égale et contraire à N, de la force Q et d'une force F', égale et contraire à F.

255. Si la force motrice était nulle, on aurait

$$\frac{mdv}{dt} = 0, \quad \text{d'où} \quad v = \text{constante},$$

et N serait à la fois la mesure de la force centripète et de la force centrifuge.

Si la force P était dirigée suivant la tangente à la trajectoire, on aurait

$$Q = 0, \quad \frac{mdv}{dt} = P.$$

La résistance de la surface serait la force centripète. Dans ce cas, MN se confondant avec MF, le plan osculateur PMF contient la normale N à la surface. Alors la courbe que décrit le mobile est telle, que tous ses plans osculateurs sont normaux à la surface. Cette propriété appartient, comme on sait, à la ligne la plus courte tracée sur la surface entre deux points. On peut donc dire que dans ce cas la trajectoire est la ligne la plus courte que l'on puisse tracer sur la surface entre deux quelconques de ses points.

AUTRE MANIÈRE D'OBTENIR LES RÉSULTATS PRÉCÉDENTS.

256. Huyghens trouve à peu près de la manière suivante les composantes de la force motrice. Le mobile arrivant au point M de sa trajectoire, au bout du temps t, décomposons la force motrice P en deux forces T et Q : l'une dirigée suivant la tangente MT, et l'autre perpendiculaire à cette tangente. Dans le temps infiniment petit

Fig. 85.

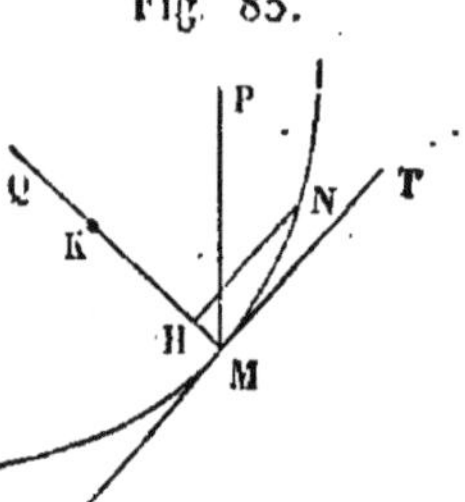

dt, le mobile parcourt l'arc $MN = ds$. Si l'on considère la force motrice P comme constante en grandeur et en direction pendant le temps infiniment petit dt, l'élément MN ou ds peut être considéré comme situé dans le plan PMT qui passe par la tangente MT au point M et par la direction de la force P. C'est donc le plan osculateur de la trajectoire, et la direction de la force Q passe par le centre de courbure K. Pendant que le mobile parcourt l'arc MN, sa projection sur la droite MK parcourt l'espace MH, projection de MN, en se mouvant comme un point de même masse qui, n'ayant pas de vitesse initiale suivant MG, serait sollicité par la composante de la force P parallèle à MK, composante qui conserve pendant le temps dt la valeur Q qu'elle a au point M. On aura donc

$$(1) \qquad MH = \frac{1}{2}\frac{Q}{m}dt^2.$$

Décrivons dans le plan PMT le cercle osculateur au point M, qui touche la tangente MT en M et passe par le point N infiniment voisin du point M : le carré de la corde MN est égal au diamètre multiplié par la projection MH de MN sur le diamètre MK. On a donc

$$MH = \frac{\overline{MN}^2}{2MK}$$

ou

$$(2) \qquad MH = \frac{ds^2}{2\rho},$$

en substituant l'arc infiniment petit ds à sa corde MN et désignant par ρ le rayon de courbure MK.

En égalant les valeurs (1) et (2) de MH, on aura

$$\frac{1}{2}\frac{Q}{m}dt^2 = \frac{ds^2}{2\rho},$$

d'où

$$(3)\qquad Q = \frac{m\left(\frac{ds}{dt}\right)^2}{\rho} = \frac{mv^2}{\rho}.$$

Pendant que le mobile parcourt l'arc MN, la projection sur la tangente MT se meut comme un point de masse m sollicité par la force constante T; on a donc

$$T = m\,\frac{d(v\cos\alpha)}{dt},$$

α désignant l'angle que la vitesse variable v du mobile sur l'arc MN fait avec MT. En effectuant la différentiation,

$$T = m\frac{dv}{dt}\cos\alpha - mv\sin\alpha\,\frac{d\alpha}{dt}.$$

Mais au point M l'angle α est nul, ce qui donne pour ce point

$$(4)\qquad T = m\,\frac{dv}{dt}$$

Ces considérations s'étendraient au cas d'un point assujetti à se mouvoir sur une courbe ou sur une surface.

REMARQUES SUR LA FORCE CENTRIFUGE.

257. Quand un corps solide tourne uniformément autour d'un axe fixe AB, chaque point M de ce corps possède une force centrifuge particulière F, qui pour l'unité de masse est égale à $\frac{v^2}{\rho}$, v étant la vitesse du point M et ρ le rayon KM du cercle qu'il décrit. En appelant T le temps d'une révolution entière, on a

Fig. 86.

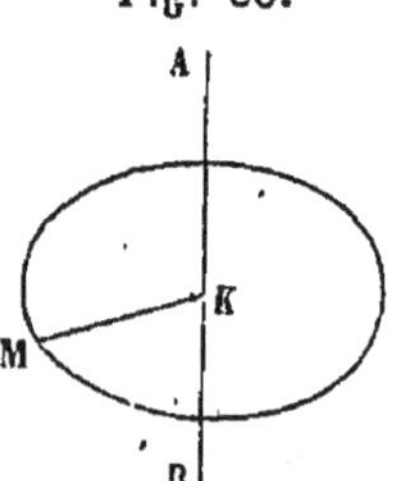

$$v = \frac{2\pi\rho}{T},\quad \text{d'où}\quad F = \frac{4\pi^2\rho}{T^2}.$$

Les forces centrifuges des différents points sont donc proportionnelles à leur distance à l'axe.

238. Ces remarques sont applicables à la terre. Outre son mouvement de translation dans l'espace, elle a un mouvement de rotation autour d'un axe passant par son centre.

Comme la force centrifuge tend à éloigner tous les corps de l'axe de rotation de la terre, elle doit modifier l'intensité de la pesanteur à la surface du globe. Pour apprécier son influence, considérons d'abord un point M situé sur l'équateur. Appelons G l'intensité de l'attraction de la terre sur l'unité de masse au point M, force dirigée suivant MO; F la force centrifuge du point M, rapportée à l'unité de masse, force dirigée suivant MF, prolongement de OM; enfin g le poids apparent de l'unité de masse ou la pression sur l'appui qui soutient la masse m. On aura $g = G - F$. Si l'on appelle ρ le rayon terrestre et T le temps que la terre emploie à faire une révolution, on a (237)

Fig. 87.

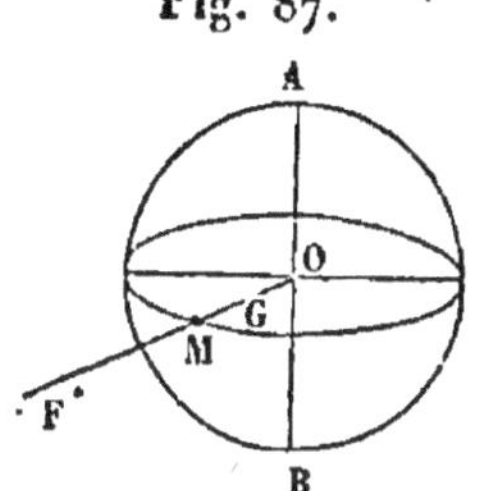

$$F = \frac{4\pi^2\rho}{T^2}:$$

donc on aura

$$g = G - \frac{4\pi^2\rho}{T^2}.$$

Pour se faire une idée plus exacte de la diminution que la force centrifuge fait subir au poids du corps, observons que la circonférence d'un grand cercle de la terre est égale à 40 000 000 de mètres. L'observation donne pour g très-sensiblement la même valeur dans les différents lieux de la terre. En prenant la valeur $g = 9^m,80896$, à Paris, on aura à peu près

$$\frac{4\pi^2\rho}{T^2} = \frac{g}{289},$$

d'où

$$g = G - \frac{g}{289}:$$

g diffère donc très-peu de G, et l'on a à peu près

$$g = G\left(1 - \frac{1}{289}\right).$$

Donc la pesanteur à l'équateur est diminuée d'environ sa 289ᵉ partie. D'ailleurs la formule $F = \frac{4\pi^2\rho}{T^2}$ fait voir que si le mouvement de rotation devenait 17 fois plus rapide, la force F deviendrait 17^2 ou 289 fois plus grande, et alors la pesanteur serait à peu près nulle à l'équateur.

239. Supposons maintenant le point M placé sur un certain parallèle dont le rayon $MK = r$. Soient $\lambda = MOC$ la latitude du point M, G l'intensité de la pesanteur en ce point, f l'intensité, rapportée à l'unité de masse, de la force centrifuge dirigée suivant Mf. On a

Fig. 88.

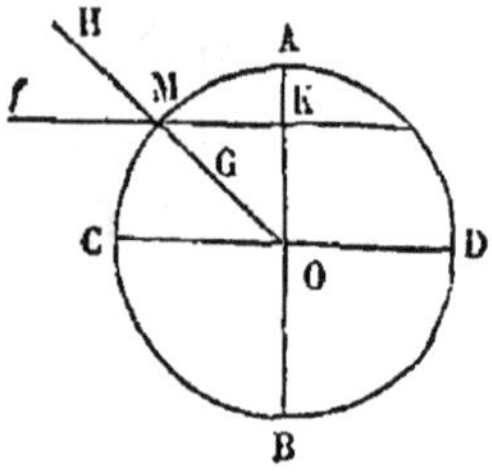

$$g = G - f\cos\lambda;$$

d'ailleurs

$$f = \frac{4\pi^2 r}{T^2},$$

et à cause de $r = \rho\cos\lambda$,

$$f = \frac{4\pi^2\rho\cos\lambda}{T^2};$$

donc

$$f\cos\lambda = \frac{4\pi^2\rho\cos^2\lambda}{T^2} = \frac{G}{289}\cos^2\lambda,$$

à peu près; donc enfin

$$g = G\left(1 - \frac{\cos^2\lambda}{289}\right).$$

A l'équateur $\cos\lambda = 1$, $g = G\left(1 - \frac{1}{289}\right)$; au pôle $\cos\lambda = 0$, $g = G$.

L'attraction de la terre sur l'unité de masse des corps placés à sa surface doit encore subir une correction qui est due à ce que la terre n'est pas parfaitement sphérique et homogène. En tenant compte de sa forme réelle, on trouve que g est donné par la formule

$$g = G\left(1 - \frac{\cos^2\lambda}{200}\right).$$

VINGT ET UNIÈME LEÇON.

DES FORCES VIVES ET DU TRAVAIL DANS LE MOUVEMENT D'UN POINT MATÉRIEL.

Différentielle de la force vive. — Formes diverses de $X\,dx + Y\,dy + Z\,dz$. — Définition du travail. — Relation entre le travail et la force vive. — Conséquences du principe des forces vives. — Cas où il y a frottement ou résistance d'un milieu. — Cas où le mobile est sollicité par des forces dirigées vers des centres fixes.

DIFFÉRENTIELLE DE LA FORCE VIVE.

260. P désignant la force motrice qui sollicite un mobile M et X, Y, Z ses composantes, on a

$$(1)\qquad m\frac{d^2x}{dt^2} = X,\quad m\frac{d^2y}{dt^2} = Y,\quad m\frac{d^2z}{dt^2} = Z.$$

On tire de ces trois équations

$$m\left(\frac{2\,dx\,d^2x + 2\,dy\,d^2y + 2\,dz\,d^2z}{dt^2}\right) = 2(X\,dx + Y\,dy + Z\,dz).$$

Mais la quantité entre parenthèses dans le premier membre est égale à $d.v^2$; on a donc

$$(2)\qquad d.mv^2 = 2(X\,dx + Y\,dy + Z\,dz).$$

261. Cette équation subsiste, lorsque le point mobile est assujetti à rester sur une courbe ou sur une surface donnée. En effet, si N est la force qui représente la résistance de la courbe ou de la surface, on a

$$(3)\qquad \begin{cases} m\dfrac{d^2x}{dt^2} = X + N\cos\lambda, \\ m\dfrac{d^2y}{dt^2} = Y + N\cos\mu, \\ m\dfrac{d^2z}{dt^2} = Z + N\cos\nu, \end{cases}$$

λ, μ, ν étant les angles que la normale suivant laquelle la force N est dirigée fait avec les axes. On tire de ces équations

$$dmv^2 = 2(X\,dx + Y\,dy + Z\,dz) \\ + 2N(\cos\lambda\,dx + \cos\mu\,dy + \cos\nu\,dz);$$

mais puisque N est normale à la trajectoire, la dernière parenthèse est nulle. Cette équation se réduit donc à l'équation (2).

262. La quantité mv^2, ou le produit de la masse d'un mobile par le carré de sa vitesse, est ce qu'on appelle la *force vive* du mobile. On a dans tous les cas

$$(4) \qquad d\,\frac{1}{2}\,mv^2 = X\,dx + Y\,dy + Z\,dz,$$

X, Y, Z étant les composantes de la force motrice.

AUTRES FORMES DE $X\,dx + Y\,dy + Z\,dz$.

263. Soit ω l'angle PMT que la force motrice P fait avec la tangente. On

Fig. 89.

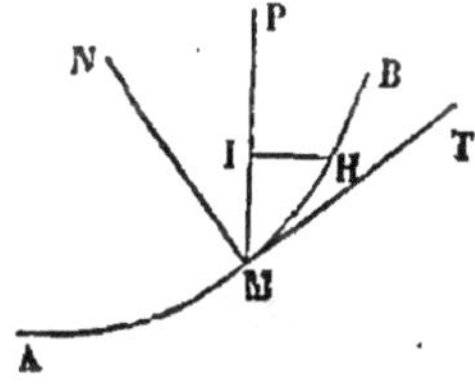

$$\cos\omega = \frac{X}{P}\frac{dx}{ds} + \frac{Y}{P}\frac{dy}{ds} + \frac{Z}{P}\frac{dz}{ds},$$

d'où l'on tire

$$(1) \qquad X\,dx + Y\,dy + Z\,dz = P\cos\omega\,ds.$$

Si l'on décompose la force P en une force tangentielle T et une force normale Q, on a $T = P\cos\omega$. Donc

$$(2) \qquad X\,dx + Y\,dy + Z\,dz = T\,ds.$$

Enfin, si l'on appelle dp la projection MI de l'arc $MH = ds$ sur la direction de la force motrice, on a

$$\cos\omega\,ds = dp,$$

et par suite

$$(3) \qquad X\,dx + Y\,dy + Z\,dz = P\,dp.$$

Ainsi l'expression $X\,dx + Y\,dy + Z\,dz$ est égale : 1° au produit de la force motrice P multipliée par l'élément de la trajectoire et par le cosinus de l'angle que cette force fait avec la tangente ; 2° au produit de l'élément de l'arc multiplié par la force motrice estimée suivant la tangente ; 3° au produit de cette force motrice multipliée par la projection de l'élément de l'arc sur sa direction.

DÉFINITION DU TRAVAIL.

264. Le produit $T\,ds$ que l'on obtient en multipliant la composante tangentielle de la force P par l'élément de l'arc parcouru dans l'instant dt se nomme *travail élémentaire* ou *élément de travail* de cette force. L'élément de travail est considéré comme positif lorsque la force tangentielle agit dans le sens du mouvement, et comme négatif dans le cas contraire, ou, ce qui revient au même, suivant que l'angle ω est aigu ou obtus. Le signe du travail élémentaire sera donné par l'expression $P \cos\omega\, ds$, en considérant P et ds comme positifs.

Si l'on considère $P \cos\omega\, ds$ comme le produit de P par $\cos\omega\, ds$, on peut dire encore que le travail élémentaire est égal au produit de la force par la projection de l'élément du chemin parcouru sur la direction de cette force.

265. Dans tous les cas, la projection d'une résultante sur une droite étant égale à la somme des projections de ses composantes, on voit que le travail élémentaire de la résultante de plusieurs forces est égal à la somme algébrique des travaux élémentaires de ces dernières forces.

266. On nomme *travail total* d'une force P pour un chemin déterminé AB l'intégrale $\int T\,ds$, prise entre les limites qui correspondent aux extrémités de l'arc parcouru. Les forces normales à la trajectoire n'ayant aucune influence sur la composante tangentielle, n'influent pas sur le travail total.

Pour donner un exemple de travail total, considérons un poids P descendant sous l'action de la pesanteur, soit librement, soit en demeurant sur une courbe quelconque : on aura $P\,ds.\cos\omega = P\,dz$, en appelant dz la projection de l'arc ds sur la verticale. Le travail total sera $\int P\,dz$ ou Pz, lorsque le mobile sera descendu de la hauteur verticale z. Ce travail serait $-Pz$ si le mobile montait de la hauteur z.

RELATION ENTRE LE TRAVAIL ET LA FORCE VIVE.

267. Si dans l'équation (2) du n° 260 on remplace $X\,dx + Y\,dy + Z\,dz$ par $T\,ds$, on aura

$$d\,mv^2 = 2T\,ds, \tag{1}$$

d'où

$$mv^2 = C + 2\int_{s_0}^{s_1} T\,ds. \tag{2}$$

Si k est la vitesse lorsque $s = s_0$, on aura $C = mk^2$, et par suite

$$(mv^2 - mk^2) = 2\int_{s_0}^{s_1} T\,ds. \tag{3}$$

Ainsi l'accroissement de force vive du mobile, lorsqu'il passe d'une position à une autre, est égal au double du travail de la force motrice.

268. Si la force P est la résultante de plusieurs forces P_1, P_2, ... dont les composantes tangentielles sont T_1, T_2, T_3, ..., on aura

$$T = T_1 + T_2 + T_3 + \ldots,$$

d'où

$$\int T\,ds = \int T_1\,ds + \int T_2\,ds + \ldots.$$

On aura donc

$$(1) \qquad mv^2 - mk^2 = 2\left(\int T_1\,ds + \int T_2\,ds + \ldots\right).$$

Donc, si l'on appelle *forces mouvantes* celles qui font un angle aigu avec la tangente, et *forces résistantes* celles qui font un angle obtus et dont l'effet est de retenir le mobile dans son mouvement sur la courbe, on pourra dire que :

L'accroissement de force vive d'un mobile, lorsqu'il passe d'une position à une autre, est égal au double de l'excès du travail des forces mouvantes sur le travail des forces résistantes.

Ce principe est ce que l'on nomme le *principe des forces vives* ou de la transmission du travail, pour le cas d'un simple point matériel. Nous l'étendrons plus tard au cas d'un nombre quelconque de points.

CONSÉQUENCES DU PRINCIPE DES FORCES VIVES.

269. Quand le mobile n'est sollicité par aucune force ou qu'il l'est seulement par des forces toujours normales à la trajectoire, on a $T = 0$, et par suite $v = k$. Ainsi le mouvement est uniforme, ce qu'on a déjà trouvé par une autre méthode.

270. Supposons que $X\,dx + Y\,dy + Z\,dz$ soit la différentielle exacte d'une fonction $f(x, y, z)$ de trois coordonnées x, y, z considérées comme des variables indépendantes, ce qui exige que l'on ait

$$(1) \qquad X = \frac{df}{dx}, \quad Y = \frac{df}{dy}, \quad Z = \frac{df}{dz}.$$

Il résulte des lois de la différentiation que x, y, z étant regardées comme des fonctions quelconques du temps, on aura

$$X\,dx + Y\,dy + Z\,dz = T\,ds = d\,f(x, y, z).$$

Par conséquent, l'équation des forces vives se réduira à

$$mv^2 = C + 2f(x, y, z);$$

et si l'on désigne par a, b, c les coordonnées du mobile, lorsque $v = k$, on aura

$$(2) \qquad mv^2 - mk^2 = 2f(x, y, z) - 2f(a, b, c).$$

Il résulte de là que l'accroissement de force vive, lorsque le mobile passe de la position (a, b, c) à la position (x, y, z), ne dépend pas de la trajectoire dans l'intervalle, ni du temps qui s'est écoulé entre les deux positions extrêmes, mais seulement des coordonnées de ces deux positions.

271. Plus généralement, si l'on imagine les deux surfaces

$$(3) \qquad f(x, y, z) = C', \quad f(x, y, z) = C'',$$

et que le mobile rencontre la première au point (a, b, c) avec une vitesse k, et la seconde au point (x, y, z) avec la vitesse v, on aura

$$(4) \qquad mv^2 - mk^2 = 2C' - 2C''.$$

L'accroissement de force vive est donc constant et indépendant de la forme de la trajectoire entre les deux surfaces, des points où cette courbe rencontre ces deux surfaces et du temps qui s'est écoulé.

On trouve un résultat de ce genre dans le mouvement d'un mobile sollicité seulement par la pesanteur. Si l'on prend l'axe des z vertical et dirigé dans le sens de la pesanteur, on aura $X = 0$, $Y = 0$, $Z = mg$, et par conséquent

$$d\,mv^2 = 2mg\,dz.$$

Ici $f(x, y, z) = mgz$: par suite les deux surfaces $f(x, y, z) = C'$, $f(x, y, z) = C''$ seront deux plans horizontaux, et l'accroissement de force vive, quand on passera de l'un à l'autre, sera indépendant de la trajectoire AA' (*fig.* 90).

272. Dans le cas général, l'équation

$$f(x, y, z) = C$$

représentera une infinité de surfaces différentes, passant par les divers points de la trajectoire AMB. Nous allons démontrer que si LMU est l'une de ces surfaces, la force motrice P au point M lui est normale. En effet, la normale à la surface LMU au point M fait avec les axes des angles dont les cosinus sont proportionnels à $\frac{df}{dx}, \frac{df}{dy}, \frac{df}{dz}$; or ces quantités sont elles-mêmes proportionnelles à X, Y, Z, ou aux cosinus des angles que la force P fait avec les axes. Donc la force motrice est normale à la surface LMU.

Fig. 90.

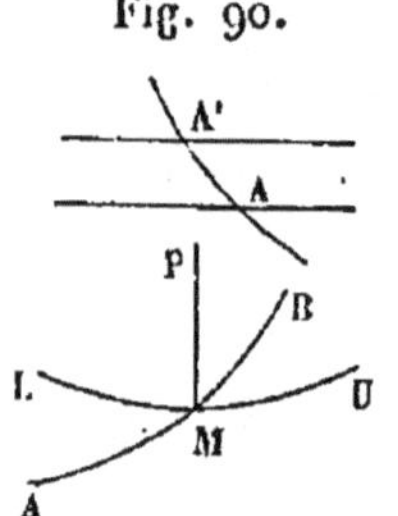

C'est ce que l'on vérifie dans l'exemple précédent où les surfaces analogues à $f(x, y, z) = C$ sont des plans horizontaux perpendiculaires à la force motrice qui agit suivant la verticale.

Si la surface $f(x, y, z) = C$ offrait une résistance indéfinie, et si le point mobile se trouvait placé sur cette surface sans vitesse acquise, il y demeurerait en repos, puisque la force motrice serait normale en ce point à la surface. C'est ce qui arriverait pour un point matériel placé sans vitesse sur un plan horizontal.

CAS OU IL Y A UNE RÉSISTANCE.

273. Quand un mobile éprouve un frottement ou se meut dans un milieu résistant, l'expression $X\,dx + Y\,dy + Z\,dz$ n'est plus une différentielle exacte. En effet, s'il y a frottement, cette force s'exerce suivant la tangente à la

trajectoire et en sens inverse du mouvement du mobile; elle est proportionnelle à la pression normale N du mobile sur la courbe qu'il décrit. Le frottement est donc représenté par $-f\mathrm{N}$, f étant un coefficient constant. Ses composantes seront

$$-f\mathrm{N}\frac{dx}{ds},\quad -f\mathrm{N}\frac{dy}{ds},\quad -f\mathrm{N}\frac{dz}{ds}$$

et l'expression

$$-f\mathrm{N}\left(dx\,\frac{dx}{ds}+dy\,\frac{dy}{ds}+dz\,\frac{dz}{ds}\right)=-f\mathrm{N}\,ds$$

sera la partie de $\mathrm{X}dx+\mathrm{Y}dy+\mathrm{Z}dz$ provenant du frottement. Or la pression N est inconnue au point considéré et ne dépend pas uniquement de l'arc parcouru. On ne peut donc pas dire que $-f\mathrm{N}\,ds$, et par suite que $\mathrm{X}dx+\mathrm{Y}dy+\mathrm{Z}dz$, soit, dans ce cas, la différentielle exacte d'une fonction de x, y, z.

274. Quand le mobile se meut dans un milieu résistant, la résistance de ce milieu est une certaine fonction $f(v)$ de la vitesse, et la partie de cette force qui entre dans $\mathrm{X}dx+\mathrm{Y}dy+\mathrm{Z}dz$ est, par un calcul analogue à celui que nous venons de faire, $-f(v)\,ds$. Or la vitesse v, et par suite $f(v)$, ne dépendent pas des différentielles de x, y, z, et par conséquent $-f(v)\,ds$ n'est pas une différentielle exacte, non plus que $\mathrm{X}dx+\mathrm{Y}dy+\mathrm{Z}dz$.

Dans ce cas, si le point se meut sur une courbe connue, il faudra prendre l'équation

$$m\frac{dv}{dt}=\mathrm{T}\quad\text{ou}\quad m\frac{d^2x}{dt^2}=\mathrm{T},$$

T désignant la composante de la force motrice (y compris les résistances) suivant la tangente. Au moyen des équations de la courbe on pourra exprimer T en fonction de s, et alors la détermination du mouvement sera ramenée à l'intégration d'une équation différentielle du second ordre, tandis que si $\mathrm{X}dx+\mathrm{Y}dy+\mathrm{Z}dz$ était une différentielle exacte, on n'aurait à intégrer qu'une équation différentielle du premier ordre.

CAS OU LE MOBILE EST SOLLICITÉ PAR DES FORCES DIRIGÉES VERS DES CENTRES FIXES.

275. Il est un cas important dans lequel l'expression $X\,dx + Y\,dy + Z\,dz$ est toujours une différentielle exacte, c'est celui où un point matériel est sollicité par des forces dirigées vers des centres fixes et dont les intensités sont des fonctions des distances du mobile à ces différents centres. Supposons qu'une force dirigée vers le centre fixe K (e, f, g) repousse un point M (x, y, z), avec une énergie R, fonction seulement de la distance $MK = r$. Les composantes de la force R étant $R\frac{x-e}{r}$, $R\frac{y-f}{r}$, $R\frac{z-g}{r}$, la partie de $X\,dx + Y\,dy + Z\,dz$ provenant de cette force sera

Fig. 91.

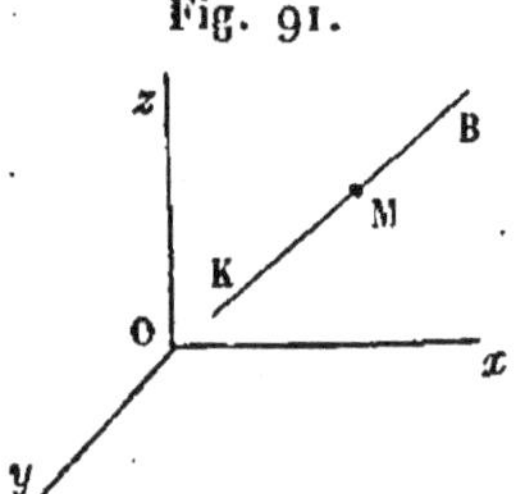

$$\frac{R}{r}[(x-e)\,dx + (y-f)\,dy + (z-g)\,dz]$$

ou $R\,dr$, puisque l'on a

$$r^2 = (x-e)^2 + (y-f)^2 + (z-g)^2,$$
$$r\,dr = (x-e)\,dx + (y-f)\,dy + (z-g)\,dz.$$

Donc R étant une fonction de r, et par conséquent de x, y, z, il en sera de même de $R\,dr$.

Si la force était attractive, le même calcul donnerait $-R\,dr$ pour le terme provenant de cette force dans $X\,dx + Y\,dy + Z\,dz$.

Donc si le mobile est sollicité par un certain nombre de forces R, R′, R″,..., dirigées à chaque instant vers des centres fixes K, K′, K″,..., on aura

$$d\,mv^2 = 2\,(\pm R\,dr \pm R'\,dr'\ldots),$$

et chaque terme du second membre étant une différentielle exacte, il en sera de même de leur somme.

La même conséquence aura lieu si l'un des centres s'éloigne à l'infini, c'est-à-dire si la force correspondante est perpendiculaire à un plan donné et fonction de la distance du point à ce plan.

276. Il est une autre manière de faire voir que la partie de $Xdx + Ydy + Zdz$ provenant de la force R ou la quantité de travail élémentaire de cette force est Rdr. En effet, si le point mobile décrit dans l'instant dt l'espace infiniment petit $MN = ds$, dont la projection sur la direction de la force R soit MH, on aura $MH = dr$, en négligeant un infiniment petit du second ordre. Car si l'on décrit du point K comme centre, avec un rayon égal à KN ou $r + dr$, l'arc NI, on a $MI = dr$, et l'on voit que le rapport de MH à MI ayant pour limite l'unité, la quantité de travail de la force R sera $R \times MH$ ou Rdr en substituant MI à MH.

Fig. 92.

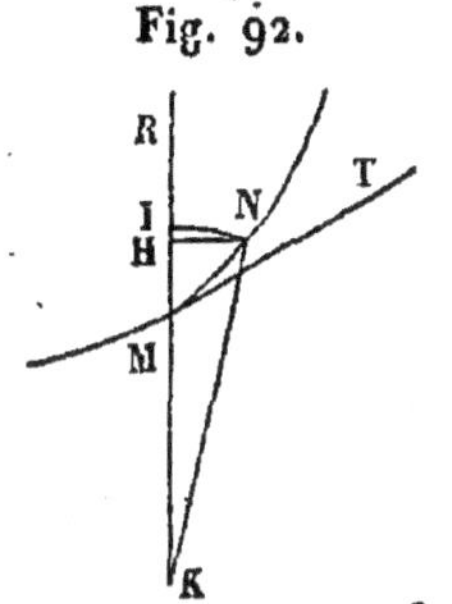

VINGT-DEUXIÈME LEÇON.

MOUVEMENT D'UN POINT PESANT SUR UNE COURBE. PENDULE SIMPLE.

Mouvement d'un point pesant sur une courbe. — Cas où il y a une vitesse initiale. — Pendule. — Équation du mouvement. — Cas où cette équation peut s'intégrer. — Cas des petites oscillations.

MOUVEMENT D'UN POINT PESANT SUR UNE COURBE.

277. Lorsqu'un point pesant se meut sur une courbe donnée AMA', la seule force qui le sollicite est la pesanteur, dont l'intensité constante est désignée par g. Le travail de cette force est mgz, et le principe des forces vives donne immédiatement

Fig. 93.

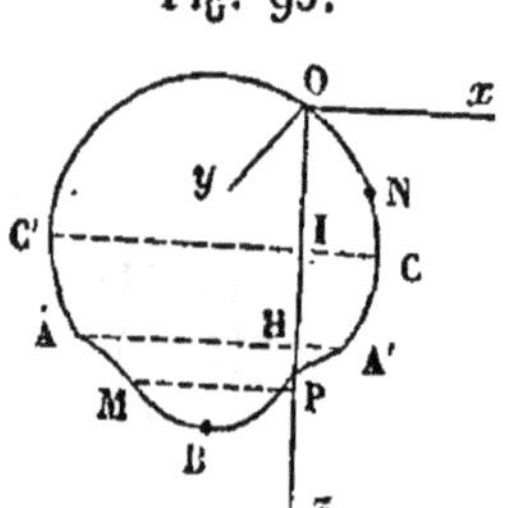

$$v^2 = k^2 + 2g(z - h), \tag{1}$$

en supposant que $v = k$ pour $z = \text{OH} = h$.

Supposons $k = 0$, c'est-à-dire que le mobile parte du point A sans vitesse acquise, l'équation deviendra

$$v^2 = 2g(z - h). \tag{2}$$

Si le mobile est en M, on aura

$$\text{HP} = z - h, \quad v^2 = 2g\,\text{HP}:$$

donc la vitesse acquise par le mobile au point M sera la même que s'il était tombé librement de la hauteur HP.

Si B est le point le plus bas de la courbe, le mobile aura la plus grande vitesse en ce point. Parvenu là, il continuera sa route en vertu de la vitesse acquise, et s'élevant sur la partie BC avec un vitesse décroissante, comme le montre la formule (2), il s'arrêtera au point A', pour lequel $z = h$. Mais aussitôt, sollicité par la pesanteur, il descendra de nouveau sur la courbe pour revenir au point A, et ainsi de suite; c'est-à-dire qu'il parcourra continuellement le même arc ABA', tantôt dans un sens, tantôt dans un autre.

278. Le temps employé par le mobile pour parcourir l'arc AM est le même, soit qu'il descende, soit qu'il monte, car si l'on considère un élément rectiligne ds de cet arc, comme la vitesse du mobile est la même en valeur absolue, quand il est placé à la même hauteur, le temps employé pour parcourir le petit plan incliné ds sera aussi le même, soit que le mobile descende, soit qu'il monte.

CAS OU LE MOBILE A UNE VITESSE INITIALE.

279. Si au point A, pour lequel $z = h$, le mobile a une vitesse k, on a

$$v^2 = k^2 + 2g(z - h). \tag{1}$$

La vitesse du mobile va en croissant avec z et est la plus grande possible au point B. Le mobile se meut ensuite sur l'arc BCO et s'y élève plus haut que le point A'.

Prenons pour origine des coordonnées le point O le plus élevé de la courbe. Nous aurons trois cas à examiner.

Premier cas : $k^2 < 2gh$. — Dans ce cas la vitesse du mobile au point A est moindre que celle qu'il acquerrait en tombant verticalement de la hauteur $OH = h$. Le mobile s'élèvera jusqu'à un point C plus haut que A' et qui sera déterminé par l'équation

$$z = OI = h - \frac{k^2}{2g} = \frac{2gh - k^2}{2g},$$

valeur positive. En ce point C la vitesse sera nulle; le mobile s'arrêtera pour revenir sur l'arc CBC' jusqu'au point C' situé à la même hauteur que C. De C' il reviendra en C, et ainsi de suite; de sorte qu'il fera une infinité d'oscillations isochrones.

Deuxième cas : $k > \sqrt{2gh}$. — La vitesse du mobile ne sera jamais nulle, car on aura

$$v^2 = 2gz + (k^2 - 2gh),$$

équation dont le second membre est composé de deux quantités positives. Le mobile reviendra au point O avec la vitesse $\sqrt{k^2 - 2gh}$, dépassera ce point et parcourra la courbe une infinité de fois, toujours dans le même sens.

Troisième cas : $k = \sqrt{2gh}$. — On aura $z = 0$ pour $v = 0$; le mobile ne s'arrêtera qu'au point O, mais il lui faudra un temps infini pour arriver à ce point. En effet, en désignant par s l'arc ON, on a

$$(2) \qquad \frac{ds}{dt} + \sqrt{2gz} = 0.$$

ν étant l'angle que la normale au point N fait avec la verticale et ρ le rayon de courbure en ce point, on a

$$\frac{d\frac{dz}{ds}}{ds} = \frac{\cos\nu}{\rho}.$$

Soit α une constante, telle que

$$\alpha < \frac{\rho}{\cos\nu},$$

on aura

$$\frac{d\frac{dz}{ds}}{ds} < \frac{1}{\alpha},$$

d'où

$$\frac{dz}{ds} < \frac{s}{\alpha}, \quad z < \frac{s^2}{2\alpha}.$$

Par conséquent l'équation (2) donne l'inégalité

$$\frac{ds}{s} + dt\sqrt{\frac{g}{\alpha}} > 0,$$

d'où, en intégrant,

$$\mathrm{l}s - \mathrm{l}s' + (t - t')\sqrt{\frac{g}{\alpha}} > 0,$$

ou enfin

$$t - t' > \sqrt{\frac{\alpha}{g}}\,\mathrm{l}\frac{s'}{s},$$

d'où l'on conclut que t augmente indéfiniment quand s tend vers zéro.

PENDULE. — ÉQUATION DU MOUVEMENT.

280. On appelle *pendule* un corps solide pesant qui peut osciller autour d'un axe horizontal. Pour simplifier la théorie du pendule, on a considéré le cas idéal d'un point matériel suspendu à l'extrémité d'une tige ou d'un fil inextensible et sans masse et dont l'autre extrémité est fixe. C'est ce qu'on nomme un *pendule simple.*

On voit d'abord que la pesanteur ne peut faire parcourir à ce pendule écarté de la verticale qu'un arc de cercle situé dans un plan vertical.

Plaçons l'origine des coordonnées au point de suspension O : prenons l'axe des z vertical et dirigé dans le sens de la pesanteur. Soit k la vitesse du point matériel alors que la direction du fil fait avec la verticale un angle $AOz = \alpha$. L'équation du mouvement sera

Fig. 94.

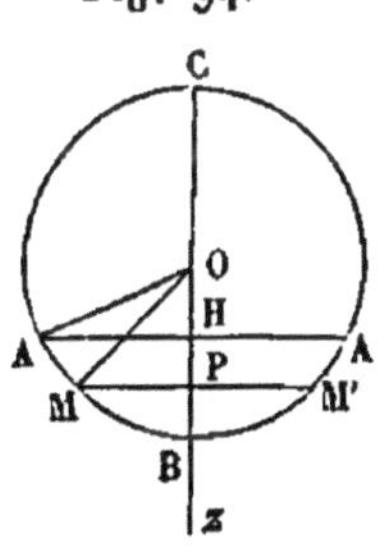

$$(1) \qquad v^2 = k^2 + 2g(z - h),$$

h étant le z du point A, ou bien

$$(2) \qquad \frac{ds}{dt} = \pm\sqrt{k^2 + 2g(z - h)}.$$

Si l'on compte les arcs parcourus sur la courbe à partir du point A, s croît avec t, quand le mobile se meut dans le sens ABA', et il faut alors prendre le signe +. On prendra le signe — dans le cas contraire.

Supposons le mobile arrivé en M. Soient OM $= a$ le rayon du cercle, MOB $= \theta$, on a

$$s = a(\alpha - \theta),$$

et par suite

$$ds = -a\,d\theta;$$

donc

$$-\frac{a\,d\theta}{dt} = \sqrt{k^2 + 2g(z-h)};$$

mais OP $= z = a\cos\theta$, OH $= h = a\cos\alpha$; donc l'équation du mouvement sera

$$(3) \qquad dt = -\frac{a\,d\theta}{\sqrt{k^2 + 2ga(\cos\theta - \cos\alpha)}}.$$

CAS OU L'ÉQUATION PEUT S'INTÉGRER.

281. On peut intégrer l'équation (3) dans le cas où l'on a

$$(1) \qquad k^2 = 2ga(1 + \cos\alpha).$$

Cette égalité a lieu lorsque la vitesse du mobile au point A est celle qu'il acquiert en descendant sans vitesse initiale du point C le plus haut du cercle; car dans cette hypothèse le carré de la vitesse du mobile, parvenu au point A, est $2g$CH. Or

$$\text{CH} = \text{CO} + \text{OH} = a + a\cos\alpha;$$

on a donc alors

$$k^2 = 2ga(1 + \cos\alpha).$$

L'équation (3) se réduit à

$$(2) \qquad dt = -\frac{a\,d\theta}{\sqrt{2ga(1 + \cos\theta)}}.$$

ou

$$dt = \sqrt{\frac{a}{g}} \frac{d\left(\frac{\pi}{2} - \frac{1}{2}\theta\right)}{\sin\left(\frac{\pi}{2} - \frac{1}{2}\theta\right)}.$$

Posons

$$\frac{\pi}{2} - \frac{1}{2}\theta = 2x,$$

d'où

$$dt = \sqrt{\frac{a}{g}} \frac{dx}{\sin x \cos x},$$

et par conséquent

$$dt = \sqrt{\frac{a}{g}}\, d\,\mathrm{l}\,\mathrm{tang}\, x.$$

On aura donc, en intégrant,

$$t = \sqrt{\frac{a}{g}}\,\mathrm{l}\,\mathrm{tang}\, x + \mathrm{C},$$

ou bien

$$t = \sqrt{\frac{a}{g}}\,\mathrm{l}\,\mathrm{tang}\left(\frac{\pi}{4} - \frac{\theta}{4}\right) + \mathrm{C};$$

mais on doit avoir $\theta = \alpha$ pour $t = 0$, ce qui détermine la constante C. On aura donc définitivement

(3) $$t = \sqrt{\frac{a}{g}}\,\mathrm{l}\frac{\mathrm{tang}\left(\frac{\pi}{4} - \frac{\theta}{4}\right)}{\mathrm{tang}\left(\frac{\pi}{4} - \frac{\alpha}{4}\right)}.$$

Telle est la formule qui donne le temps que le mobile emploie à parcourir l'arc AM, dans l'hypothèse où il serait parti du point C, sans vitesse initiale.

Si l'on fait $\theta = 0$, on a

$$t = \sqrt{\frac{a}{g}}\,\mathrm{l}\cot\left(\frac{\pi}{4} - \frac{\alpha}{4}\right);$$

c'est le temps que met le mobile à parcourir l'arc AB.

Si l'on veut avoir le temps que le mobile met à revenir au point C, il faut faire $\theta = -\pi$, ce qui donne $t = \infty$. Ainsi il faut un temps infini au mobile pour remonter jusqu'au point C.

CAS DES PETITES OSCILLATIONS.

282. Comme la formule

$$(1) \qquad dt = \frac{-a\,d\theta}{\sqrt{k^2 + 2ga(\cos\theta - \cos\alpha)}}$$

n'est pas intégrable dans tous les cas, il est nécessaire de restreindre un peu la généralité du problème en cherchant seulement la loi du mouvement quand le pendule effectue de très-petites oscillations de part et d'autre de la verticale Oz. En premier lieu on ne diminuera pas la généralité du problème en supposant nulle la vitesse du mobile au point A; car si elle n'était pas nulle en ce point, il suffirait d'augmenter l'angle α d'une certaine quantité pour avoir le point où cette vitesse est nulle, et c'est ce point que l'on prendrait pour le point A. Si donc on fait $k = 0$, la formule (1) se réduira à

$$(2) \qquad dt = -\sqrt{\frac{a}{g}}\,\frac{d\theta}{\sqrt{2\cos\theta - 2\cos\alpha}}.$$

Remplaçons maintenant $\cos\theta$ et $\cos\alpha$ par leurs développements en séries, et comme les angles α et θ sont très-petits, négligeons les puissances de ces quantités à partir de la quatrième. Il vient alors

$$\cos\theta = 1 - \frac{\theta^2}{2}, \quad \cos\alpha = 1 - \frac{\alpha^2}{2},$$

d'où

$$2\cos\theta - 2\cos\alpha = \alpha^2 - \theta^2$$

et

$$dt = -\sqrt{\frac{a}{g}}\,\frac{d\theta}{\sqrt{\alpha^2 - \theta^2}},$$

d'où, en intégrant,

$$t = \sqrt{\frac{a}{g}} \operatorname{arc} \cos \frac{\theta}{\alpha}. \tag{3}$$

Nous n'ajoutons pas de constante, parce qu'on doit avoir $\theta = \alpha$ pour $t = 0$.

La formule (3) donne

$$\theta = \alpha \cos\left(t \sqrt{\frac{g}{a}}\right), \tag{4}$$

expression de l'arc décrit pendant le temps t.

283. Pour avoir la durée T de la première oscillation (et l'on sait déjà que les oscillations sont isochrones, quelle que soit leur amplitude), il faut faire dans l'équation (3) $\theta = -\alpha$, d'où il résulte

$$\mathrm{T} = \sqrt{\frac{a}{g}} \operatorname{arc} \cos(-1).$$

Lorsque nous avons supposé que l'équation (3) donnait simultanément $t = 0$, $\theta = \alpha$, nous avons admis tacitement que nous choisissions o pour l'arc dont le cosinus est l'unité. Or, pendant la première oscillation, quand l'angle θ varie d'une manière continue de $\theta = \alpha$ à $\theta = -\alpha$, le temps t croît d'une manière continue, ce qui exige que $\operatorname{arc} \cos \frac{\theta}{\alpha}$ croisse aussi d'une manière continue; mais au départ cet arc est o : donc, à la fin de l'oscillation, on ne peut le prendre égal à 3π, à 5π, ..., arcs qui ont tous -1 pour cosinus, mais à π. On a par conséquent

$$\mathrm{T} = \pi \sqrt{\frac{a}{g}}. \tag{5}$$

Ce résultat fait voir que le temps de l'oscillation ne dépend pas de α, et par conséquent que la durée d'une oscillation est indépendante de son amplitude, pourvu que celle-ci soit très-petite.

Le temps d'une demi-oscillation se trouve en faisant $\theta = 0$ dans la formule (3), on obtient $\frac{\pi}{2}\sqrt{\frac{a}{g}}$ ou $\frac{1}{2}$ T, résultat facile à prévoir.

284. Les résultats précédents s'étendent aux oscillations d'un point pesant, écarté très-peu de la verticale et assujetti à se mouvoir sur une courbe dont le plan osculateur au point le plus bas B est vertical. En effet, le cercle osculateur au point B se confondant avec la courbe, dans une étendue très-petite, le mouvement aura lieu, de part et d'autre du point B, comme sur le cercle osculateur de la courbe en ce point. Dès lors la durée commune de chaque oscillation sera $\pi\sqrt{\frac{\rho}{g}}$, ρ étant le rayon du cercle osculateur au point B.

Fig. 95.

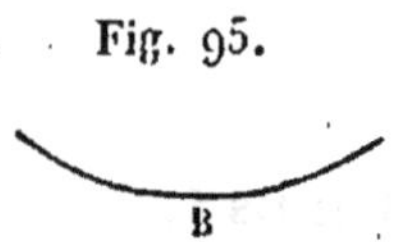

285. Si le plan osculateur de la courbe au point B le plus bas faisait un angle i avec le plan horizontal ZV, il faudrait décomposer le poids P en deux forces, l'une normale au plan ZU et qui serait détruite par la résistance de ce plan, l'autre $Q = g \sin i$, située dans ce plan et qui seule ferait mouvoir le mobile, force d'ailleurs constante en grandeur et en direction. On aura donc le temps d'une oscillation en substituant, dans la formule $T = \pi\sqrt{\frac{a}{g}}$, ρ à a et $g \sin i$ à g, ce qui donne

Fig. 96.

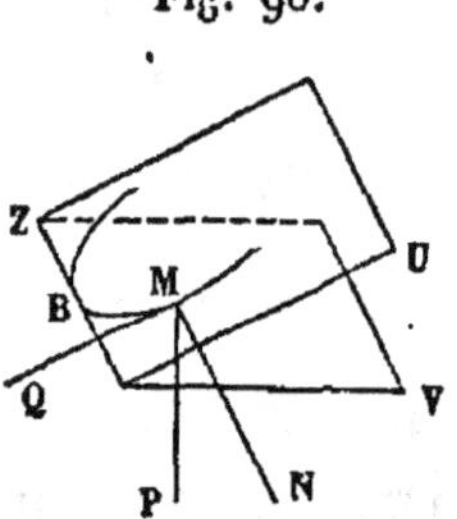

$$T = \pi\sqrt{\frac{a}{g \sin i}}.$$

286. Il est difficile dans la pratique d'apprécier la

durée exacte d'une seule oscillation; alors on compte le nombre n des oscillations pendant un temps τ, et l'on a

$$T = \frac{\tau}{n} = \pi\sqrt{\frac{a}{g}}.$$

On en tire

$$g = \frac{n^2\pi^2 a}{\tau^2}.$$

C'est par cette formule que l'on trouve l'intensité de la pesanteur en différents lieux de la terre.

287. La formule (4)

Fig. 97.

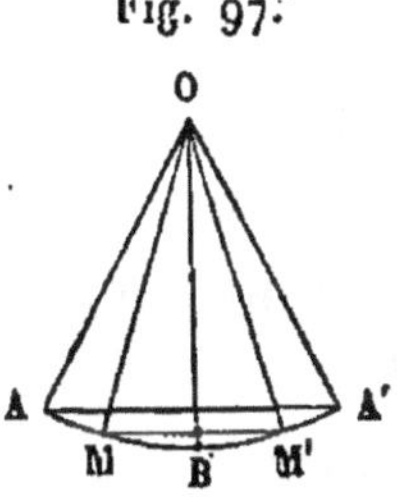

$$\theta = \alpha\cos\left(t\sqrt{\frac{g}{a}}\right),$$

devient, à cause de $T = \pi\sqrt{\frac{a}{g}}$,

$$\theta = \alpha\cos\pi\frac{t}{T},$$

d'où

$$\frac{d\theta}{dt} = -\frac{\pi\alpha}{T}\sin\pi\frac{t}{T}.$$

On conclut de là :

1° Que θ et $\frac{d\theta}{dt}$ restent les mêmes lorsqu'on augmente t de $2T$, c'est-à-dire que la position du mobile et sa vitesse redeviennent les mêmes après la durée d'une double oscillation;

2° Que si l'on augmente t de T, θ et $\frac{d\theta}{dt}$ changent de signe en conservant leur valeur absolue. Ainsi, à des intervalles de temps qui diffèrent d'une oscillation, le pendule fait des angles égaux avec OB, mais de côtés différents, et ses vitesses, dans ces positions, sont égales et de signes contraires.

VINGT-TROISIÈME LEÇON.

SUITE DE LA MÉTHODE DU PENDULE SIMPLE.

Autre méthode. — Développement en série de la durée d'une oscillation. Pendule cycloïdal. — Tautochrone dans le vide. — Pendule simple dans un milieu resistant.

AUTRE MÉTHODE.

288. Nous allons donner la théorie du pendule par une méthode qui pourra s'appliquer au cas où cet appareil est sollicité par une force quelconque ou lorsqu'il éprouve la résistance d'un milieu.

Fig. 98.

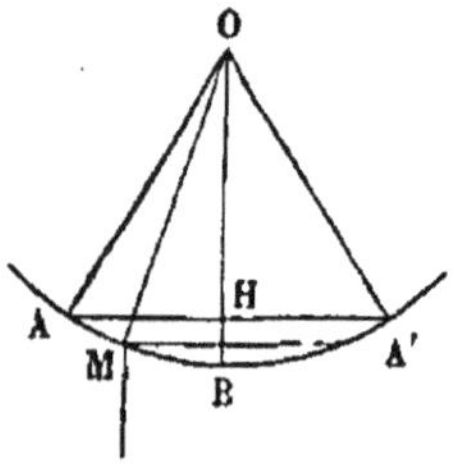

Les mêmes notations (280) étant conservées, soit m la masse du point mobile. L'action de la pesanteur peut se décomposer en deux autres : une force normale détruite par la résistance du point fixe et une force tangentielle. Cette dernière, représentée en général par $m\frac{dv}{dt}$, a pour valeur $mg\sin\theta$. On a donc

$$(1) \qquad \frac{dv}{dt} = g\sin\theta.$$

Posons $AM = s$, on aura

$$s = a(\alpha - \theta), \quad \frac{ds}{dt} = v = -\frac{a\,d\theta}{dt},$$

d'où

$$\frac{dv}{dt} = -a\frac{d^2\theta}{dt^2};$$

l'équation du mouvement sera donc

$$-\frac{a\,d\theta}{dt^2} = g\sin\theta$$

ou encore

$$(2) \qquad \frac{d^2\theta}{dt^2} + \frac{g}{a}\sin\theta = 0.$$

Multiplions par $2\,d\theta$ et intégrons, il vient

$$\left(\frac{d\theta}{dt}\right)^2 - 2\frac{g}{a}\sin\theta + C = 0;$$

mais on doit avoir en même temps

$$\frac{d\theta}{dt} = 0, \quad \theta = \alpha:$$

donc

$$C = 2\frac{g}{a}\cos\alpha;$$

donc

$$(3) \qquad dt = \mp\sqrt{\frac{a}{g}}\,\frac{d\theta}{\sqrt{2\cos\theta - 2\cos\alpha}},$$

équation déjà obtenue, et dans laquelle on doit prendre le signe — ou le signe $+$, selon que le mobile se meut dans le sens ABA′ ou dans le sens opposé.

Pour obtenir la durée d'une oscillation, nous changerons de variable. Soient

$$x = 1 - \cos\theta, \quad b = 1 - \cos\alpha$$

on en déduit

$$d\theta = \frac{dx}{\sqrt{2x - x^2}}, \quad 2\cos\theta - 2\cos\alpha = 2(b - x),$$

et par conséquent, en prenant le signe — dans la formule (3),

$$(4) \qquad dt = -\frac{1}{2}\sqrt{\frac{a}{g}}\,\frac{dt}{\sqrt{bx - x^2}\sqrt{1 - \frac{x}{2}}};$$

mais le temps T d'une oscillation étant le double du temps que le mobile emploie à parvenir au point le plus bas, on aura, puisque les valeurs de x qui correspondent aux positions A et B sont b et o,

$$\frac{1}{2}T = -\frac{1}{2}\sqrt{\frac{a}{g}}\int_b^0 \frac{dx}{\sqrt{bx-x^2}\sqrt{1-\frac{x}{2}}}$$

ou

$$(5) \qquad T = \sqrt{\frac{a}{g}}\int_0^b \frac{dx}{\sqrt{bx-x^2}\sqrt{1-\frac{x}{2}}}.$$

DÉVELOPPEMENT EN SÉRIE.

289. L'intégrale précédente ne pouvant pas s'exprimer sous forme finie à l'aide de fonctions algébriques, circulaires ou exponentielles, nous allons la développer en série. On a d'abord

$$\left(1-\frac{x}{2}\right)^{-\frac{1}{2}} = 1 + \frac{1}{2}\frac{x}{2} + \frac{1.3}{2.4}\frac{x^2}{4} + \frac{1.3.5}{2.4.6}\frac{x^3}{8} + \frac{1.3.5.7}{2.4.6.8}\frac{x^4}{16} + \ldots,$$

série convergente, puisque x représentant $1 - \cos\theta$ est moindre que 2.

Par conséquent, on aura

$$\frac{dx}{\sqrt{bx-x^2}\sqrt{1-\frac{x}{2}}} = \frac{dx}{\sqrt{bx-x^2}} + \frac{1}{2}\frac{x\,dx}{2\sqrt{bx-x^2}} + \frac{1.3}{2.4}\frac{x^2\,dx}{4\sqrt{bx-x^2}} + \ldots.$$

En posant

$$A_n = \int_0^b \frac{x^n\,dx}{\sqrt{bx-x^2}},$$

on pourra écrire

$$T=\sqrt{\frac{a}{g}}\left(A_0+\frac{1}{2}\frac{A_1}{2}+\frac{1.3}{2.4}\frac{A_2}{4}+\frac{1.2.3}{2.4.6}\frac{A_3}{8}+\ldots\right).$$

290. On sait, par la théorie des intégrales binômes, que toutes les intégrales définies A_1, A_2,..., se ramènent à A_0. Cette réduction peut se faire directement de la manière suivante. On a

$$d.x^{n-1}\sqrt{bx-x^2}=(n-1)x^{n-2}dx\sqrt{bx-x^2}+\frac{x^{n-1}(b-2x)dx}{2\sqrt{bx-x^2}}$$
$$=\frac{(2n-1)bx^{n-1}dx-2nx^n dx}{2\sqrt{bx-x^2}};$$

donc

$$d.2x^{n-1}\sqrt{bx-x^n}=(2n-1)b\frac{x^{n-1}dx}{\sqrt{bx-x^2}}-2n\frac{x^n dx}{\sqrt{bx-x^2}},$$

d'où, en intégrant entre les limites o et b,

$$o=(2n-1)bA_{n-1}-2nA_n;$$

donc

$$A_n=\frac{(2n-1)b}{2n}A_{n-1}.$$

On aura de même

$$A_{n-1}=\frac{(2n-3)b}{2(n-1)}A_{n-2},\quad A_{n-2}\frac{(2n-5)b}{2(n-2)}A_{n-3};\ldots,$$

et par suite

$$A_n=\frac{1.3.5\ldots(2n-1)}{2.4.6\ldots2n}b^n A_0.$$

Il suffit donc de déterminer A_0 ou $\int_0^b\frac{dx}{\sqrt{bx-x^2}}$. Or

$$\int\frac{dx}{\sqrt{bx-x^2}}=\int\frac{x}{\sqrt{\frac{b^2}{4}-\left(\frac{b}{2}-x\right)^2}}$$

ou

$$\int \frac{dx}{\sqrt{bx - x^2}} = \arc\cos \frac{b - 2x}{b};$$

donc on aura

$$\int_0^b \frac{dx}{\sqrt{bx - x^2}} = \pi.$$

Par conséquent

$$A_0 = \pi, \quad A_1 = \frac{1}{2} b\pi, \quad A_2 = \frac{1.3}{2.4} b^2\pi, \quad A_3 = \frac{1.3.5}{2.4.6} b^3\pi, \ldots,$$

et par suite

$$T = \pi \sqrt{\frac{a}{g}} \left[1 + \left(\frac{1}{2}\right)^2 \frac{b}{2} + \left(\frac{1.3}{2.4}\right)^2 \left(\frac{b}{2}\right)^2 + \left(\frac{1.3.5}{2.4.6}\right)^2 \left(\frac{b}{2}\right)^3 + \ldots \right].$$

Telle est la formule qui donne la durée d'une oscillation pour une amplitude quelconque.

291. Quand l'amplitude est très-petite, $b = 1 - \cos\alpha$ peut être négligé, et l'on retrouve la formule approchée

$$T = \pi \sqrt{\frac{a}{g}}.$$

Si, remplaçant b par $1 - \cos\alpha$ ou $\frac{\alpha^2}{2} + \frac{\alpha^4}{1.2.3.4} + \ldots$, on négligeait dans l'expression les puissances de α supérieures à la seconde, on trouverait

$$T = \pi \sqrt{\frac{a}{g}} \left(1 + \frac{\alpha^2}{16}\right).$$

Ainsi la durée de l'oscillation dépend de l'amplitude et augmente avec cette quantité.

PENDULE CYCLOÏDAL.

292. Considérons le mouvement d'un point pesant sur une cycloïde CBC′ renversée, située dans un plan vertical et dont l'axe BD est vertical.

Prenons pour axes de coordonnées l'axe Bx et la tangente By au sommet B. Soit A le point de départ du mobile où nous supposerons sa vitesse nulle, et soit $M(x, y)$ sa position à une époque quelconque t. Soit a le diamètre BD du cercle générateur. Les composantes de la force accélératrice étant

Fig. 99.

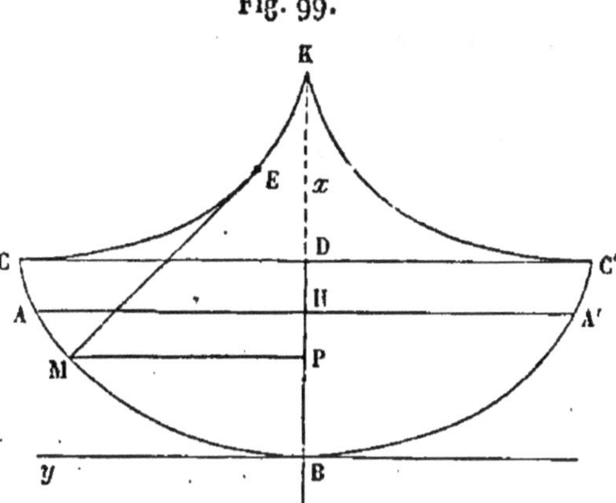

$$X = -g, \quad Y = 0, \quad Z = 0,$$

l'équation générale du mouvement

$$(1) \qquad dv^2 = -2g\,dx,$$

d'où

$$v^2 = C - 2gx.$$

Si $BH = h$, on doit avoir $v = 0$ pour $x = h$, d'où $0 = C - 2gh$: donc

$$(2) \qquad v^2 = 2g(h - x).$$

Soit maintenant $BM = s$, on a $s^2 = 4ax = 2bx$ en appelant b le rayon de courbure $BK = 2BD$ de la cycloïde au point B. Il en résulte

$$s = \sqrt{2bx}$$

et

$$ds = \sqrt{2b}\,\frac{dx}{2\sqrt{x}}.$$

Comme dans la première oscillation, $v = -\frac{ds}{dt}$, on en déduit, à cause de $v = \sqrt{2g(h-x)}$,

$$(3) \qquad dt = -\frac{1}{2}\sqrt{\frac{b}{g}}\,\frac{dx}{\sqrt{hx - x^2}}.$$

Intégrant et déterminant la constante par la condition que l'on ait à la fois $t = 0$ et $x = h$, il vient

$$(4) \qquad t = \frac{1}{2}\sqrt{\frac{b}{g}} \arccos \frac{2x - h}{h}.$$

293. Le temps que le mobile emploie à descendre de A en B s'obtient en faisant $x = 0$ dans cette formule. En appelant T la durée d'une oscillation, on aura

$$\frac{1}{2}T = \frac{1}{2}\sqrt{\frac{b}{g}} \arccos(-1),$$

d'où

$$(5) \qquad T = \pi\sqrt{\frac{b}{g}}.$$

On obtiendrait encore ce résultat en faisant $x = h$ dans la formule (4) et en prenant 2π pour $\arccos(1)$.

Ainsi, dans la cycloïde, la durée des oscillations est rigoureusement indépendante de leur amplitude, et différents mobiles, partis au même instant, sans vitesse initiale, de divers points de cette courbe, atteindraient au même instant le point le plus bas. Le temps d'une oscillation est $\pi\sqrt{\frac{b}{g}}$; c'est la durée des oscillations très-petites du pendule simple dont la longueur est b, rayon de courbure de la cycloïde au point B, ce qui s'accorde avec ce qu'on a dit des petites oscillations d'un point pesant sur une courbe quelconque.

294. On pourrait imaginer un pendule dans lequel les oscillations s'effectueraient toujours dans le même temps, malgré l'inégalité de leurs amplitudes. Construisons la développée de la cycloïde, composée des deux moitiés KC et KC′ d'une cycloïde égale à la première. Supposons qu'un point pesant soit attaché à l'extrémité d'un fil lié par son autre extrémité au point K. Si le mobile, dans une de ses positions, se trouve sur la cyloïde CBC′, comme le fil, abandonné à lui-même, restera toujours tangent à

CKC′, son extrémité M décrira la cycloïde CBC′. Toutes les oscillations devront s'effectuer dans un même temps égal à $\pi\sqrt{\frac{b}{g}}$; mais ce moyen, proposé par Huyghens, a été abandonné, parce qu'il n'offre aucune précision dans la pratique.

TAUTOCHRONE.

295. On appelle *tautochrone* toute ligne courbe sur laquelle un point pesant abandonné sans vitesse initiale d'un point quelconque de cette courbe parvient dans le même temps au point le plus bas. La cycloïde est donc une courbe tautochrone (293). Nous allons faire voir que c'est la seule courbe tautochrone dans le vide.

Fig. 100.

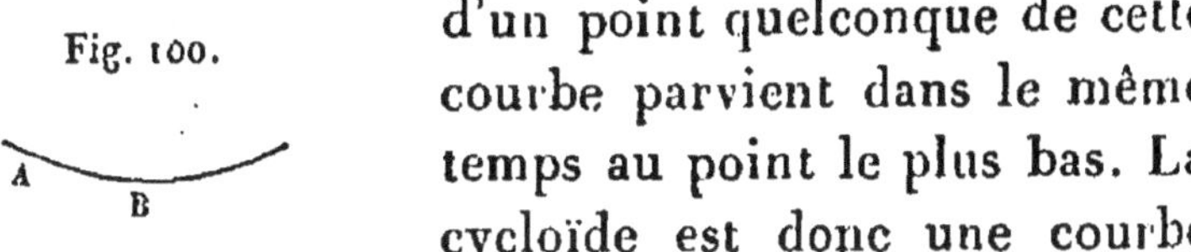

Si l'on appelle t' le temps nécessaire pour décrire AB, on a

$$(1)\qquad t'\sqrt{2g}=\int_0^h \frac{\frac{ds}{dx}}{\sqrt{h-x}}\,dx,$$

et il s'agit de déterminer s en fonction de x, de manière que la valeur de $t'\sqrt{2g}$ soit indépendante de h.

Supposons s développée en série suivant les puissances ascendantes de x:

$$(2)\qquad s=\mathrm{A}x^{\alpha}+\mathrm{B}x^{\beta}+\mathrm{C}x^{\gamma}+\ldots.$$

Comme s et x ont leur origine au point B, et qu'on a $s=0$ pour $x=0$, il faut que tous les exposants soient positifs et qu'aucun ne soit o. Le plus petit α doit être moindre que l'unité; car en B on a $\frac{dx}{ds}=0$ ou $\frac{ds}{dx}=\infty$.

Substituant la valeur de s dans (1), on aura

$$t'\sqrt{2g}=\mathrm{A}\alpha\int_0^h \frac{x^{\alpha-1}}{\sqrt{h-x}}\,dx+\mathrm{B}\beta\int_0^h \frac{x^{\beta-1}}{\sqrt{h-x}}\,dx+\ldots,$$

et, en faisant $x = hu$,

$$(3)\quad \left\{ \begin{aligned} t'\sqrt{2g} &= \mathrm{A}\alpha h^{\alpha-\frac{1}{2}} \int_0^1 \frac{u^{\alpha-1}\,du}{\sqrt{1-u}} \\ &\quad + \mathrm{B}6 h^{6-\frac{1}{2}} \int_0^1 \frac{u^{6-1}\,du}{\sqrt{1-u}} + \ldots . \end{aligned} \right.$$

Cette quantité doit être indépendante de h : il faut donc que le plus petit exposant de h ou $\alpha - \frac{1}{2}$ soit nul, puisque s'il était positif on aurait $\mathrm{T} = 0$ pour $h = 0$, et s'il était négatif on aurait $\mathrm{T} = \infty$ pour la même hypothèse. Les autres termes doivent disparaître; donc

$$\alpha = \frac{1}{2}, \quad \mathrm{B} = 0, \quad \mathrm{C} = 0, \ldots,$$

et par suite

$$s = \mathrm{A}x^{\frac{1}{2}}, \quad s^2 = \mathrm{A}^2 x = 2ax,$$

$$t'\sqrt{2g} = \sqrt{\frac{a}{2}} \int_0^1 \frac{du}{\sqrt{u-u^2}} = \frac{1}{2}\pi\sqrt{2a}$$

ou

$$t' = \frac{\pi}{2}\sqrt{\frac{a}{g}}.$$

L'équation $s = \mathrm{A}\sqrt{x}$ appartient à une cycloïde. Donc la cycloïde est la seule courbe tautochrone dans le vide.

296. Autrement, si dans l'équation (1)

$$t'\sqrt{2g} = \int_0^h \frac{ds}{\sqrt{h-x}}$$

on pose

$$t'\sqrt{2g} = \theta, \quad s = \varphi(x), \quad n = \frac{1}{2},$$

on aura

$$\theta = \int_0^h \frac{\varphi'(x)\,dx}{(h-x)^n}.$$

Cette expression devra être indépendante de h. Posons $x = hu$, il en résulte

$$\theta = \int_0^1 \frac{\varphi'(hu)\,h\,du}{h^n(1-u)^n} = \int_0^1 \frac{\varphi'(hu)(hu)^{1-n}\,du}{u^{1-n}(1-u)^n},$$

ou bien

$$\theta = \int_0^1 \psi(hu)\frac{du}{u^{1-n}(1-u)^n},$$

en posant

$$\varphi'(x)\,x^{1-n} = \psi(x).$$

Donc

$$\frac{d\theta}{dh} = \int_0^1 \psi'(hu)\frac{u^n\,du}{(1-u)^n}.$$

Or $\frac{d\theta}{dh}$ doit être nul. Il faut donc que $\psi'(hu)$ ou $\psi'(x) = 0$; car autrement on pourrait prendre h assez petit pour que de $x = 0$ à $x = h$, $\psi'(x)$ fût toujours de même signe, et alors l'intégrale, ayant tous ses éléments de même signe, ne serait pas nulle. On a donc

$$\psi'(x) = 0 \quad \text{ou} \quad \psi(x) = C,$$

d'où

$$\varphi'(x) = \frac{C}{x^{1-n}} = \frac{C}{\sqrt{x}}.$$

Donc

$$\varphi(x) = s = 2C\sqrt{x}$$

ou

$$s = \sqrt{2ax},$$

équation d'une cycloïde.

PENDULE DANS UN MILIEU RÉSISTANT.

297. En désignant par R la résistance du milieu, l'équation du mouvement sera

$$(1)\qquad \frac{d^2s}{dt^2} = g\sin\theta - R.$$

Comme il s'agit de petites vitesses, nous supposerons la résistance proportionnelle à la vitesse, et nous poserons

$$R = \frac{gv}{k} = \frac{g}{k}\frac{ds}{dt}.$$

On a $s = a(\alpha - \theta)$: donc

$$R = -\frac{ga}{k}\frac{d\theta}{dt}.$$

En remplaçant dans l'équation (1) $\frac{d^2s}{dt^2}$ par $-a\frac{d^2\theta}{dt^2}$, $\sin\theta$ par θ et R par la valeur précédente, on aura à intégrer l'équation du second ordre

$$(2)\qquad \frac{d^2\theta}{dt^2} + \frac{g}{k}\frac{d\theta}{dt} + \frac{g}{a}\theta = 0.$$

On a une solution particulière de cette équation en prenant

$$\theta = ce^{rt},$$

r étant une racine de l'équation

$$(3)\qquad r^2 + \frac{g}{k}r + \frac{g}{a} = 0.$$

On a donc

$$r = -\frac{g}{2k} \pm \sqrt{\frac{g}{a}}\sqrt{\frac{ga}{4k^2} - 1},$$

ou, en posant $\gamma = \sqrt{1 - \frac{ga}{4k^2}}$,

$$r = -\frac{g}{2k} \pm \gamma\sqrt{\frac{g}{a}}\sqrt{-1}.$$

La solution générale de l'équation (2) sera donc

$$\theta=\left[c\cos\left(t\gamma\sqrt{\frac{g}{a}}\right)+c'\sin\left(t\gamma\sqrt{\frac{g}{a}}\right)\right]e^{-\frac{gt}{2k}}.$$

On déterminera c et c' par les conditions $\theta=\alpha$, $\frac{d\theta}{dt}=0$, pour $t=0$, d'où $c=\alpha$, $c'=\frac{\alpha\sqrt{ga}}{2k\gamma}$ et

$$\theta=\alpha\left[\cos\left(t\gamma\sqrt{\frac{g}{a}}\right)+\frac{\sqrt{ga}}{2\gamma k}\sin\left(t\gamma\sqrt{\frac{g}{a}}\right)\right]e^{-\frac{gt}{2k}},$$

$$\frac{d\theta}{dt}=-\alpha\sqrt{\frac{g}{a}}\left(\gamma-\frac{a}{2\gamma k}\right)\sin\left(t\gamma\sqrt{\frac{g}{a}}\right)e^{-\frac{gt}{2k}}.$$

A la fin de chaque oscillation, $\frac{d\theta}{dt}=0$, ce qui donne

$$\mathrm{T}\gamma\sqrt{\frac{g}{a}}=\pi$$

et

$$\mathrm{T}=\frac{\pi}{\gamma}\sqrt{\frac{a}{g}}.$$

Les oscillations sont isochrones comme dans le vide, et leur durée est augmentée dans le rapport de 1 à γ. Faisant $t=n\mathrm{T}$, on a l'amplitude de la $n^{ième}$ oscillation,

$$\alpha_n=\alpha e^{-\frac{n\pi\sqrt{ga}}{2\gamma k}}=\alpha\rho^n;$$

donc les amplitudes successives forment une progression géométrique décroissante dont la raison est $\rho=e^{-\frac{\pi\sqrt{ga}}{2\gamma k}}$.

298. Lorsque le mouvement a lieu sur une cycloïde, toutes les oscillations se font rigoureusement dans le même temps, en sorte que cette courbe est encore tautochrone dans un milieu qui résiste proportionnellement à la vitesse.

En effet l'équation du mouvement

$$\frac{dv}{dt} = g\frac{dx}{ds} - \frac{gv}{k}$$

devient, en remplaçant v par $-\frac{ds}{dt}$ et $\frac{dx}{ds}$ par $\frac{s}{a}$,

$$\frac{d^2s}{dt^2} + \frac{g}{k}\frac{ds}{dt} + \frac{g}{a}s = 0.$$

Cette équation, analogue à l'équation (2) obtenue approximativement au n° 297, donnera pour T une valeur indépendante de s.

VINGT-QUATRIÈME LEÇON

DES FORCES CENTRALES ET DU MOUVEMENT DES PLANÈTES.

Forces centrales. — Principe des aires. — Expression de la vitesse en coordonnées polaires. — Expression de la force accélératrice et de ses composantes. — Lois de Képler. — Conséquences de ces lois.

FORCES CENTRALES. — PRINCIPE DES AIRES.

299. Soit M un point mobile sollicité à chaque instant par une force dont la direction passe constamment par un même point O. Les composantes de la force accélératrice, par rapport à trois axes rectangulaires menés par le point O, seront proportionnelles aux coordonnées du point M. On aura donc

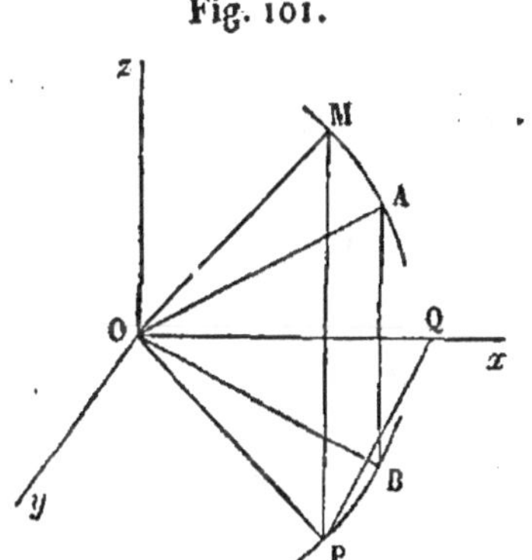

Fig. 101.

$$\frac{\frac{d^2x}{dt^2}}{x} = \frac{\frac{d^2y}{dt^2}}{y} = \frac{\frac{d^2z}{dt^2}}{z}$$

ou bien

$$(1) \quad \left\{ \begin{aligned} &\frac{x\,d^2y - y\,d^2x}{dt^2} = 0, \\ &\frac{z\,d^2x - x\,d^2z}{dt^2} = 0, \\ &\frac{y\,d^2z - z\,d^2y}{dt^2} = 0, \end{aligned} \right.$$

équations dont chacune est une conséquence des deux

autres. En les intégrant et désignant par c, c', c'' trois constantes arbitraires, on aura

$$(2)\qquad \begin{cases} x\,dy - y\,dx = c\,dt, \\ z\,dx - x\,dz = c'\,dt, \\ y\,dz - z\,dy = c''\,dt. \end{cases}$$

Les constantes c, c', c'' se détermineront quand on connaîtra la position initiale et la vitesse initiale du mobile, en grandeur et en direction, c'est-à-dire les valeurs initiales de x, y, z, $\frac{dx}{dt}$, $\frac{dy}{dt}$, $\frac{dz}{dt}$.

300. Si l'on ajoute les équations après les avoir respectivement multipliées par z, y, x, on a :

$$(3)\qquad 0 = cz + c'y + c''x,$$

équation d'un plan passant par l'origine des coordonnées. Ainsi la trajectoire est une courbe plane. En effet, on voit bien *à priori* que le point mobile ne doit pas sortir du plan mené par le rayon vecteur initial et par la direction de la vitesse initiale.

Interprétons maintenant les équations (2). Soit $OP = r$ la projection du rayon vecteur OM sur le plan des xy, et soit $POx = \theta$, on aura

$$\tan\theta = \frac{y}{x},$$

d'où, en différentiant par rapport à t,

$$\frac{d\theta}{\cos^2\theta} = \frac{x\,dy - y\,dx}{x^2} = \frac{x\,dy - y\,dx}{r^2\cos^2\theta},$$

d'où l'on tire

$$r^2 d\theta = x\,dy - y\,dx.$$

Mais si l'on appelle λ l'aire BOP parcourue par la projection du rayon vecteur, pendant le temps t, on a

$$d\lambda = \frac{1}{2} r^2 d\theta;$$

donc

$$d\lambda = \frac{1}{2}(x\,dy - y\,dx) \quad \text{ou} \quad d\lambda = \frac{1}{2}c\,dt,$$

d'où l'on tire

$$(4) \qquad \lambda = \frac{1}{2}ct.$$

Il n'y a pas de constante à ajouter : car λ étant la projection de l'aire pendant le temps t, on doit avoir $\lambda = 0$ pour $t = 0$.

On conclut de là que *le secteur engendré par le mouvement de la projection du rayon vecteur sur un plan quelconque est proportionnel au temps.* La constante c est le double du secteur parcouru, pendant l'unité de temps, par la projection du rayon vecteur sur le plan des xy. On aura des résultats analogues pour les deux autres axes. On aura donc

$$(5) \qquad \lambda = \frac{1}{2}ct, \quad \lambda' = \frac{1}{2}c't, \quad \lambda'' = \frac{1}{2}c''t,$$

λ' et λ'' désignant des quantités qui se définissent de la même manière que λ. Si l'on projette le rayon vecteur sur le plan même de la courbe, on en conclut que l'aire engendrée par le rayon vecteur lui-même est proportionnelle au temps.

301. Réciproquement, si la trajectoire d'un point mobile est plane et telle, que les aires engendrées par le rayon vecteur, partant de l'origine des coordonnées, soient proportionnelles aux temps, la force motrice passera constamment par l'origine des coordonnées. En effet, dans cette hypothèse, le secteur OAM est proportionnel au temps; par suite il en est de même de sa projection λ, sur le plan des xy. Donc, en appelant c le double de l'aire parcourue par la projection du rayon vecteur sur le plan des (x, y) pendant l'unité de temps, on a $\lambda = \frac{1}{2}ct$. Or

$$d\lambda = \frac{1}{2}r^2\,d\theta = \frac{1}{2}(x\,dy - y\,dx),$$

donc

$$xdy - ydx = c\,dt.$$

Différentiant cette équation par rapport à t, considérée comme variable indépendante, on en déduit

$$\frac{\frac{d^2x}{dt^2}}{x} = \frac{\frac{d^2y}{dt^2}}{y};$$

on a de même

$$\frac{\frac{d^2x}{dt^2}}{x} = \frac{\frac{d^2z}{dt^2}}{z}.$$

On conclut de là que les composantes de la force motrice parallèles aux axes, savoir : $m\frac{d^2x}{dt^2}$, $m\frac{d^2y}{dt^2}$ et $m\frac{d^2z}{dt^2}$, en appelant m la masse du point mobile, sont proportionnelles aux coordonnées de son point d'application. Par conséquent, le parallélipipède dont les coordonnées x, y, z sont les trois côtés contigus est semblable à celui qui a pour côtés les composantes de la force motrice, d'où il suit que la diagonale du second, suivant laquelle est dirigée la force motrice, coïncide en direction avec la diagonale du premier, qui aboutit en O. Donc la force motrice passera constamment par ce dernier point.

EXPRESSION DE LA VITESSE EN COORDONNÉES POLAIRES.

302. Prenons pour pôle le point O, par lequel passe constamment la direction de la force motrice, et pour axe polaire, une droite quelconque Ox, située dans le plan de la courbe. Soient OM $= r$ et MO$x = \theta$. En appelant ds la différentielle de l'arc de la trajectoire, terminé au point M, on sait que $v^2 = \frac{ds^2}{dt^2}$; or, quelle

Fig. 102.

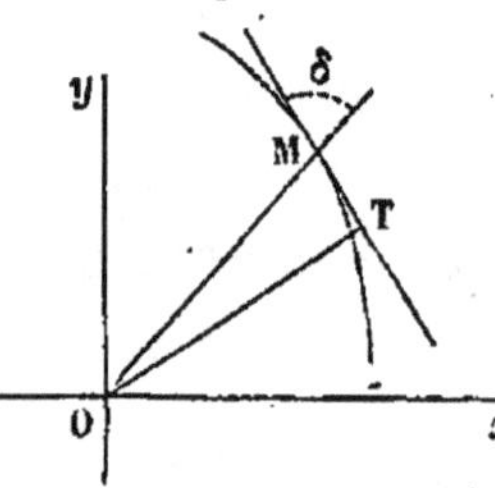

que soit la variable indépendante, $ds^2 = dt^2 + r^2 d\theta^2$; donc

$$(1) \qquad v^2 = \frac{dr^2 + r^2 d\theta^2}{dt^2}.$$

303. On a souvent besoin de connaître les composantes de la vitesse au point M, suivant OM et suivant une perpendiculaire à OM. Or, si δ est l'angle OMT formé par OM avec la tangente MT à la trajectoire, $v\cos\delta$ et $v\sin\delta$ sont les deux composantes. On a

$$\cos\delta = \frac{dr}{ds}, \quad \sin\delta = \frac{rd\theta}{ds};$$

d'ailleurs

$$v = \frac{ds}{dt}.$$

Donc

$$(2) \qquad v\cos\delta = \frac{dr}{dt}, \quad v\sin\delta = \frac{rd\theta}{dt}.$$

304. Considérons la force accélératrice R qui agit suivant MO. Supposons-la attractive; si elle était répulsive, il suffirait de changer R en $-$R, dans ce qui va suivre. Alors $R\frac{x}{r}$ et $R\frac{y}{r}$ seront les composantes de R parallèles aux deux axes rectangulaires Ox et Oy et, comme elles agissent dans le sens des x et des y négatifs, on aura

$$(3) \qquad \frac{d^2x}{dt^2} = -R\frac{x}{r}, \quad \frac{d^2y}{dt^2} = -R\frac{y}{r}.$$

En ajoutant ces deux équations respectivement multipliées par y et par x, on a, comme plus haut,

$$\frac{x\,d^2y - y\,d^2x}{dt^2} = 0.$$

On en déduit

$$x\,dy - y\,dx = c\,dt,$$

et comme $x\,dy - y\,dx = r^2\,d\theta$ (300), il vient

$$(4) \qquad r^2 d\theta = c\,dt.$$

Si l'on multiplie respectivement par $2\,dx$ et $2\,dy$ les deux équations (3) et qu'on les ajoute membre à membre, il vient

$$\frac{2\,dx\,d^2x + 2\,dy\,d^2y}{dt^2} = -2R\frac{x\,dx + y\,dy}{r}.$$

Or

$$r^2 = x^2 + y^2, \quad \frac{ds^2}{dt^2} = v^2 = \frac{dx^2 + dy^2}{dt^2};$$

d'où résulte

$$r\,dr = x\,dx + y\,dy, \quad dv^2 = \frac{2\,dx\,d^2x + 2\,dy\,d^2y}{dt^2}.$$

Donc

$$(5) \qquad dv^2 = -2R\,dr.$$

305. On peut obtenir une expression de la vitesse, qui ne contienne ni t, ni ses différentielles. On a

$$v^2 = \frac{dr^2 + r^2 d\theta^2}{dt^2}.$$

D'ailleurs l'équation (4) donne $dt^2 = \frac{r^4 d\theta^2}{c^2}$. Substituant cette valeur dans l'équation précédente, il vient

$$v^2 = c^2\frac{dr^2 + r^2 d\theta^2}{r^4 d\theta^2} = c^2\left[\frac{1}{r^2} + \frac{\left(\frac{dr}{r^2}\right)^2}{d\theta^2}\right],$$

ou enfin

$$(6) \qquad v^2 = c^2\left[\frac{1}{r^2} + \frac{\left(d\frac{1}{r}\right)^2}{d\theta^2}\right].$$

Donc, si on connaît la nature de la trajectoire, on pourra,

au moyen de cette formule, calculer la vitesse en un point quelconque.

306. Quant aux composantes de la vitesse suivant OM et suivant une perpendiculaire à cette droite, il est facile d'en avoir des expressions indépendantes du temps. En effet, si dans les équations (2) on remplace dt par $\frac{r^2 d\theta}{c}$, on a

$$v\cos\delta = \frac{cdr}{r^2 d\theta}, \quad v\sin\delta = \frac{crd\theta}{r^2 d\theta},$$

ou

$$(7) \qquad v\cos\delta = -\frac{cd\frac{1}{r}}{d\theta}, \quad v\sin\delta = \frac{c}{r}.$$

On tire de la dernière

$$(8) \qquad v = \frac{c}{p},$$

p étant la longueur de la perpendiculaire OT $= r\sin\delta$, abaissée du point O sur la tangente MT, d'où l'on conclut que *la vitesse en un point de la courbe est en raison inverse de la perpendiculaire abaissée du point* O *sur la tangente à la trajectoire, au point considéré.*

EXPRESSION DE LA FORCE ACCÉLÉRATRICE EN FONCTION DES COORDONNÉES DU POINT MOBILE.

307. Reprenons l'équation (305)

$$(1) \qquad -2\mathrm{R}dr = dv^2.$$

Différentions l'équation (6) du n° 305 et, comme t n'entre plus dans cette équation, prenons θ au lieu de t pour variable indépendante, nous aurons

$$dv^2 = c^2\left[-\frac{2dr}{r^3} - \frac{2dr}{r^2}\frac{d^2\left(\frac{1}{r}\right)}{d\theta^2}\right].$$

Portant cette expression de dv^2 dans l'équation (5) $dv^2 = -2R\,dr$, il en résulte

$$R = c^2\left[\frac{1}{r^3} + \frac{1}{r^2}\frac{d^2\left(\frac{1}{r}\right)}{d\theta^2}\right]$$

ou

$$R = \frac{c^2}{r^2}\left[\frac{1}{r} + \frac{d^2\left(\frac{1}{r}\right)}{d\theta^2}\right]. \qquad (2)$$

Ainsi, quand on connaîtra la trajectoire, on aura la force motrice en un point quelconque de la courbe. Réciproquement, quand on connaîtra la loi suivant laquelle varie la force R, l'équation (2) pourra servir à déterminer la trajectoire.

LOIS DE KÉPLER.

308. Les lois du mouvement des planètes ont été déduites de l'observation par Képler. Elles sont au nombre de trois :

1° *Les trajectoires de toutes les planètes sont des courbes planes, et pour chacune d'elles l'aire engendrée par le rayon vecteur parti du soleil et aboutissant à la planète est proportionnelle au temps.*

2° *Ces courbes sont des ellipses dont l'un des foyers est au soleil.*

3° *Les carrés des temps employés par les différentes planètes pour accomplir une de leurs révolutions sont entre eux comme les cubes des grands axes de ces ellipses.*

Ces lois se rapportent au centre de gravité de chaque planète, ainsi qu'à celui du soleil.

CONSÉQUENCES DES LOIS DE KÉPLER.

309. Il résulte de la première loi que la *force motrice qui sollicite une planète est constamment dirigée vers*

le centre du soleil, et comme la trajectoire elliptique tourne toujours sa concavité vers le soleil, il faut en conclure que *cette force est attractive*, puisqu'elle éloigne à chaque instant la planète de la tangente à son orbite en tendant à la rapprocher du soleil.

310. Au moyen de la seconde loi, nous allons déterminer la loi suivant laquelle varie l'intensité de cette force avec les diverses positions de la planète sur son orbite.

Soit O la position du soleil dont le centre de gravité est un foyer de l'ellipse. Soient OI l'axe polaire, $AA' = 2a$ le grand axe de cette ellipse, l'angle $AOI = \omega$. Soient $OM = r$, $MOI = \theta$ les coordonnées polaires de la position actuelle de la planète

Fig. 103.

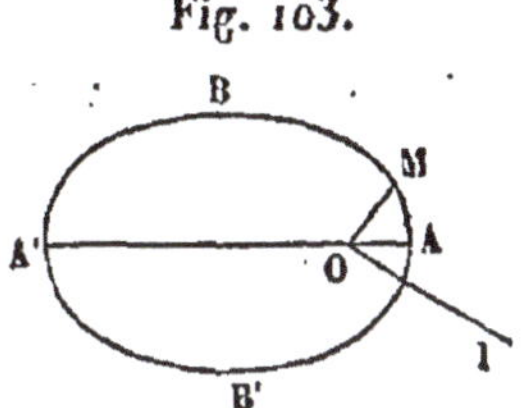

L'équation polaire de l'ellipse est

$$(1) \qquad r = \frac{a(1-e^2)}{1+e\cos(\theta-\omega)},$$

en appelant e l'excentricité ou le rapport de la distance focale au grand axe; on déduit de là

$$\frac{1}{r} = \frac{1+e\cos(\theta-\omega)}{a(1-e^2)}, \quad \frac{d\left(\frac{1}{r}\right)}{d\theta} = \frac{-e\sin(\theta-\omega)}{a(1-e^2)}.$$

Par conséquent, en substituant dans la formule (305)

$$v^2 = c^2\left[\frac{1}{r^2} + \left(\frac{d\frac{1}{r}}{d\theta}\right)^2\right],$$

on a

$$v^2 = c^2\left[\frac{1+2e\cos(\theta-\omega)+e^2}{a^2(1-e^2)^2}\right].$$

Remplaçant dans le numérateur 1 par $2-1$, puis

$$2+2e\cos(\theta-\omega) = 2[1+e\cos(\theta-\omega)]$$

par sa valeur $\frac{2a(1-e^2)}{r}$, tirée de l'équation de la courbe, il vient, en divisant haut et bas par $1-e^2$,

$$(2) \qquad v^2 = \frac{c^2}{a^2(1-e^2)}\left(\frac{2a}{r}-1\right).$$

En différentiant, on en déduit

$$dv^2 = -\frac{2c^2}{a(1-e^2)}\frac{dr}{r^2}.$$

Or on a obtenu l'équation

$$-2R\,dr = dv^2,$$

d'où résulte

$$-2R\,dr = -\frac{2c^2}{a(1-e^2)}\frac{dr}{r^2}$$

et

$$R = \frac{c^2}{a(1-e^2)}\frac{1}{r^2}$$

ou

$$(3) \qquad R = \frac{\mu}{r^2},$$

en posant

$$\mu = \frac{c^2}{a(1-e^2)}.$$

Ainsi *la force* R *est en raison inverse du carré de la distance du centre de gravité de la planète à celui du soleil.* Le calcul donne $R > 0$, ce qui montre bien que la force motrice est attractive, comme on l'avait déjà vu.

311. On peut encore trouver la valeur de R de la manière suivante. On a

$$\frac{1}{r} = \frac{1+e\cos(\theta-\omega)}{a(1-e^2)},$$

d'où résulte

$$\frac{d^2\left(\frac{1}{r}\right)}{d\theta^2} = \frac{-e\cos(\theta-\omega)}{a(1-e^2)}.$$

Par conséquent, à cause de l'équation (2), n° 307, on a

$$R = \frac{c^2}{r^2}\left[\frac{1 + e\cos(\theta - \omega)}{a(1 - e^2)} - \frac{e\cos(\theta - \omega)}{a(1 - e^2)}\right],$$

ou simplement

$$R = \frac{c^2}{a(1 - e^2)}\,\frac{1}{r^2} = \frac{\mu}{r^2}.$$

312. Si $r = 1$, on a $R = \mu$. Nous allons démontrer que cette quantité μ, qui représente la force accélératrice rapportée à l'unité de distance, est la même pour toutes les planètes. La constante c représente, pour une orbite quelconque, le double de l'espace parcouru par le rayon vecteur, dans l'unité de temps. Donc, si l'on appelle T le temps de la révolution complète de la planète considérée, on a

$$\frac{1}{2}cT = \pi ab,$$

b étant le demi petit axe de l'ellipse; on tire de là

$$\frac{1}{2}cT = \pi a^2\sqrt{1 - e^2};$$

donc

$$c = \frac{2\pi a^2\sqrt{1 - e^2}}{T}, \quad c^2 = \frac{4\pi^2 a^4(1 - e^2)}{T^2},$$

d'où enfin

$$\mu = 4\pi^2\,\frac{a^3}{T^2}.$$

Or, d'après la troisième loi de Képler, le quotient $\frac{a^3}{T^2}$ est le même pour toutes les planètes; donc μ est constant, ce qui démontre le théorème énoncé.

VINGT-CINQUIÈME LEÇON.

SUITE DU MOUVEMENT DES PLANÈTES.

Mouvement d'un point attiré par un centre fixe en raison inverse du carré de la distance. — Cas d'une orbite elliptique. — Cas d'une orbite circulaire ou presque circulaire. — Cas d'une orbite parabolique.

MOUVEMENT D'UN POINT ATTIRÉ PAR UN CENTRE FIXE EN RAISON INVERSE DU CARRÉ DE LA DISTANCE.

313. Supposons toute la masse d'une planète réunie à son centre de gravité, et cherchons le mouvement que prendra ce point, sollicité à chaque instant par une force dont la direction passe constamment par un point fixe O, et dont l'intensité varie en raison inverse du carré de la distance $OM = r$.

Fig. 104.

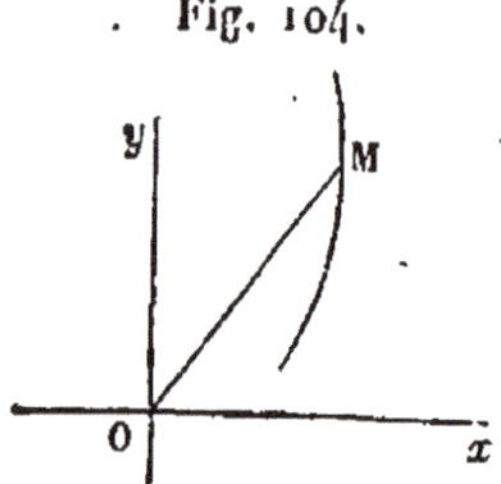

En premier lieu, la trajectoire est plane et située dans le plan qui passe par le point fixe et par la direction de la vitesse initiale. Prenons le point O pour pôle et Ox pour axe polaire, et soient r et θ les coordonnées du point M, au bout du temps t : on aura, par le principe des aires,

$$(1) \qquad r^2 d\theta = c\,dt.$$

Or (303)

$$\frac{r^2 d\theta}{dt} = r \times \frac{r\,d\theta}{dt} = r \times v \sin\delta;$$

en appelant v la vitesse du mobile et δ l'angle que forme le rayon vecteur avec la tangente à la trajectoire. Donc

$$(2) \qquad c = v \times r \sin\delta.$$

Ainsi on peut dire que la constante c, qui représentait déjà le double du secteur engendré par le rayon vecteur, pendant l'unité de temps, la trajectoire étant supposée connue, sera pour nous, dans la question actuelle, le produit de la vitesse du mobile par la perpendiculaire abaissée du point fixe sur la tangente, à un instant quelconque, par exemple à l'origine du temps.

Soit maintenant R la force accélératrice à l'instant que l'on considère. On a

$$(3) \qquad dv^2 = -2\mathrm{R}\,dr,$$

et comme ici $\mathrm{R} = \frac{\mu}{r^2}$, en appelant μ la force accélératrice à l'unité de distance, il vient

$$dv^2 = -\frac{2\mu\,dr}{r^2}$$

et, par suite, en intégrant,

$$(4) \qquad v^2 = \frac{2\mu}{r} - b.$$

La valeur de la constante arbitraire b se déterminerait en cherchant la valeur de $\frac{2\mu}{r} - v^2$, à une époque quelconque du mouvement, par exemple à l'origine du temps. D'ailleurs, puisque

$$v^2 = c^2\left[\frac{1}{r^2} + \left(\frac{d\frac{1}{r}}{d\theta}\right)^2\right],$$

l'équation différentielle de la trajectoire est

$$(5) \qquad c^2\left[\frac{1}{r^2} + \left(\frac{d\frac{1}{r}}{d\theta}\right)^2\right] = \frac{2\mu}{r} - b.$$

314. Pour intégrer plus facilement, posons $\frac{1}{r} = z$, d'où résulte

$$d\theta = \frac{\mp c\,dz}{\sqrt{-b + 2\mu z - c^2 z^2}}.$$

On voit que $\frac{dz}{d\theta}$ devant être < 0 ou > 0, suivant que r croît ou décroît lorsque θ augmente, il faudra prendre au numérateur le signe $-$ ou le signe $+$, suivant que le premier ou le second cas aura lieu. Si donc nous supposons que r croisse en même temps que θ, on aura

$$d\theta = \frac{-c\,dz}{\sqrt{-b + 2\mu z - c^2 z^2}} = \frac{-c^2 dz}{\sqrt{\mu^2 - bc^2 - (c^2 z - \mu)^2}}$$

ou bien

$$d\theta = \frac{-c^2 dz}{\sqrt{\mu^2 - bc^2}\sqrt{1 - \frac{(c^2 z - \mu)^2}{\mu^2 - bc^2}}}.$$

On a toujours $\mu^2 - bc^2 > 0$, sans quoi $\frac{d\theta}{dz}$ serait imaginaire pour toutes les valeurs possibles de θ. Donc si l'on pose

$$(6) \qquad \frac{c^2 z - \mu}{\sqrt{\mu^2 - bc^2}} = q,$$

il vient

$$\frac{c^2 dz}{\sqrt{\mu^2 - bc^2}} = dq, \quad d\theta = \frac{-dq}{\sqrt{1 - q^2}};$$

d'où, en intégrant et appelant ω un angle constant, on a enfin

$$\theta = \omega + \operatorname{arc} \cos q$$

ou

$$(7) \qquad \cos(\theta - \omega) = \frac{c^2 z - \mu}{\sqrt{\mu^2 - bc^2}}.$$

Quoique cette formule ait été établie dans l'hypothèse où r et θ croissent simultanément, elle convient également, alors même que r diminue lorsque θ croît. En effet, lorsque ce dernier cas a lieu, $\frac{dz}{d\theta}$ doit être plus grand que o; donc il en est de même de $\frac{dq}{d\theta}$; car, à cause de $dq = \frac{c^2 dz}{\sqrt{\mu^2 - bc^2}}$, dq et dz, et par suite $\frac{dq}{d\theta}$ et $\frac{dz}{d\theta}$, sont toujours de même signe. Or l'équation $q = \cos(\theta - \omega)$, donnant $\frac{dq}{d\theta} = -\sin(\theta - \omega)$, fait voir qu'en prenant la formule $\theta - \omega = \text{arc}\cos q$, $\frac{dq}{d\theta}$, et par suite $\frac{dz}{d\theta}$, changent de signe en s'évanouissant lorsque $\theta - \omega$ devient égal à un multiple quelconque de π, ce qui correspond aux positions du mobile où z, et par suite r, est un maximum ou un minimum.

315. En remplaçant z par $\frac{1}{r}$, dans l'équation (7), il vient, pour l'équation de la trajectoire,

$$(8) \qquad r = \frac{\frac{c^2}{\mu}}{1 + \sqrt{1 - \frac{bc^2}{\mu^2}} \cos(\theta - \omega)}.$$

On voit que cette courbe est toujours une section conique, car l'équation générale d'une section conique, rapportée à un foyer et à un axe polaire, faisant un angle ω avec l'axe qui passe par ce foyer, est

$$r = \frac{p}{1 + e\cos(\theta - \omega)}.$$

La courbe est une ellipse, si $e < 1$; une parabole, si $e = 1$, et une hyperbole, si $e > 1$. Par conséquent, en se rappelant que b est égal à la valeur initiale de $\frac{2\mu}{r} - \nu^2$, on voit que, si à une époque quelconque du mouvement on a

$$v^2 < \frac{2\mu}{r}, \text{ la courbe est une ellipse;}$$

$$v^2 = \frac{2\mu}{r}, \text{ elle est une parabole;}$$

$$v^2 > \frac{2\mu}{r}, \text{ elle est une hyperbole.}$$

Ainsi l'espèce de la courbe dépend uniquement de la grandeur de la vitesse à l'origine du temps, mais nullement de sa direction, en sorte que différents mobiles, lancés successivement du même point de l'espace, avec des vitesses égales, mais de directions différentes, parcourraient tous des courbes de même espèce.

CAS OU LA COURBE EST UNE ELLIPSE.

316. En appelant $2a$ le grand axe et e l'excentricité, l'équation de l'ellipse est

$$r = \frac{a(1 - e^2)}{1 + e\cos(\theta - \omega)}.$$

Identifiant avec l'équation (8) du n° 315, on a

$$(1) \qquad e = \sqrt{1 - \frac{bc^2}{\mu^2}}, \quad a = \frac{\mu}{b},$$

formules qui déterminent les éléments de l'ellipse, en fonction des données du problème.

317. Il reste encore à déterminer v, r et θ en fonction du temps t, afin de connaître la vitesse et la position du mobile à une époque donnée. On a d'abord (313)

$$(2) \qquad v^2 = \frac{2\mu}{r} - b,$$

d'où, à cause de

$$v^2 = \frac{dr^2 + r^2 d\theta^2}{dt^2},$$

on a

$$\frac{dr^2 + r^2 d\theta^2}{dt^2} = \frac{2\mu}{r} - b.$$

En éliminant $d\theta$ entre cette équation et l'équation $r^2 d\theta = c\,dt$, il vient

$$dt = \frac{\mp r dr}{\sqrt{-br^2 + 2\mu r - c^2}}$$

ou

(3) $$dt = \frac{r dr}{\sqrt{-br^2 + 2\mu r - c^2}},$$

en supposant d'abord que r croisse avec t. En remplaçant b par $\frac{\mu}{a}$ et c^2 par $\mu a(1-e^2)$, cette différentielle peut se mettre sous la forme

(4) $$dt = \frac{r dr}{\sqrt{\frac{\mu}{a}}\sqrt{a^2e^2 - (a-r)^2}}.$$

Si AMB est l'ellipse parcourue, le mobile est le plus près du point O, pôle et foyer de l'ellipse, à l'extrémité A du grand axe nommé *périhélie* de la planète, et il est le plus loin de O, à l'autre extrémité B, qu'on appelle *aphélie* de la planète. Par conséquent le rayon vecteur r varie de $OA = a(1-e)$ à $OB = a(1+e)$.

Fig. 105.

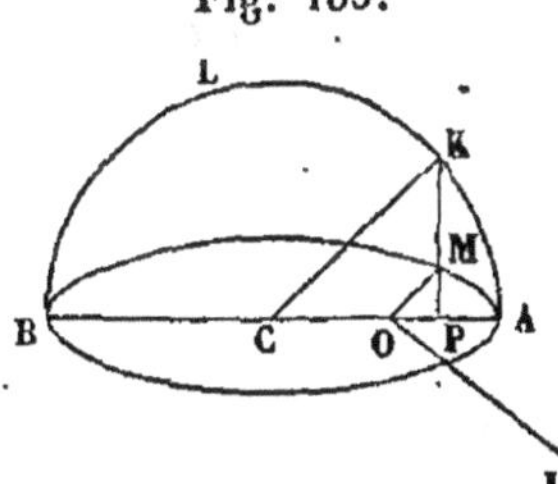

Il est donc permis, pour la commodité de l'intégration, d'introduire une variable auxiliaire u, telle que

(5) $$r = a(1 - e\cos u).$$

On en tire

$$dr = ae\sin u\,du,$$

et l'équation (4) devient

$$\frac{\sqrt{\mu}}{a\sqrt{a}}\,dt = (1 - e\cos u)\,du$$

ou

(6) $$n\,dt = (1 - e\cos u)\,du,$$

en posant, pour abréger,

$$n = \frac{\sqrt{\mu}}{a\sqrt{a}}.$$

En intégrant, on a l'équation

(7) $$nt = u - e\sin u.$$

il n'y a pas de constante à ajouter, si l'on compte le temps à partir du moment où la planète est à son périhélie; car alors $r = a(1-e)$, et par conséquent $\cos u = 1$, d'où $u = 0$ en même temps que $t = 0$.

318. Pour construire l'angle auxiliaire u, sur BA comme diamètre décrivons une circonférence de cercle. Soient M la position actuelle du mobile et C le centre de l'ellipse. Prolongeons l'ordonnée MP jusqu'au point K où elle rencontre la circonférence. Je dis que l'angle $KCA = u$. En effet, on a, en vertu d'une propriété connue des rayons vecteurs de l'ellipse,

$$r = a - e\times CP = a - e\times a\cos KCA = a(1 - e\cos KCA);$$

mais

(8) $$r = a(1 - e\cos u),$$

d'où

$$\cos KCA = \cos u \quad \text{et} \quad KCA = u.$$

L'angle u est appelé l'*anomalie excentrique* de la planète, tandis que l'angle $MOA = \theta - \omega$ se nomme l'*anomalie vraie*. On pourrait maintenant éliminer u entre les équations (7), (8); mais il vaut mieux conserver ces deux équations avec la variable auxiliaire u. En donnant à cette variable toutes les valeurs possibles, on en déduira ensuite les valeurs correspondantes de r et de t.

319. On peut trouver une équation entre l'anomalie vraie et l'anomalie excentrique. On a

$$r = a(1 - e\cos u) = \frac{a(1-e^2)}{1 + e\cos(\theta - \omega)};$$

d'où résulte

$$e\cos u = 1 - \frac{1-e^2}{1+e\cos(\theta-\omega)} = \frac{e\cos(\theta-\omega)+e^2}{1+e\cos(\theta-\omega)},$$

$$1 + \cos u = \frac{(1+e)[1+\cos(\theta-\omega)]}{1+e\cos(\theta-\omega)},$$

$$1 - \cos u = \frac{(1-e)[1-\cos(\theta-\omega)]}{1+e\cos(\theta-\omega)}.$$

En divisant ces deux équations l'une par l'autre, on obtient

$$\operatorname{tang}^2 \frac{1}{2} u = \frac{1-e}{1+e} \operatorname{tang}^2 \frac{1}{2}(\theta - \omega)$$

ou

$$\operatorname{tang} \frac{1}{2}(\theta-\omega) = \sqrt{\frac{1+e}{1-e}} \operatorname{tang} \frac{1}{2} u.$$

320. La durée T de la révolution entière de la planète se déduit de la formule $nt = u - e\sin u$, en y faisant $u = 2\pi$, ce qui donne

$$nT = 2\pi$$

ou

$$T = \frac{2\pi a\sqrt{a}}{\sqrt{\mu}},$$

en remplaçant n par $\frac{\sqrt{\mu}}{a\sqrt{a}}$. On en déduit, pour la valeur de la force accélératrice, à l'unité de distance, commune à toutes les planètes

$$\mu = \frac{4\pi^2 a^3}{T^2}.$$

Il est bon d'observer que l'excentricité de toutes les orbites planétaires est très-petite, car pour la planète Mars, dont l'excentricité est la plus grande, on a $e = \frac{1}{60}$.

CAS D'UNE ORBITE CIRCULAIRE OU PRESQUE CIRCULAIRE.

321. La théorie indique que l'ellipse peut se réduire à un cercle. Dans ce cas $e = 0$, $r = a$ et le carré de la vitesse $v^2 = \frac{\mu}{a}$ devient constant. En même temps, la force accélératrice

$$\frac{\mu}{r^2} = \frac{\mu}{a^2} = \frac{av^2}{a^2} = \frac{v^2}{a}$$

est aussi constante et égale à la force centripète $\frac{v^2}{a}$.

322. Quand le nombre e est très-petit, on peut déterminer approximativement l'anomalie excentrique u, le rayon vecteur r et l'anomalie vraie $\theta - \omega$, en fonction du temps t. De l'équation

$$nt = u - e \sin u,$$

on déduit

$$u = nt + e \sin(nt + e \sin u)$$

ou

$$u = nt + e \sin nt \cos(e \sin u) + e \sin(e \sin u) \cos nt.$$

Maintenant, comme e est supposé très-petit, convenons de ne conserver, dans ce qui va suivre, aucun terme qui contiendrait e à une puissance supérieure à la première. Alors on devra simplement prendre 1 pour $\cos(e \sin u)$, $e \sin u$ pour $\sin(e \sin u)$, et négliger $e \sin(e \sin u)$. L'équation précédente devient

$$u = nt + e \sin nt. \tag{1}$$

En remplaçant u par cette valeur dans l'équation $r = a(1 - e \cos u)$ et négligeant, comme ci-dessus, les puissances de e supérieures à la première, on obtient de même

$$(2) \qquad r = a(1 - e\cos nt).$$

Enfin, pour avoir la relation entre θ et t, on part de l'équation $r^2 d\theta = cdt$. On a

$$c = na^2\sqrt{1-e^2}$$

et

$$r = \frac{a(1-e^2)}{1+e\cos(\theta-\omega)} = a(1-e^2)\frac{1}{1+e\cos(\theta-\omega)},$$

c'est-à-dire

$$r = a(1-e^2)[1 - e\cos(\theta-\omega) + e^2\cos^2(\theta-\omega) - \ldots]$$

ou simplement

$$r = a[1 - e\cos(\theta-\omega)],$$

en négligeant les puissances de e, supérieures à la première. On en déduit au moyen de la même simplification

$$r^2 d\theta = a^2[1 - 2e\cos(\theta-\omega)]d\theta$$

et par suite, à cause de

$$r^2 d\theta = cdt = na^2\sqrt{1-e^2}\,dt,$$

on a

$$[1 - 2e\cos(\theta-\omega)]d\theta = ndt,$$

d'où l'on tire, en intégrant,

$$\theta - \omega = nt + 2e\sin(\theta-\omega).$$

Enfin si l'on remplace $\sin(\theta-\omega)$ par

$$\sin[nt + 2e\sin(\theta-\omega)] = \sin nt\cos[2e\sin(\theta-\omega)] + \cos nt\sin[2e\sin(\theta-\omega)],$$

il vient, en développant et négligeant comme précédemment les termes qui contiennent en facteur une puissance de e supérieure à la première,

$$\theta - \omega = nt + 2e \sin nt. \tag{3}$$

Les équations (1), (2) et (3) sont celles auxquelles on voulait parvenir.

323. Quand $e = 0$, la formule (2) donne $r = a$ et fait voir que la trajectoire est un cercle. En même temps, l'équation (3) montre que l'angle θ augmente proportionnellement au temps; donc la vitesse est constante, comme on l'avait déjà conclu d'autres formules.

D'après cela, AMA' étant l'orbite d'une planète, décrivons du point O comme centre, avec un rayon arbitraire Oa, une circonférence de cercle. Imaginons maintenant qu'un mobile quelconque m se meuve sur cette circonférence avec une vitesse constante, de telle sorte que ce mobile et la planète se trouvent au même instant en a et en A sur le grand axe de l'ellipse, et qu'ils accomplissent tous deux une révolution entière dans le même temps. La formule $\theta - \omega = nt + 2e \sin nt$ fait voir que, dans la première moitié du mouvement, c'est-à-dire de A en A', le rayon vecteur OM précédera Om et que l'inverse aura lieu dans la seconde période du mouvement

Fig. 106.

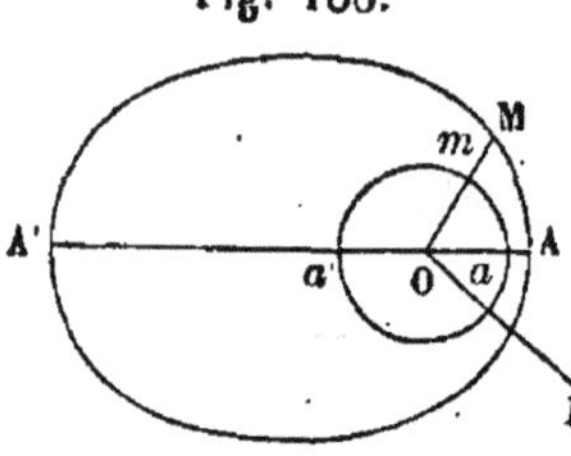

CAS D'UNE PARABOLE.

324. La courbe

$$r = \frac{\frac{c^2}{\mu}}{1 + \sqrt{1 - \frac{bc^2}{\mu^2}} \cos(\theta - \omega)} \tag{1}$$

devient une parabole si $b=0$, et son équation prend la forme

$$r=\frac{\frac{c^2}{\mu}}{1+\cos(\theta-\omega)}.$$

En la comparant à l'équation générale

$$r=\frac{p}{1+\cos(\theta-\omega)}$$

d'une parabole rapportée à son foyer et à une droite faisant un angle ω avec l'axe de la parabole, on voit que le demi-paramètre de la trajectoire parabolique est

$$p=\frac{c^2}{\mu}.$$

Pour avoir la position du mobile sur la parabole, à un instant déterminé, reprenons l'équation $r^2d\theta=cdt$. Remplaçons-y le rayon vecteur r par $\frac{p}{1+\cos(\theta-\omega)}$ et la constante c par $\sqrt{p\mu}$, il vient alors

$$dt=\frac{p\sqrt{p}}{\sqrt{\mu}}\frac{d\theta}{[1+\cos(\theta-\omega)]^2}.$$

Afin d'intégrer, posons $\theta-\omega=2\psi$; il en résulte

$$1+\cos(\theta-\omega)=2\cos^2\psi$$

et

$$\frac{d\theta}{[1+\cos(\theta-\omega)]^2}=\frac{1}{2}\frac{d\psi}{\cos^4\psi}=\frac{1}{2}\frac{\frac{d\psi}{\cos^2\psi}}{\cos^2\psi}$$
$$=\frac{1}{2}(1+\tang^2\psi)\,d.\tang\psi.$$

Par conséquent

$$dt=\frac{1}{2}\frac{p\sqrt{p}}{\sqrt{\mu}}(1+\tang^2\psi)\,d\tang\psi$$

et

$$(2) \qquad t = \frac{p\sqrt{p}}{2\sqrt{\mu}}\left[\operatorname{tang}\frac{1}{2}(\theta-\omega)+\frac{1}{3}\operatorname{tang}^3\frac{1}{2}(\theta-\omega)\right].$$

Il n'y a pas de constante à ajouter, si l'on compte le temps à partir du moment où le mobile est au sommet de la parabole.

Les formules (1) et (2) qui déterminent la trajectoire et la position du mobile à une époque assignée, sont appliquées au mouvement des comètes dont les orbites sont des ellipses très-allongées qu'on peut regarder, sans erreur sensible, comme des paraboles.

VINGT-SIXIÈME LEÇON.

ATTRACTION UNIVERSELLE ET MASSE DES PLANÈTES.

Lois de l'attraction universelle. — Vérification de la loi de l'attraction. — Mouvement absolu et relatif de deux corps qui s'attirent. — Masse des planètes accompagnées de satellites. — Masse de la terre. — Masse des planètes dépourvues de satellites.

LOIS DE L'ATTRACTION UNIVERSELLE.

325. Il résulte des lois de Képler que toutes les planètes sont constamment sollicitées par une force qui passe à chaque instant par le centre du soleil et qui varie, pour chaque planète, en raison inverse du carré de la distance de son centre de gravité à celui du soleil. Quand une planète a des satellites, les mouvements de ces corps, tels qu'on pourrait les observer de cette planète, sont encore assujettis aux lois de Képler. Ils doivent donc être attirés par la planète autour de laquelle ils tournent, par une force passant constamment par le centre de celle-ci et variant en raison inverse du carré de la distance du centre de gravité du satellite à celui de la planète. Les satellites sont aussi attirés par le soleil; mais comme leur distance à la planète est très-petite par rapport à celle de la planète au soleil, la force accélératrice résultant de l'attraction du soleil sur un satellite peut être regardée comme identique avec celle qui résulte de l'attraction du soleil sur la planète, et, par conséquent, cette dernière force n'altère pas le mouvement relatif du satellite autour de la planète.

326. Réciproquement, les planètes attirent le soleil.

En effet, pour toutes les forces que nous voyons agir à la surface de la terre, l'action produite est toujours accompagnée d'une réaction égale et contraire. Ainsi, un aimant fixe jouit de la propriété d'attirer un morceau de fer doux, parfaitement libre; réciproquement, si le fer est fixe et l'aimant libre, il viendra s'appliquer sur le fer. L'expérience prouve que ces deux attractions dirigées en sens inverses sont égales, car si l'aimant et le morceau de fer doux étaient unis entre eux par une tige rigide et inextensible, le système ne prendrait aucun mouvement dans l'espace. On a d'ailleurs un très-grand nombre d'exemples de ce fait, de sorte qu'en étendant, par analogie, cette loi aux mouvements des corps célestes, on en conclut que les planètes, étant attirées par le soleil, celui-ci, réciproquement, est attiré par elles suivant la même loi.

327. Cette attraction réciproque est proportionnelle à la masse de chacun des deux corps qui s'attirent. Il résulte, en effet, de la troisième loi de Képler, que, si deux planètes étaient placées, sans vitesse initiale, à la même distance du centre du soleil, elles parcourraient, en ligne droite, des espaces égaux pendant le même temps. On conclut de là que les forces motrices des planètes sont proportionnelles à leurs masses. Par conséquent, si on suppose la masse d'une planète partagée en une infinité de molécules égales en masse, toutes ces molécules seront attirées vers le soleil, par des forces que l'on pourra regarder comme égales et parallèles, en raison des petites dimensions de la planète, comparées à la distance qui sépare cette dernière du soleil. Réciproquement, les molécules du soleil, égales en masse, sont attirées, suivant la même loi, par celles des planètes, et l'on est ainsi conduit à cette loi générale de la nature : *Deux molécules matérielles quelconques s'attirent, en raison directe de leurs masses et en raison inverse du carré de leur distance.*

En admettant ce principe, si l'on appelle f l'attraction réciproque de deux molécules matérielles, placées à l'unité de distance l'une de l'autre, $\frac{fmm'}{r^2}$ sera l'attraction qu'exerceront l'une sur l'autre deux molécules matérielles ayant des masses m et m' et dont la distance est r. Il suit de là que l'expression $\frac{fmm'}{r^2}$ pourra aussi être appliquée à l'attraction exercée par le soleil sur une planète et réciproquement : d'abord, parce que les dimensions de chacun de ces corps étant très-petites, par rapport à la distance qui les sépare, une molécule de la planète et une du soleil peuvent toujours être regardées comme placées aux extrémités de droites égales et parallèles; et ensuite parce que le soleil et une planète quelconque peuvent être avec une approximation suffisante considérés comme formés de couches sphériques homogènes, ce qui fait que l'attraction totale exercée par un de ces corps sur l'autre est la même que si la masse de chaque corps était réunie à son centre de gravité.

VÉRIFICATION DE LA LOI DE L'ATTRACTION

328. La pesanteur des corps, à la surface de la terre, doit être regardée comme un cas particulier de la gravitation universelle, puisqu'elle résulte de l'attraction exercée par toute la masse du globe sur les différents points matériels d'un corps quelconque. De plus on remarque que le poids d'un corps dépend de sa position et de sa masse, mais nullement de sa nature, propriété commune à la pesanteur et à l'attraction universelle.

Quand un corps pesant s'éloigne de plus en plus du centre O de la terre, au delà de sa surface, l'attraction de la terre sur ce corps doit diminuer en raison inverse du carré de la distance du centre O′ de ce corps au centre O de la terre. Si le point O′ est le centre de la lune, par exemple, la pesanteur diminuée dans le rapport du carré de la distance OO′ au carré de OA devra être la force motrice de notre satellite, à chaque instant. Admettons, pour plus de simplicité, que l'orbite lunaire soit une circonférence de cercle. Dans cette hypothèse, on doit regarder la vitesse de la lune comme constante. Il faut donc que la force centrifuge de la lune soit précisément égale à la pesanteur diminuée dans le rapport de $\overline{OA}^2 = r^2$ à $\overline{OO'}^2 = \rho^2$. Dans ce calcul approximatif, on a $\rho = 60r$. Appelons F la force centrifuge de l'unité de masse de la lune. On aura $F = \frac{4\pi^2\rho}{T^2}$, T étant le temps qu'elle met à faire une révolution autour de la terre. Par conséquent,

Fig. 107.

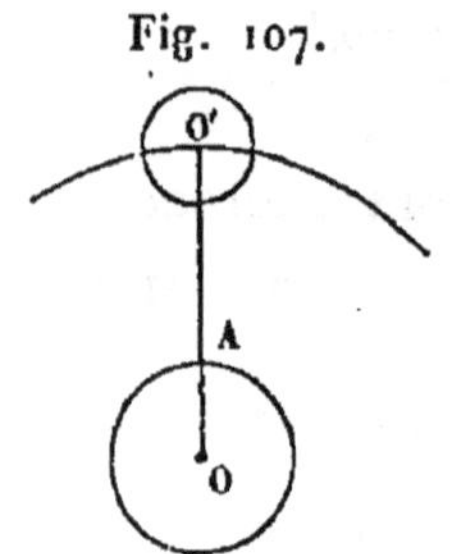

$$F = \frac{4\pi^2 \times 60r}{T^2} = \frac{120\pi \times 2\pi r}{T^2} = \frac{120\pi \times 40\,000\,000^{m}}{T^2};$$

d'ailleurs,

$$T = 39\,343 \times 60''.$$

Donc enfin

$$F = \frac{g}{(60)^2} \times \frac{120\pi \times 40\,000\,000}{(39\,343)^2}.$$

Calculant par logarithmes le coefficient $\frac{120\pi \times 40\,000\,000}{(39\,343)^2}$, on trouve, en s'arrêtant aux centièmes, qu'il est égal à 9,81, c'est-à-dire à très-peu près égal à g. On peut donc écrire

$$F = \frac{g}{(60)^2} \quad \text{ou} \quad F : g = r^2 : \rho^2.$$

ce qu'il s'agissait de vérifier.

MOUVEMENT ABSOLU ET RELATIF DE DEUX CORPS QUI S'ATTIRENT.

329. Il résulte du principe de l'attraction ou gravitation universelle, que si M et m sont les masses respectives du soleil et d'une planète, r la distance de leurs centres de gravité, et f le coefficient de l'attraction universelle, $\frac{fMm}{r^2}$ est la mesure de l'attraction qu'un de ces deux corps exerce sur l'autre. Par suite, abstraction faite de toute autre cause, $\frac{fM}{r^2}$ et $\frac{fm}{r^2}$ sont respectivement les forces accélératrices de la planète et du soleil, et, comme elles sont en raison inverse des masses de ces deux corps, on en conclut que, s'ils n'avaient aucune vitesse initiale, ils viendraient se réunir sur la droite qui joint leurs centres au centre de gravité du système de ces deux corps, lequel point partage cette droite en deux parties réciproquement proportionnelles à leurs masses. Pour le faire voir plus clairement, appelons S et s les espaces rectilignes parcourus par le soleil et par la planète, jusqu'à leur point de rencontre. On aura

$$M\frac{d^2S}{dt^2}=\frac{fMm}{r^2},\quad m\frac{d^2s}{dt^2}=\frac{fMm}{r^2};$$

d'où résulte

$$M\frac{d^2S}{dt^2}=m\frac{d^2s}{dt^2}.$$

Par suite

$$M\frac{dS}{dt}=m\frac{ds}{dt},$$

et enfin

$$MS=ms.$$

Il n'y a pas de constante à ajouter, car on suppose que

le soleil et la planète partent en même temps, sans vitesse initiale. De l'équation $MS = ms$, on déduit

$$S : s = m : M,$$

ce qui démontre la proposition énoncée.

330. Si l'on veut obtenir le mouvement relatif d'une planète autour du soleil, c'est-à-dire le mouvement apparent de cette planète pour un observateur placé à la surface du soleil, il faudra supposer appliquée au centre de gravité du soleil une force égale et contraire à celle qui le fait mouvoir dans l'espace, afin de pouvoir le considérer comme fixe; mais, en même temps, afin de ne pas altérer le mouvement de la planète par rapport au soleil, il faudra aussi regarder une force égale et parallèle à cette dernière comme appliquée au centre de gravité de la planète. Par conséquent, ce dernier point sera constamment sollicité par une force dirigée vers le centre du soleil, et égale à

$$\frac{fM}{r^2} + \frac{fm}{r^2} \quad \text{ou à} \quad \frac{f(M+m)}{r^2} = \frac{\mu}{r^2},$$

en appelant μ le coefficient $f(M+m)$ constant pour toutes les positions de la planète. Ce fait est encore une conséquence du calcul, comme nous allons l'établir.

Supposons les masses du soleil et de la planète concentrées à leurs centres de gravité, $M(x_1, y_1, z_1)$ et $m(x, y, z)$ ces deux points étant rapportés à trois axes rectangulaires quelconques, mais fixes dans l'espace. Le point M décrira dans son mouvement une certaine courbe AMB, et le point m une courbe amb. Menons maintenant par le point M, à

Fig. 108.

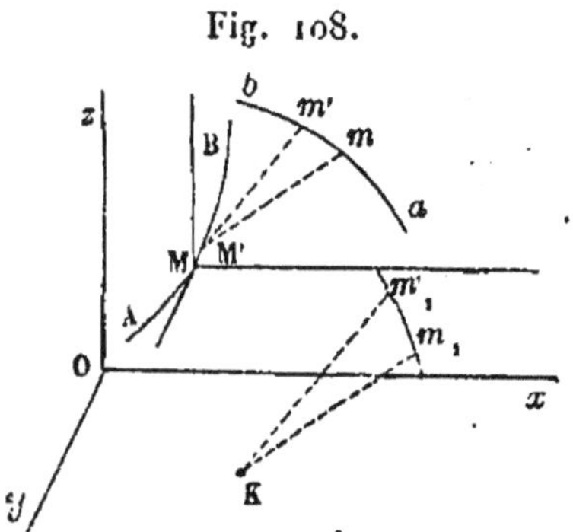

l'instant considéré, trois axes rectangulaires parallèles à Ox, Oy et Oz, et supposons que le point M, dans son mouvement, emporte ces axes parallèlement à eux-mêmes avec lui. Appelons ξ, η et ζ les coordonnées variables du point M, par rapport à ces axes dont la position varie à chaque instant.

En concevant que le point M et par suite les axes qui passent par ce point soient fixes, ξ, η et ζ se rapporteront à la trajectoire apparente du point m. Or on a d'abord

$$(1)\qquad x = x_1 + \xi, \quad y = y_1 + \eta, \quad z = z_1 + \zeta.$$

A l'aide de ces équations, si l'on connaît le mouvement absolu de M et le mouvement relatif de m, on a le mouvement absolu de m, et *vice versâ*, si l'on connaît les mouvements absolus de M et de m, on aura le mouvement relatif de m autour de M.

Afin de bien concevoir ce mouvement apparent de la planète, imaginons que d'un point fixe K de l'espace on mène des droites Km_1, $Km'_1, \ldots$, égales et parallèles aux droites Mm, $M'm', \ldots$, qui joignent les positions simultanées successives des points M et m, sur les courbes que ces deux points décrivent. Il est clair que m_1, $m'_1, \ldots$, seront les positions apparentes de m, telles qu'on les observerait du point fixe M, si M était en K et que $m_1 m'_1$ sera la courbe apparente que décrira le point m.

331 Revenons maintenant aux équations (1) pour en déduire la vitesse de m sur la trajectoire apparente. En les différentiant, on a

$$(2)\qquad \begin{cases} \dfrac{dx}{dt} = \dfrac{dx_1}{dt} + \dfrac{d\xi}{dt}, \\[2mm] \dfrac{dy}{dt} = \dfrac{dy_1}{dt} + \dfrac{d\eta}{dt}, \\[2mm] \dfrac{dz}{dt} = \dfrac{dz_1}{dt} + \dfrac{d\zeta}{dt}; \end{cases}$$

$\frac{dx}{dt}$, $\frac{dy}{dt}$ et $\frac{dz}{dt}$ d'une part, $\frac{dx_1}{dt}$, $\frac{dy_1}{dt}$ et $\frac{dz_1}{dt}$ de l'autre, sont les composantes parallèles aux axes des vitesses des points M et m, à l'instant considéré sur les courbes AMB et amb, $\frac{d\xi}{dt}$, $\frac{d\eta}{dt}$ et $\frac{d\zeta}{dt}$ sont aussi les composantes parallèles aux axes de la vitesse du point m sur la trajectoire apparente. Donc cette dernière vitesse pourra être déterminée par ses composantes, au moyen des équations (2), lorsque les mouvements absolus des points M et m seront connus. On peut aussi l'obtenir par la construction suivante.

Soient MA et mB des droites, représentant en grandeur et en direction les vitesses absolues des points M et m à l'instant en question. Menons la droite mC, égale et parallèle à MA, mais dirigée en sens contraire. Je dis que la diagonale mD du parallélogramme mBDC représentera la vitesse apparente en grandeur et en direction. En effet, projetons les trois points m, D, B en m', d' et b' sur l'axe Ox. La projection $m'd'$ de mD est égale à la somme algébrique des projections des deux autres côtés, en supposant qu'on parcoure le triangle mBD dans le sens mBD, et regardant comme positives les projections allant de O vers x et comme négatives celles qui vont dans le sens opposé. Or

Fig. 109.

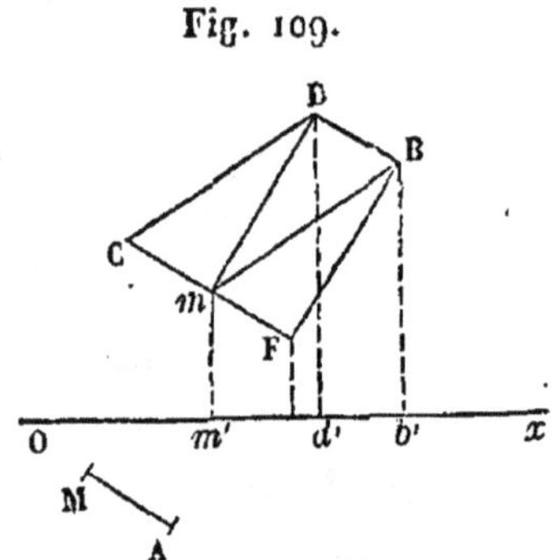

$$m'b' = \frac{dx}{dt}, \quad b'd' = \frac{dx_1}{dt}.$$

Donc

$$m'd' = \frac{dx}{dt} - \frac{dx_1}{dt} = \frac{d\xi}{dt}.$$

Il suit de là que, sur un axe quelconque, mD a même

projection que la vitesse apparente : donc mD représente cette vitesse en grandeur et en direction.

En différentiant les équations (2) par rapport à t, on a

$$(3)\qquad \left\{\begin{aligned} \frac{d^2 x}{dt^2} &= \frac{d^2 x_1}{dt^2} + \frac{d^2 \xi}{dt^2},\\ \frac{d^2 y}{dt^2} &= \frac{d^2 y_1}{dt^2} + \frac{d^2 \eta}{dt^2},\\ \frac{d^2 z}{dt^2} &= \frac{d^2 z_1}{dt^2} + \frac{d^2 \zeta}{dt^2}.\end{aligned}\right.$$

A l'aide de ces équations, on démontre comme précédemment que si les forces accélératrices des points M et m sont représentées en grandeur et en direction par MA et par mB, et si l'on mène mC égale et parallèle à MA, mais dirigée en sens contraire, la force accélératrice, répondant au mouvement apparent, et qui a pour composantes $\frac{d^2 \xi}{dt^2}$, $\frac{d^2 \eta}{dt^2}$, $\frac{d^2 \zeta}{dt^2}$, sera représentée, en grandeur et en direction, par la diagonale mD du parallélogramme mBDC.

Réciproquement, si l'on connaissait le mouvement absolu du point M et le mouvement apparent de m, on verrait aisément que la droite mF étant égale et parallèle à MA, la diagonale mB du parallélogramme mFBD représenterait en grandeur et en direction la vitesse ou la force accélératrice du mouvement absolu du point m.

332. Le centre de gravité du soleil et celui d'une planète sont sollicités par des forces motrices appliquées en sens contraires, suivant la droite qui unit ces deux points, et égales chacune à $\frac{f\text{M}m}{r^2}$, en appelant, comme précédemment, M et m les masses du soleil et de la planète. Donc $\frac{fm}{r^2}$ et $\frac{f\text{M}}{r^2}$ seront leurs forces accélératrices, et il

résulte de la construction géométrique (331) que

$$\frac{fm}{r^2}+\frac{fM}{r^2}=\frac{f(M+m)}{r^2}$$

sera, à chaque instant, la force accélératrice qui produirait le mouvement apparent de la planète autour du soleil supposé fixe. On voit que cette force

$$\frac{f(M+m)}{r^2}=\frac{\mu}{r^2},$$

en posant

$$f(M+m)=\mu,$$

varie en raison inverse du carré de la distance. Par conséquent, *la trajectoire apparente de la planète est une section conique* et par suite une ellipse, puisqu'elle ne s'éloigne jamais indéfiniment du soleil.

333. Nous avons obtenu la formule (320)

$$\mu=\frac{4\pi^2a^3}{T^2},$$

a étant le demi grand axe de cette ellipse, et T la durée d'une révolution entière. Par conséquent

$$\frac{4\pi^2a^3}{T^2}=f(M+m).$$

La masse m variant d'une planète à l'autre, on voit que $\frac{a^3}{T^2}$ n'est réellement pas constant pour toutes les planètes. Toutefois, comme l'observation démontre que la troisième loi de Képler est extrêmement approchée, on doit en conclure que m est très-petit par rapport à M, ou que les masses des planètes sont très-petites, comparées à celle du soleil. En effet, la masse de Jupiter, qui est la plus considérable de toutes les planètes, n'est pas $\frac{1}{1000}$ de celle du soleil.

Le mouvement elliptique n'est pas non plus rigoureusement celui des planètes autour du soleil. Toutes les planètes, en vertu de l'attraction universelle, agissant les unes sur les autres, il en résulte des perturbations dans leurs mouvements apparents, tels qu'on les avait calculés d'abord, en ne tenant pas compte de l'influence de ces astres les uns sur les autres. Cependant, comme les masses des planètes sont extrêmement petites relativement à celle du soleil, et comme elles sont toujours placées à des distances considérables les unes des autres, il en résulte que le mouvement elliptique n'en est troublé que d'une manière très-faible et souvent insensible. Le calcul de ces variations fait, en grande partie, l'objet de la *mécanique céleste.*

MASSES DES PLANÈTES ACCOMPAGNÉES DE SATELLITES.

334. La formule

$$\frac{a^3}{T^2} = \frac{f(M + m)}{4\pi^2}$$

peut servir à calculer les masses des planètes qui sont accompagnées de satellites. En effet, soient M, m et m' les masses respectives du soleil, de la planète et du satellite de cette dernière; soient a le demi grand axe de l'orbite de la planète dans son mouvement relatif autour du soleil, et T la durée d'une révolution complète; et soient a' et T$'$ les données analogues, répondant au mouvement apparent du satellite autour de la planète. On aura

$$\frac{4\pi^2 a^3}{T^2} = f(M + m), \quad \frac{4\pi^2 a'^3}{T'^2} = f(m + m').$$

Divisant ces deux équations l'une par l'autre, il vient

$$\frac{m + m'}{M + m} = \frac{a'^3}{a^3} \cdot \frac{T^2}{T'^2};$$

Les masses des satellites étant extrêmement petites par

rapport à celle de la planète, excepté la masse de la lune comparée à celle de la terre, on peut négliger m' devant m, et pour la même raison m devant M; d'où résulte enfin

$$\frac{m}{M} = \frac{a'^3}{a^3} \cdot \frac{T^2}{T'^2},$$

formule qui peut servir à calculer le rapport de la masse de la planète à celle du soleil. Cette méthode donne $\frac{1}{1067}$ pour le rapport de la masse de Jupiter à celle du soleil; mais on a trouvé plus tard que ce nombre était un peu trop grand et devait être changé en $\frac{1}{1070}$

MASSE DE LA TERRE.

335. La méthode qui vient d'être exposée ne peut pas servir à déterminer la masse de la terre, comparée à celle du soleil. Voici comment on peut résoudre ce problème.

Soit m la masse de la terre. Si elle était parfaitement sphérique, en appelant r son rayon, $\frac{fm}{r^2}$ serait l'attraction totale qu'elle exercerait sur l'unité de masse d'un corps placé à sa surface. Or, comme elle a la forme d'un sphéroïde différant très-peu d'une sphère, quoique cette attraction ne soit pas la même en tous les points de la surface, il existe un certain parallèle sur lequel l'attraction terrestre a précisément pour mesure $\frac{fm}{r^2}$, et il résulte du calcul de l'attraction des sphéroïdes que pour ce parallèle $\sin^2\lambda = \frac{1}{3}$, en appelant λ sa latitude. L'observation démontre d'ailleurs que la pesanteur sur ce parallèle a pour mesure $g = 9^m,79386$. De plus la composante verticale de la force centrifuge a pour mesure sur le même parallèle une fraction $\frac{\cos^2\lambda}{289} = \frac{2}{3}\frac{1}{289}$ de la gravité. Il faut ajouter cette composante à g, ce qui donne pour l'attraction du sphéroïde terrestre sur l'unité de masse d'un corps placé sur ce parallèle, $G = 9^m,81645$. Or on a

$$G = \frac{fm}{r^2}, \quad \frac{4\pi^2a^3}{T^2} = f(M+m),$$

d'où l'on tire, en négligeant m vis-à-vis de M,

$$\frac{M}{m} = \frac{4\pi^2a^3}{Gr^2T^2} - 1,$$

en appelant M la masse du soleil, a le demi grand axe de l'orbite apparent de la terre autour du soleil et T le nombre de secondes contenu dans une année. En substituant dans cette dernière formule

$$G = 9^m,81645,$$
$$r = 6364551^m,$$
$$a = 23984\,r$$

et

$$T = 86400'' \times 365,2563\ldots,$$

on trouve

$$\frac{M}{m} = 354592$$

pour le rapport de la masse du soleil à celle de la terre.

336. On conclut de là le rapport de la densité moyenne du soleil à celle de la terre. En effet, le volume du soleil est 1331000 fois celui de la terre. Si donc on divise le rapport de leurs masses, ou 354592, par le rapport de leurs volumes, ou 1331000, le quotient, environ $\frac{1}{4}$, sera le rapport de la densité moyenne du soleil à celle de la terre.

337. On peut déduire, de ce qui précède, l'attraction que la masse du soleil exerce sur l'unité de masse d'un corps placé à sa surface, ou la pesanteur à la surface du soleil. Elle est exprimée par $\frac{fM}{R^2}$, M étant la masse et R le rayon du soleil. Or $G = \frac{fm}{r^2}$, G étant l'attraction de la

terre sur l'unité de masse d'un corps à sa surface, m la masse de la terre et r son rayon. Donc, en négligeant la force centrifuge, qui est faible à la surface du soleil, $G\frac{R^2}{r^2}\frac{M}{m}$ est la pesanteur à la surface du soleil. Si dans cette expression on remplace $\frac{r}{R}$ par $\frac{1}{110}$ et $\frac{M}{m}$ par 354592, on trouve que la pesanteur à la surface du soleil est à peu près $29\times G$, c'est-à-dire environ 29 fois plus considérable qu'à la surface de la terre. Ainsi un corps à la surface du soleil parcourrait, dans la première seconde de sa chute, environ $29\times 4^{m},9$, ou de 140 à 145 mètres.

MASSE D'UNE PLANÈTE DÉPOURVUE DE SATELLITES.

338. Ayant déterminé la masse de la terre, il devient possible de déterminer celle d'une planète quelconque, même dépourvue de satellites. En conservant les mêmes notations (334), on a pour la planète en question

$$\frac{4\pi^2 a'^3}{T'^2}=f(M+m').$$

Or on a pour la terre

$$G=\frac{fm}{r^2},$$

ce qui permet d'éliminer f, et de là résulte

$$\frac{4\pi^2 a'^3}{T'^2}=Gr^2\left(\frac{M}{m}+\frac{m'}{m}\right).$$

Remplaçant $\frac{M}{m}$ par 354592, on tire de cette équation $\frac{m'}{m}$, ou le rapport de la masse de la planète à celle de la terre.

TABLE

DES DÉFINITIONS, DES PROPOSITIONS ET DES FORMULES PRINCIPALES

CONTENUES

DANS LE PREMIER VOLUME DU COURS DE MÉCANIQUE.

PREMIÈRE LEÇON.

DES FORCES APPLIQUÉES A UN MÊME POINT.

1. Définitions. — On appelle *corps* ou *matière* tout ce qui affecte nos sens d'une manière quelconque.

2. On appelle *force* toute cause qui met un corps en mouvement ou qui tend à le mouvoir.

3. Un point ou un système de points sollicité par plusieurs forces est en *équilibre*, quand ce point ou ce système est dans le même état de repos ou de mouvement que si ces forces n'existaient pas.

4, 5. Comparaison des forces. — Deux forces sont *égales* quand, appliquées au même point, suivant la même direction et en sens contraires, elles se font équilibre.

6. Le point d'application d'une force peut être transporté en un point quelconque de sa direction, pourvu que ce dernier point soit lié au premier d'une manière invariable.

7. Résultante de plusieurs forces. — Quand une force unique peut faire équilibre à un système de forces, une force R égale et contraire à la première force est dite la *résultante* du système de forces.

8. Un système de forces ne peut avoir deux résultantes.

9. Composition des forces dirigées suivant la même droite. — Plusieurs forces, appliquées suivant la même droite, se composent en une seule, égale à l'excès de la somme de celles qui tirent dans un sens, sur la somme de celles qui tirent dans l'autre sens, et cette résultante agit dans le sens des forces qui composent la plus grande somme.

10, 11, 12. Règle du parallélogramme des forces. — Si deux forces P et Q sont représentées en grandeur et en direction par les deux côtés contigus AB et AC du parallélogramme ABCD, la résultante R de ces deux forces sera représentée par la diagonale AD de ce parallélogramme.

Fig. 1.

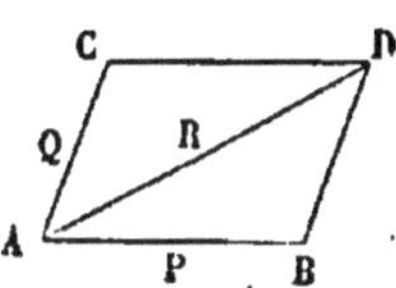

13. Composition de plusieurs forces concourantes. — La résultante R des forces P, P′, P″, P‴, appliquées au même point A, est la droite AN qui ferme le contour polygonal ABLMN, dont les côtés successifs sont parallèles à la direction des forces données et proportionnels à leurs intensités.

Fig. 5.

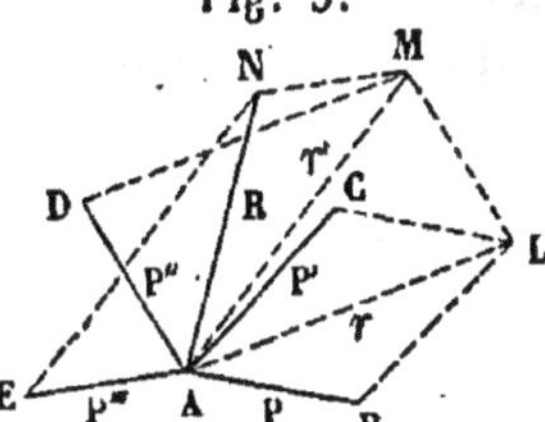

14. Si le contour se ferme de lui-même, les forces données se font équilibre, et réciproquement.

15. Quand les forces se réduisent à trois, non situées dans un même plan, leur résultante R est représentée par la diagonale du parallélipipède construit sur les droites qui représentent ces forces.

16. Réciproquement, une force AG = R peut se décomposer en trois autres dirigées suivant les arêtes d'un parallélipipède.

17, 18. Relations entre une force et ses composantes suivant trois axes rectangulaires. X, Y, Z étant trois forces appliquées au point A et dirigées suivant trois axes rectangulaires, si a, b, c représentent les angles que leur résultante R fait avec ces axes, on a les formules

$$X = R\cos a, \quad Y = R\cos b, \quad Z = R\cos c,$$

$$R = \sqrt{X^2 + Y^2 + Z^2},$$

$$\cos a = \frac{X}{\sqrt{X^2 + Y^2 + Z^2}},$$

$$\cos b = \frac{Y}{\sqrt{X^2 + Y^2 + Z^2}},$$

$$\cos c = \frac{Z}{\sqrt{X^2 + Y^2 + Z^2}}.$$

DEUXIÈME LEÇON.

SUITE DE LA COMPOSITION DES FORCES CONCOURANTES.

19. CALCUL DE LA RÉSULTANTE D'UN NOMBRE QUELCONQUE DE FORCES APPLIQUÉES A UN MÊME POINT. P, P′, P″,... sont des forces appliquées à un même point; α, β, γ, α', β', γ',..., les angles que leurs directions font avec trois axes rectangulaires; R leur résultante; a, b, c, les angles que cette résultante fait avec les mêmes axes; X, Y, Z les composantes de R parallèles aux axes : on a

$$X = P\cos\alpha + P'\cos\alpha' + P''\cos\alpha'' + \ldots,$$
$$Y = P\cos\beta + P'\cos\beta' + P''\cos\beta'' + \ldots,$$
$$Z = P\cos\gamma + P'\cos\gamma' + P''\cos\gamma'' + \ldots,$$

$$R = \sqrt{X^2 + Y^2 + Z^2},$$

$$\cos a = \frac{X}{R}, \quad \cos b = \frac{Y}{R}, \quad \cos c = \frac{Z}{R}.$$

20. On a encore

$$R^2 = P^2 + P'^2 + P''^2 + \ldots + 2PP'\cos(P, P') + 2PP''\cos(P, P'') + \ldots.$$

21. Lorsqu'on décompose une force P en deux autres, l'une dirigée suivant un axe, l'autre située dans un plan perpendiculaire à cet axe, la première représente ce qu'on appelle la force P estimée suivant cet axe.

La résultante de plusieurs forces, estimée suivant un axe quelconque, est égale à la somme de ces forces estimées suivant le même axe.

22, 23. CONDITIONS D'ÉQUILIBRE DE PLUSIEURS FORCES CONCOURANTES. — Pour que les forces P, P′, P″,... appliquées à un point entièrement libre se fassent équilibre, il faut que l'on ait (notations du n° 19)

$$P\cos\alpha + P'\cos\alpha' + P''\cos\alpha'' + \ldots = 0,$$
$$P\cos\beta + P'\cos\beta' + P''\cos\beta'' + \ldots = 0,$$
$$P\cos\gamma + P'\cos\gamma' + P''\cos\gamma'' + \ldots = 0.$$

24 à 28. ÉQUILIBRE D'UN POINT ASSUJETTI A SE MOUVOIR SUR UNE SURFACE OU SUR UNE COURBE DONNÉE. — Pour que les forces P, P′, P″,... appliquées à un point qui est assujetti à demeurer sur une surface

$$f(x, y, z) = 0,$$

soient en équilibre, on doit avoir (notations du n° 19)

$$\frac{X}{\frac{df}{dx}} = \frac{Y}{\frac{df}{dy}} = \frac{Z}{\frac{df}{dz}}.$$

29, 30. Quand le point A est assujetti à demeurer sur une courbe, on a pour seule condition d'équilibre

$$X dx + Y dy + Z dz = 0.$$

TROISIÈME LEÇON.

COMPOSITION ET ÉQUILIBRE DES FORCES PARALLÈLES.

31. Composition de deux forces parallèles. Couple. — La résultante R de deux forces parallèles P et Q leur est parallèle; si l'on appelle C son point d'application, on a

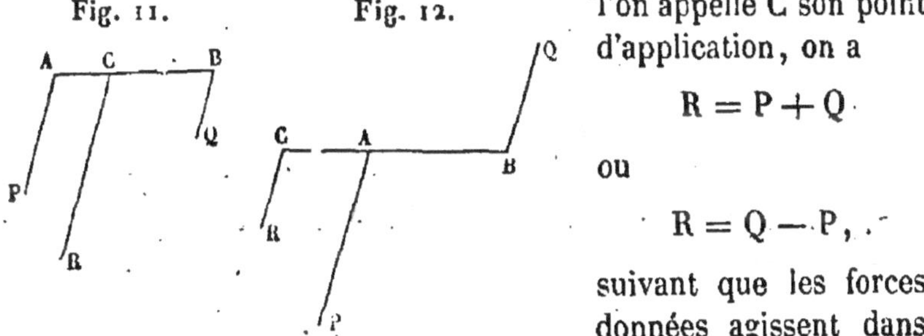

Fig. 11. Fig. 12.

$$R = P + Q$$

ou

$$R = Q - P,$$

suivant que les forces données agissent dans le même sens ou en sens contraires. On a dans les deux cas

$$\frac{P}{BC} = \frac{Q}{CA} = \frac{R}{AB}.$$

32, 33. Un couple est l'ensemble de deux forces égales, parallèles et de sens contraires, mais non directement opposées. Un couple n'a pas de résultante.

34. Composition d'un nombre quelconque de forces parallèles. — La résultante de plusieurs forces parallèles est égale à l'excès de la somme des forces qui agissent dans un sens, sur la somme des forces qui agissent dans le sens contraire, et agit dans le sens de la plus grande.

35. Un système de plusieurs forces parallèles peut se réduire à un couple.

36. Centre des forces parallèles. — Si l'on change simultanément les directions et les intensités de toutes les forces, de ma-

nière que, passant toujours par les mêmes points d'application, elles conservent les mêmes rapports de grandeur et leur parallélisme, la résultante de toutes ces forces passera toujours par le même point. Ce point est appelé le centre des forces parallèles.

37 à 42. Théorème des moments. — Le moment d'une force par rapport à un plan est le produit de l'intensité de cette force par la distance du point d'application de la force au plan.

Le moment de la résultante d'un nombre quelconque de forces parallèles, par rapport à un plan, est égal à la somme algébrique des moments des composantes par rapport à ce plan.

43 à 46. Calcul des coordonnées du centre de plusieurs forces parallèles. $P, P', P'', \ldots$ désignant des forces parallèles, $x, y, z, x', y', z', \ldots$ les coordonnées de leurs points d'application, R leur résultante et x_1, y_1, z_1, les coordonnées du point d'application de cette dernière force :

$$
\begin{aligned}
R &= P + P' + P'' + \ldots, \\
Rx_1 &= Px + P'x' + P''x'' + \ldots, \\
Ry_1 &= Py + P'y' + P''y'' + \ldots, \\
Rz_1 &= Pz + P'z' + P''z'' + \ldots.
\end{aligned}
$$

47 à 49. Équilibre des forces parallèles. — Si l'on prend l'axe des z parallèle à la direction des forces, on aura, dans le cas de l'équilibre,

$$
\begin{aligned}
P + P' + P'' + \ldots &= 0, \\
Px + P'x' + P''x'' + \ldots &= 0, \\
Py + P'y' + P''y'' + \ldots &= 0.
\end{aligned}
$$

50. Quand le point O est fixe, les conditions d'équilibre se réduisent à deux :

$$
\begin{aligned}
Px + P'x' + P''x'' + \ldots &= 0, \\
Py + P'y' + P''y'' + \ldots &= 0.
\end{aligned}
$$

QUATRIÈME LEÇON.

DU CENTRE DE GRAVITÉ.

51. Notions sur la pesanteur. — On appelle *pesanteur* ou *gravité* la force qui sollicite tous les corps vers la surface de la terre; cette force agit suivant la verticale. Toutes les verticales d'un même lieu peuvent être regardées comme parallèles.

52. Poids. — Le poids d'un corps est la résultante de toutes les actions de la pesanteur sur les diverses molécules de ce corps. Le centre de ces forces, considérées comme parallèles, est le centre de gravité du corps.

53. Centre de gravité. — Le centre de gravité d'un corps peut s'obtenir expérimentalement en suspendant le corps à un fil dans deux positions différentes.

54. Poids spécifique. — Densité. — Le poids spécifique ϖ, d'un corps homogène, est le poids de ce corps sous l'unité de volume. P étant le poids du corps et V le volume, on a

$$P = \varpi V.$$

55. La densité moyenne d'un corps est le rapport du poids de ce corps à son volume ou $\frac{V}{P}$. La densité d'un corps en un point M est la limite vers laquelle tend la densité moyenne d'un volume de matière pris autour du point M quand ce volume tend vers zéro.

56. Centre de gravité d'un assemblage de corps. $p, p', p'', \ldots$ étant des poids appliqués en des points (x, y, z), $(x', y', z'), \ldots$, P la somme de tous ces poids, et x_1, y_1, z_1 les coordonnées du centre de gravité, on a

$$\begin{aligned} P &= p + p' + p'' + \ldots, \\ Px_1 &= px + p'x' + p''x'' + \ldots, \\ Py_1 &= py + p'y' + p''y'' + \ldots, \\ Pz_1 &= pz + p'z' + p''z'' + \ldots. \end{aligned}$$

57. La somme des moments des poids par rapport à tout plan passant par le centre de gravité de leur système est égale à zéro.

58 à 62. Propriétés du centre de gravité.

63. Centre de gravité des lignes. — Le centre de gravité d'une ligne ou d'une surface est le centre d'une infinité de forces parallèles appliquées à leurs différents points.

Une ligne ou une surface sont homogènes, lorsque des portions égales de cette ligne ou de cette surface ont des résultantes égales ou des poids égaux.

64 à 66. Le centre de gravité (x_1, y_1, z_1) d'une ligne homogène est donné par les formules

$$lx_1 = \int x\,ds, \quad ly_1 = \int y\,ds, \quad lz_1 = \int z\,ds.$$

CINQUIÈME LEÇON.

CENTRE DE GRAVITÉ DES LIGNES ET DES SURFACES.

67. Ligne droite. — Le centre de gravité d'une ligne droite est au milieu de sa longueur.

Fig. 24.

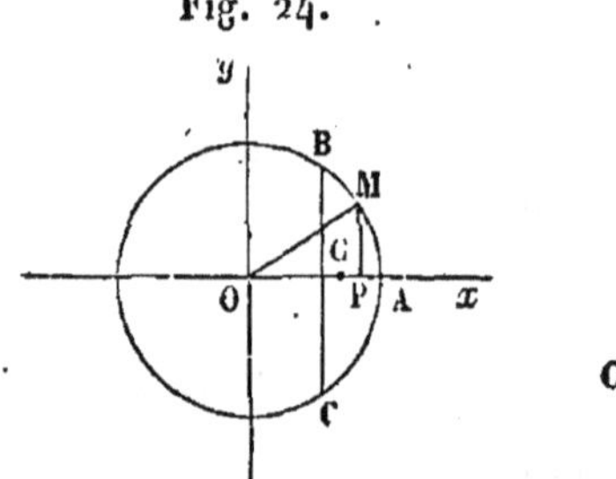

68. Arc de cercle. — Posant

$$OA = a,$$
$$BAC = l,$$
$$BC = c,$$

on a

$$OG = \frac{ac}{l}.$$

69, 70, 71. Centres de gravité de la cycloïde et de la parabole.

72, 73. Centre de gravité des surfaces. λ étant l'aire de la surface; posant

$$p = \frac{dz}{dx}, \quad q = \frac{dz}{dy}, \quad \omega = \sqrt{1 + p^2 + q^2}\, dx\, dy,$$

on a

$$\lambda x_1 = \int\int x\omega, \quad \lambda y_1 = \int\int y\omega, \quad \lambda z_1 = \int\int z\omega.$$

74, 75. Centre de gravité des figures planes. — Quand la surface est plane, on a, en posant $OA = a$, $OB = b$, appelant y et y' les ordonnées des courbes CD et C'D',

Fig. 28.

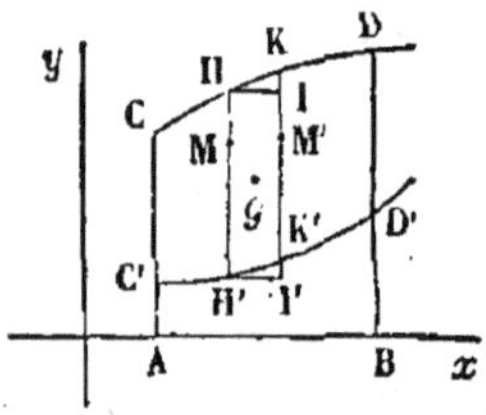

$$\lambda = \int_a^b (y - y')\, dx,$$

$$\lambda x_1 = \int_a^b (y - y')\, x\, dx,$$

$$\lambda y_1 = \frac{1}{2}\int_a^b (y^2 - y'^2)\, dx.$$

76. Applications. Triangle. — Le centre de gravité d'un triangle est sur une médiane, aux deux tiers de cette ligne à partir du sommet.

77. Parabole. $y^2 = 2px$,

$$x_1 = \frac{3}{5} x, \quad y_1 = \frac{3}{8} y.$$

78. Secteur circulaire.

$$x_1 = \frac{2}{3} \cdot \frac{\text{rayon} \times \text{corde}}{\text{arc}},$$

79 à 82. Cycloïde.

SIXIÈME LEÇON.

CENTRE DE GRAVITÉ DES SURFACES (SUITE).

83, 84. Centre de gravité des surfaces de révolution. S surface engendrée par CD, $x_1 = OG$, $CM = s$.

Fig. 33.

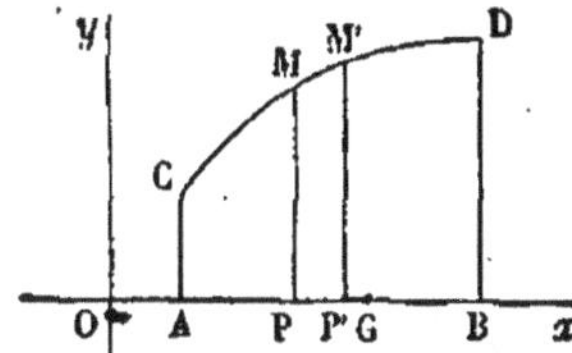

$$S = 2\pi \int y\,ds,$$

$$Sx_1 = 2\pi \int xy\,ds.$$

85. Zone sphérique. — Le centre de gravité d'une zone sphérique est sur le diamètre perpendiculaire aux deux bases et à égale distance de ces bases.

86, 87. Zone cycloïdale.

88, 89. Théorèmes de Guldin. — La surface engendrée par la révolution d'une courbe plane a pour mesure la longueur de la courbe multipliée par l'arc de cercle que décrit le centre de gravité de l'arc de courbe.

90, 91, 92. Le volume engendré par la révolution d'une aire plane est égal à l'aire génératrice multipliée par l'arc de cercle que décrit le centre de gravité de cette aire.

93. Si une surface plane se transporte dans l'espace de telle sorte qu'un de ses points restant toujours sur une courbe, son plan demeure constamment normal à cette courbe, le solide engendré par le mouvement de cette surface aura pour mesure l'aire génératrice multipliée par la courbe que décrit son centre de gravité.

94 à 96. Volume du cylindre. Le volume d'un cylindre quelconque est égal à l'aire d'une section droite multipliée par la distance des centres de gravité des deux bases.

SEPTIÈME LEÇON.

CENTRE DE GRAVITÉ DES VOLUMES.

97, 98. Cône. — Le centre de gravité du cône est sur la droite qui joint le sommet au centre de gravité de la base et aux trois quarts de cette droite à partir du sommet.

99. Secteur sphérique. $BOA = \alpha$, $OA = r$,

Fig. 45.

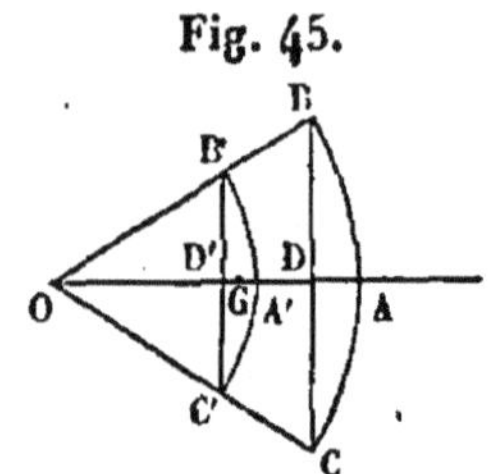

$$OG = \frac{3}{4} r \cos^2 \frac{1}{2} \alpha.$$

100. Solides de révolution. $PM = y$, $PM' = y'$, V volume, (x_1, y_1) centre de gravité; $OA = a$, $OB = b$:

Fig. 46.

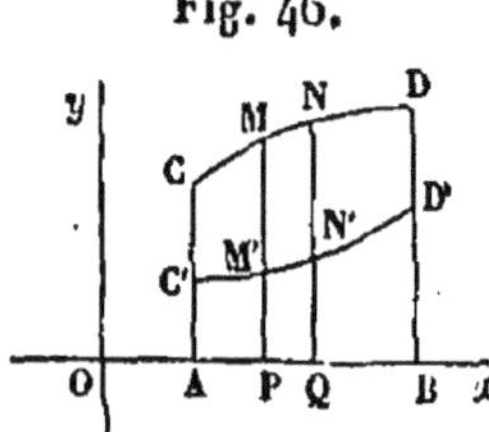

$$V = \pi \int_a^b (y^2 - y'^2)\,dx,$$

$$y_1 = 0,$$

$$Vx_1 = \pi \int_a^b (y^2 - y'^2)\,x\,dx.$$

101. Corps dont le centre de gravité s'obtient par une seule intégration. — Lorsqu'un corps est décomposable en tranches parallèles ayant leurs centres de gravité en ligne droite, on peut en général trouver le centre de gravité de ce corps par une seule intégration.

102, 103. Centre de gravité d'un corps quelconque. V volume, P poids, ρ densité, (x_1, y_1, z_1) centre de gravité :

$$P = \int\int\int \rho\,dx\,dy\,dz,$$

$$Px_1 = \int\int\int x\rho\,dV,$$

$$Py_1 = \int\int\int y\rho\,dV,$$

$$Pz_1 = \int\int\int z\rho\,dV.$$

HUITIÈME LEÇON.

VOLUME ET CENTRE DE GRAVITÉ DES CORPS RAPPORTÉS A DES COORDONNÉES POLAIRES.

104. Coordonnées polaires.

Fig. 49.

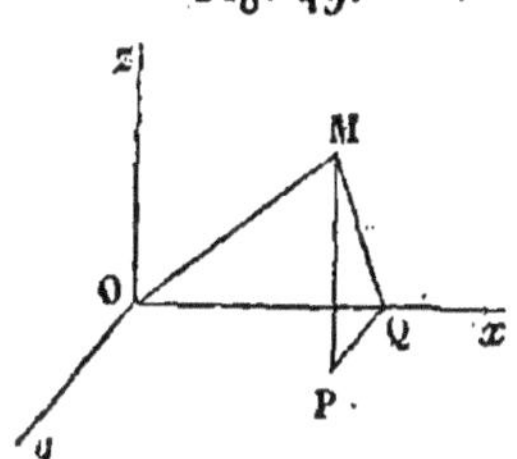

$$OM = r,$$
$$MOx = \theta,$$
$$MQP = \psi.$$

105, 106. Formules pour passer des coordonnées rectangulaires à des coordonnées polaires, et réciproquement :

$$x = r\cos\theta, \quad y = r\sin\theta\cos\psi, \quad z = r\sin\theta\sin\psi.$$

$$r = \sqrt{x^2+y^2+z^2}, \quad \tang\psi = \frac{z}{y}, \quad \cos\theta = \frac{x}{\sqrt{x^2+y^2+z^2}}.$$

107 à 111. Volume, poids, centre de gravité d'un corps rapporté a des coordonnées polaires.

$$V = \iiint r^2 \sin\theta\, dr\, d\theta\, d\psi,$$

$$P = \iiint \rho r^2 \sin\theta\, dr\, d\theta\, d\psi,$$

$$Px_1 = \iiint \rho r^3 \sin\theta\cos\theta\, dr\, d\theta\, d\psi,$$

$$Py_1 = \iiint \rho r^3 \sin^2\theta\cos\psi\, dr\, d\theta\, d\psi,$$

$$Pz_1 = \iiint \rho r^3 \sin^2\theta\sin\psi\, dr\, d\theta\, d\psi.$$

NEUVIÈME LEÇON.

ATTRACTION DES CORPS.

112. Loi de l'attraction. μ et μ' étant les masses de deux molécules, u leur distance, f un coefficient constant : l'attraction mutuelle de ces deux molécules est représentée par $\frac{f\mu\mu'}{u^2}$.

113 à 116. Attraction des sphères. — L'attraction d'une couche sphérique homogène sur un point matériel placé dans son intérieur est nulle.

117. L'attraction d'une couche sphérique homogène sur un point extérieur est la même que si toute la masse de la couche était réunie à son centre.

118, 119. Les résultats précédents s'étendent au cas d'une enceinte composée de couches sphériques dont la densité varie de l'une à l'autre, mais reste la même dans toute l'étendue d'une même couche.

120, 121. L'attraction exercée par une sphère sur un point intérieur est proportionnelle à la distance de ce point au centre. — Si le point est extérieur, l'attraction est la même que si toute la masse de la sphère était réunie à son centre.

122. Deux sphères s'attirent comme si la masse de chacune était réunie à son centre.

123, 124. Formules générales. A, B, C composantes de l'attraction exercée sur un point O(α, β, γ) dont la masse est μ par un corps quelconque dont l'élément de masse est dm.

Fig. 56.

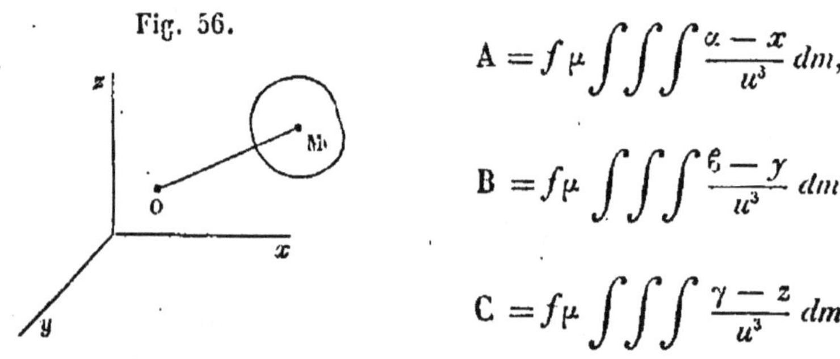

$$A = f\mu \iiint \frac{\alpha - x}{u^3}\, dm,$$

$$B = f\mu \iiint \frac{\beta - y}{u^3}\, dm$$

$$C = f\mu \iiint \frac{\gamma - z}{u^3}\, dm,$$

u est la distance OM.

125. Réduction des intégrales a une seule. — Si l'on pose

$$V = \int \frac{dm}{u},$$

on a

$$A = -f\mu \frac{dV}{d\alpha}, \quad B = -f\mu \frac{dV}{d\beta}, \quad C = -f\mu \frac{dV}{d\gamma}.$$

126, 127. Propriétés de la fonction V. — Si le point attiré est extérieur, on a

$$\frac{d^2V}{d\alpha^2} + \frac{d^2V}{d\beta^2} + \frac{d^2V}{d\gamma^2} = 0;$$

si le point attiré est intérieur,

$$\frac{d^2V}{d\alpha^2}+\frac{d^2V}{d\beta^2}+\frac{d^2V}{d\gamma^2}=-4\pi\rho_1,$$

ρ_1 étant la densité du corps attirant au point où est placée la molécule attirée.

DIXIÈME LEÇON.

ATTRACTION D'UN ELLIPSOÏDE SUR UN POINT INTÉRIEUR.

128 à 136. Formules relatives a l'ellipsoïde.

ONZIÈME LEÇON.

SUITE DE L'ATTRACTION DES ELLIPSOÏDES.

137 à 141. Réduction aux fonctions elliptiques des composantes de l'attraction.

142, 143, 144. Démonstration synthétique de ce théorème de Newton : *Une couche homogène d'une épaisseur quelconque comprise entre deux surfaces ellipsoïdales semblables et semblablement placées n'exerce aucune action sur un point intérieur.*

145. Théorème d'Ivory. — Deux ellipsoïdes ayant leurs axes a, b, c et a', b', c' dirigés suivant les trois mêmes axes rectangulaires et leurs sections principales décrites des mêmes foyers, on appelle points *correspondants* deux points dont les coordonnées sont proportionnelles aux demi-axes auxquels elles sont parallèles.

Si l'un de ces points est sur la surface du premier ellipsoïde, l'autre sera évidemment sur la surface du second.

Si l'on prend sur les deux ellipsoïdes deux points quelconques m (x, y, z), μ (α, β, γ) et leurs correspondants m' (x', y', z'), μ' $(\alpha', \beta', \gamma')$, les distances μm et $\mu' m'$, sont égales.

Fig. 58.

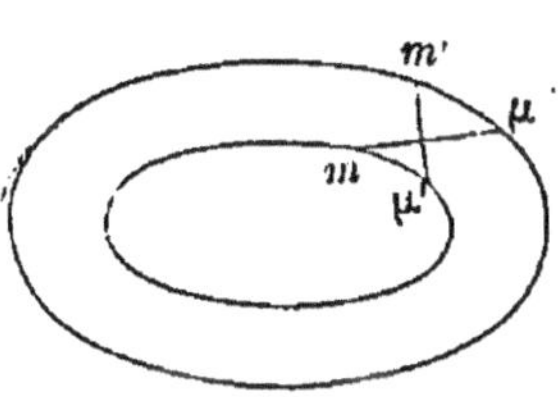

146. Appelons A, B, C les composantes de l'attraction du premier ellipsoïde sur le point μ.

Nommons A', B', C' les composantes de l'attraction que le second ellipsoïde exerce sur le point μ' correspondant de μ, on aura

$$A' = \frac{b'c'}{bc} A, \quad B' = \frac{a'c'}{ac} B, \quad C' = \frac{a'b'}{ab} C.$$

Donc *l'attraction d'un ellipsoïde sur un point extérieur μ est ramenée à l'attraction d'un ellipsoïde homofocal sur le point μ' correspondant.*

Ce théorème subsiste quelle que soit la loi d'attraction.

147. Pour faire usage de ce théorème, il faut calculer les valeurs des demi-axes a', b', c' du second ellipsoïde, connaissant ceux du premier et les coordonnées α, β, γ, du point μ. On a

$$\frac{\alpha^2}{a'^2} + \frac{\beta^2}{a'^2 + h} + \frac{\gamma^2}{a'^2 + k} = 1.$$

Cette équation donne une valeur positive pour a'^2 et une seule. Le demi-axe a' étant déterminé, on aura les deux autres par les équations

$$b'^2 = a'^2 + h, \quad c'^2 = a'^2 + k,$$
$$a^2 = a^2 + h, \quad c^2 = a^2 + k.$$

DOUZIÈME LEÇON.

NOTIONS PRÉLIMINAIRES SUR LE MOUVEMENT.

148. Définitions. — La *dynamique* a pour objet l'étude des lois du mouvement des corps. On considère, dans cette partie de la Mécanique, une quantité dont on n'a pas eu à s'occuper en statique, le *temps*. L'idée du temps est une idée simple, qu'on ne définit pas.

Deux intervalles de temps sont égaux, quand deux corps identiques, placés dans les mêmes circonstances, parcourent des espaces égaux dans ces deux intervalles de temps, quelle que soit la loi de leur mouvement commun. La notion d'une suite d'intervalles de temps égaux conduit à celle du rapport commensurable ou incommensurable de deux temps quelconques. L'unité de temps généralement adoptée est la *seconde*.

149. Mouvement uniforme. — Le mouvement le plus simple que puisse prendre un point matériel est celui dans lequel ce point décrit une ligne droite, sur laquelle il parcourt des espaces égaux dans des temps égaux. Ce mouvement est dit *uniforme*. On appelle mouvement *varié* tout mouvement qui n'est pas uniforme.

150. Quand un point M se meut en ligne droite, l'espace parcouru par ce point, ou plus généralement sa distance x à un point fixe O pris sur cette droite, est une fonction du temps t écoulé depuis une époque convenue, en sorte qu'on a

Fig. 59.

$$x = f(t);$$

cette équation est ce qu'on appelle l'*équation du mouvement*.

151. La vitesse d'un mouvement uniforme est l'espace constant que le mobile parcourt dans l'unité de temps.

On peut encore définir la vitesse, le rapport de l'espace parcouru au temps employé à le parcourir.

Si l'on rapporte la position du mobile à un point O fixe pris sur la droite parcourue et que l'on désigne par b sa distance OB à cette origine,

$$x = at + b$$

sera l'équation la plus générale du mouvement uniforme.

152. L'équation du mouvement uniforme suppose qu'on ait adopté deux unités, l'unité de longueur et l'unité de temps. Le nombre qui exprime la vitesse dépend de chacune d'elles.

153. De l'inertie. — Un point matériel en repos ne peut se mettre en mouvement de lui-même et sans une cause extérieure. Si un point matériel a été mis en mouvement par des causes quelconques, et qu'ensuite il ne soit plus sollicité par aucune force, il devra se mouvoir suivant une certaine ligne droite, en conservant toujours la même vitesse, c'est-à-dire en parcourant sur cette ligne droite des espaces égaux en temps égaux.

154. Ces propriétés constituent ce qu'on appelle l'*inertie* de la matière.

Le mot inertie ne signifie pas que la matière soit incapable d'agir.

155. Vitesse dans le mouvement varié. — On appelle vitesse d'un mobile au bout du temps t, la vitesse du mouvement uniforme qui succéderait au mouvement varié si, à cet instant, la force motrice cessait d'agir.

156. Quand un mouvement n'est pas uniforme et rectiligne, la vitesse varie à chaque instant et d'une manière continue soit en grandeur, soit en direction. Il n'existe pas de force qui puisse, dans un instant indivisible, changer brusquement la grandeur ou la direction de la vitesse d'un corps ou imprimer subitement une vitesse finie à un corps en repos.

157 à 159. Soit M un point matériel qui se meut, d'un mouvement varié, sur une droite Ox. Appelons x la distance OM de ce mobile à un point quelconque de la direction Ox, et t le temps compté à partir d'une époque quelconque, temps au bout duquel le mobile est en M; soit v la vitesse inconnue qu'il possède à cet instant. La formule

Fig. 60.

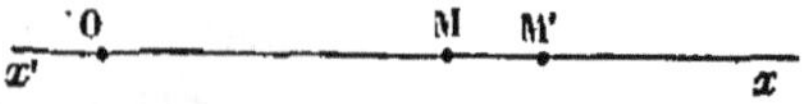

$$v = \frac{dx}{dt}$$

donne la vitesse du mobile, pourvu que l'on convienne de regarder comme positive la vitesse du mobile lorsqu'il va dans le sens des abscisses positives, et de la regarder comme négative dans le cas contraire.

160. Si

$$x = f(t)$$

est l'équation du mouvement, on aura

$$v = f'(t).$$

Si l'équation du mouvement était de la forme

$$\varphi(x, t) = 0,$$

on aurait

$$v = -\frac{\frac{d\varphi}{dt}}{\frac{d\varphi}{dx}}.$$

161. Réciproquement, si l'on donne l'équation

$$v = \varphi(t),$$

on aura

$$x = \int \varphi(t)\, dt + c.$$

TREIZIÈME LEÇON.

DE L'ACCÉLÉRATION.

162. Du mouvement uniformément varié. — Soit un point matériel M qui se meut sur une droite Ox de telle sorte que sa vitesse v croisse proportionnellement au temps t, à partir du moment où le mobile était en un point donné A. Soit g l'accroisse-

Fig. 61.

ment constant de la vitesse pour chaque unité de temps. Soient $OA = b$ l'abscisse du mobile à l'époque initiale, $OM = x$ son abscisse après le temps t, a sa vitesse au point A, on aura

$$v = a + gt, \quad x = b + at + \frac{gt^2}{2}.$$

Le mouvement représenté par cette équation est dit uniformément varié ou accéléré.

163. Si l'on place le point O en A; si de plus on suppose $a = o$, on aura

$$v = gt, \quad x = \frac{gt^2}{2}.$$

164. PRINCIPE DES MOUVEMENTS RELATIFS. — *Si des points matériels* M, N, P... *se meuvent dans l'espace suivant des droites parallèles, avec une vitesse constante ou variable, mais qui soit la même pour tous à chaque instant, de sorte qu'ils paraissent ne pas se déplacer les uns par rapport aux autres, si l'un des points,* M *par exemple, vient à être sollicité par une certaine force, le mouvement relatif du point* M *à l'égard des autres points sera le même que le mouvement absolu qu'aurait ce point* M *si le mouvement commun n'existait pas et que le point* M *partant du repos fût encore sollicité par la même force.*

Fig. 62.

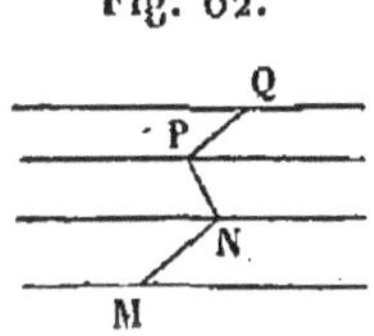

Cette loi de la nature est vérifiée par l'accord des conséquences qu'on en tire avec les faits observés, surtout en astronomie

165. Il résulte de ce principe que si un point matériel animé d'une vitesse acquise vient à être sollicité par une force dirigée dans le sens même de son mouvement ou en sens contraire, cette force lui communiquera, après un temps quelconque, un accroissement ou une diminution de vitesse précisément égal à la vitesse qu'elle lui imprimerait s'il partait de l'état de repos.

166. EFFET D'UNE FORCE CONSTANTE SUR UN POINT MATÉRIEL. — Une force P, d'intensité constante, agissant d'une manière continue sur un mobile, animé d'une certaine vitesse, dans la direction de la force, lui imprime un mouvement uniformément varié.

167. COMPARAISON DES FORCES. — *Le changement de vitesse produit sur un mobile par l'action simultanée de deux forces qui agissent dans la direction du mouvement déjà imprimé au mobile, est indépendant de la vitesse acquise et est égal à la somme des vitesses qu'aurait eues séparément le mobile si, pris à l'état de repos, il avait été tour à tour soumis à l'action de chacune des forces* P *et* P'.

168. *Deux forces d'intensités constantes sont entre elles comme les changements de vitesses qu'elles peuvent produire séparément pendant le même temps sur un même point matériel.*

169. Ce fait est confirmé par l'expérience.

170, 171. De l'accélération. — Une force d'intensité variable sollicite un point matériel M suivant une certaine droite Ox. Soient $OM = x$ et v la vitesse que possède le point matériel au point M, au bout du temps t.

Fig. 64.

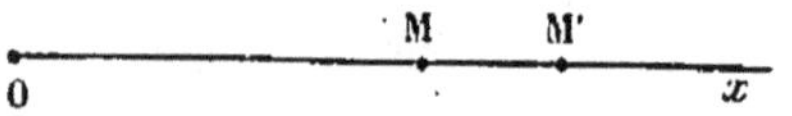

A ce moment la force présente une certaine intensité P, et si elle agissait constamment avec cette intensité, elle ferait éprouver à la vitesse, pendant l'unité de temps, une certaine variation φ. Cette quantité φ est ce qu'on nomme l'*accélération*, et l'on a

$$\varphi = \frac{dv}{dt}.$$

172. L'accélération φ sera positive ou négative selon que la force P tirera dans le sens des x positifs ou dans le sens contraire.

QUATORZIÈME LEÇON.

DE LA MASSE DES CORPS.

173. Masse des points matériels. — Si l'on agit sur un corps pour le mettre en mouvement, une réaction en sens inverse s'exerce contre l'agent ou l'organe qui donne le mouvement, et cette réaction est la cause de la sensation que nous éprouvons. En général un corps ne peut agir sur un autre sans éprouver de la part de cet autre une réaction égale et contraire.

174. De ce qu'il faut des efforts plus ou moins considérables pour donner le même mouvement à des corps différents, on doit conclure que ces corps ne contiennent pas des quantités égales de matière. On dit que *deux points matériels ont des masses égales, quand deux forces égales, appliquées pendant le même temps à ces deux points, leur donnent le même mouvement.*

175. Si l'on conçoit une multitude de points matériels ayant des masses égales et qu'on réunisse plusieurs de ces points en un seul, on formera des molécules dont les masses auront entre elles des rapports quelconques.

176. Masse des corps. — Des forces égales et parallèles, appli-

quées à différents points de même masse, peuvent être remplacées par leur résultante qui est parallèle aux forces considérées, égale à leur somme et passe toujours par le même point, quelle que soit d'ailleurs la direction commune de ces forces. Ce point est dit *le centre de masse* du corps. *Quand un corps de figure invariable est sollicité par une force qui passe par le centre de masse, tous ses points décrivent des droites parallèles et égales, dans le même temps.*

Les masses de deux corps sont égales, lorsqu'en appliquant des forces égales à leur centre de masse tous les points de ces corps décrivent des droites parallèles avec la même vitesse. Les masses m et m' de deux corps sont dans le rapport de n à n' lorsqu'on peut les partager l'un en n parties, l'autre en n' parties ayant la même masse μ.

177. Relation entre les forces, les masses et les vitesses. — *Si des forces constantes* P *et* P' *appliquées aux masses* m *et* m' *leur impriment la même vitesse* u, *elles seront entre elles comme ces masses.*

178. Supposons que deux forces d'intensité constante P et P', appliquées à deux corps quelconques dont les masses sont m et m', leur fassent acquérir des vitesses u et u' au bout d'un même temps t. On aura

$$\frac{P}{P'} = \frac{mu}{m'u'}.$$

179. De la quantité de mouvement. — Le produit mu de la masse d'un corps m par la vitesse u commune à tous ses points est ce qu'on appelle la *quantité de mouvement* du corps.

Les intensités de deux forces appliquées à deux corps quelconques, à leurs centres de masse, sont proportionnelles aux quantités de mouvement qu'elles donnent à ces deux corps. On peut prendre pour mesure de l'intensité d'une force P la quantité de mouvement mu qu'elle communique à une masse m dans un temps déterminé, par exemple dans l'unité de temps. On a

$$P = mu,$$

en prenant pour unité de masse la masse d'un corps qui, sollicité par l'unité de force, acquerrait dans l'unité de temps une vitesse égale à l'unité de longueur.

180. Force motrice. — Force accélératrice. — Supposons qu'une force appliquée au centre de masse d'un corps dont la masse est m, ait, à l'instant considéré, une intensité P. Soit φ la vitesse que cette force ferait acquérir au mobile au bout de l'unité de temps, si pendant ce temps elle conservait une intensité constante égale à P.

La force P, appelée *force motrice*, est donnée par la relation

$$P = m\varphi = m\frac{dv}{dt}.$$

181. Le nombre p, qui représente la force motrice de l'unité de masse, est le même que celui qui exprime l'accélération φ. La force motrice qui produit le mouvement de l'unité de masse est dite la force accélératrice du mobile, et la quantité φ est nommée indifféremment l'*accélération* ou la *force accélératrice*.

182. Relation entre le poids et la masse. — L'observation prouve que deux corps pesants, quelles que soient leur substance et leur forme, acquièrent la même vitesse, au bout du même temps, quand ils tombent dans le vide. Si les choses ne semblent pas se passer ainsi dans la nature, la cause en est due à la résistance de l'air, milieu dans lequel s'opère la chute du corps.

Il résulte de ce fait que *les poids de deux corps sont proportionnels à leurs masses.*

Le centre de masse d'un corps n'est autre chose que son centre de gravité.

183. Des unités employées en mécanique. — On prend ordinairement pour unité de temps la seconde, pour celle de longueur le mètre. L'unité de force est le gramme ou le kilogramme : le gramme est le poids de 1 centimètre cube d'eau distillée à son maximum de densité.

On doit prendre pour unité de masse la masse du poids $9^{gr},80896$.

184. Le nombre $\frac{P}{g}$, qui exprime la masse d'un corps, reste le même, en quelque endroit qu'on le détermine.

185. Soient V le volume d'un corps supposé homogène et D sa densité ou sa masse sous l'unité de volume. En appelant m la masse de tout le corps, on aura

$$m = VD, \quad P = VDg.$$

QUINZIÈME LEÇON.

MOUVEMENT DES CORPS PESANTS.

186. Mouvement vertical des corps pesants dans le vide. — En appelant g l'accélération due à la pesanteur, on a

$$v = a + gt,$$

a représentant la vitesse possédée par le mobile à l'origine du temps, et

$$x = b + at + \frac{gt^2}{2},$$

b étant l'abscisse du mobile à l'origine du temps.

187. Si l'on compte les espaces et le temps à partir du point où la vitesse est nulle, on a

$$v = gt, \quad x = \frac{gt^2}{2}, \quad v = \sqrt{2gx}, \quad x = \frac{v^2}{2g}.$$

On appelle $\sqrt{2gx}$ *la vitesse due à la hauteur* x, et $\frac{v^2}{2g}$ est dite *la hauteur due à la vitesse* v.

188. Quand un corps est lancé de bas en haut suivant la verticale, on a

$$v = a - gt,$$

et si l'on compte les espaces à partir du point où se trouve le mobile à l'origine du temps,

$$x = at - \frac{gt^2}{2}.$$

En appelant θ le temps au bout duquel le mobile cesse de monter, et h la hauteur à laquelle il s'élève, on a

$$\theta = \frac{a}{g}, \quad h = \frac{a^2}{2g}.$$

Quand le corps est revenu au point de départ, sa vitesse redevient égale à sa vitesse initiale, mais elle est de sens contraire.

189, 190. Mouvement d'un corps pesant sur un plan incliné. — Soit G le centre de gravité d'un corps pesant, placé sur un plan incliné. En appelant α l'angle BAC de ce plan avec l'horizon, on aura

Fig. 67.

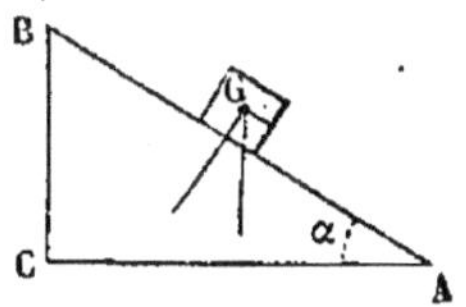

$$v = g \sin\alpha . t,$$

$$x = \frac{g \sin\alpha . t^2}{2},$$

$$v^2 = 2gx \sin\alpha.$$

La vitesse acquise par un mobile qui a parcouru toute la longueur BA *du plan incliné est égale à celle qu'il aurait acquise en tombant de la hauteur* BC.

191. Soit ABD une circonférence dont le diamètre AD est vertical. *Le temps employé par un corps pour descendre le long de* AB *est le même, quelle que soit cette corde, et égal au temps que le corps emploierait à descendre de la hauteur* AD.

Fig. 68.

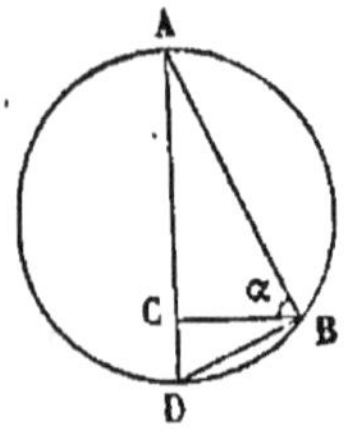

192 à 194. DÉTERMINATION DE LA CONSTANTE g; MACHINE D'ATWOOD.

195. CHUTE D'UN CORPS PESANT DANS UN MILIEU QUI RÉSISTE COMME LE CARRÉ DE LA VITESSE. — Supposons que le corps qui tombe soit symétrique autour d'un axe vertical. Soit R la résultante des résistances partielles qu'oppose l'air à la chute du corps, aux différents points de sa surface; la résistance R, lorsque le mouvement du corps n'est ni très-lent, ni très-rapide, peut être regardée comme proportionnelle à la densité du milieu et au carré de la vitesse du mobile. On peut donc poser

$$R = a\rho v^2,$$

ρ désignant la densité de l'air, v la vitesse du corps et a un coefficient que l'on peut déterminer pour le corps pesant considéré par une expérience.

196. Si le corps est une sphère, en appelant D sa densité, r son rayon, on aura

$$\frac{R}{m} = \frac{3b}{4\pi}\cdot\frac{\rho v^2}{Dr} = \frac{\gamma\rho v^2}{Dr}.$$

Enfin, pour la même sphère et pour le même milieu, γ, ρ, D, r étant des constantes, on peut poser

$$\frac{Dr}{\gamma\rho} = \frac{k^2}{g}, \quad \text{d'où} \quad \frac{R}{m} = \frac{gv^2}{k^2}.$$

La constante k désigne la vitesse que devrait avoir le mobile pour que la résistance de l'air fût précisément égale au poids du corps.

197. Vitesse en fonction du temps :

$$v = k\frac{e^{\frac{gt}{k}} - e^{-\frac{gt}{k}}}{e^{\frac{gt}{k}} + e^{-\frac{gt}{k}}},$$

198. Espace en fonction du temps :

$$x = \frac{k^2}{g}\,\mathrm{l}\,\frac{1}{2}\left(e^{\frac{gt}{k}} + e^{-\frac{gt}{k}}\right);$$

199. Relation entre l'espace parcouru et la vitesse :

$$x = \frac{k^2}{2g} \, l \, \frac{k^2}{k^2 - v^2}.$$

200. Quand on suppose t très-grand, le mouvement devient sensiblement uniforme.

Le carré de la vitesse du mouvement uniforme vers lequel tend le mouvement varié est proportionnel à la densité du corps et au rayon de la sphère, et en raison inverse de la densité du milieu résistant.

Le temps au bout duquel le mouvement devient sensiblement uniforme est d'autant plus grand que la valeur de k est plus grande.

201. Cas particulier où la résistance du milieu devient nulle. — Cette hypothèse fait retrouver les lois de la chute des corps pesants dans le vide.

SEIZIÈME LEÇON.

SUITE DU MOUVEMENT DES CORPS PESANTS.

202. Mouvement d'un corps pesant lancé de bas en haut. — En conservant les mêmes notations, a étant la vitesse initiale du mobile, on a

$$\frac{gt}{k} = \text{arc tang} \frac{a}{k} - \text{arc tang} \frac{v}{k}.$$

203. Vitesse en fonction du temps :

$$v = k \cdot \frac{a \cos \frac{gt}{k} - k \sin \frac{gt}{k}}{a \sin \frac{gt}{k} + k \cos \frac{gt}{k}}.$$

204. Espace parcouru au bout du temps t :

$$x = \frac{k^2}{g} \, l \left(\frac{a}{k} \sin \frac{gt}{k} + \cos \frac{gt}{k} \right).$$

205. Expression de x en fonction de v :

$$x = \frac{k^2}{2g} \, l \, \frac{k^2 + a^2}{k^2 + v^2}.$$

206. Il y a un instant où le corps cesse de monter. Si θ est le temps de l'ascension et h la hauteur la plus grande à laquelle parvient le mobile, on aura

$$\theta = \frac{k}{g} \text{arc tang} \frac{a}{k}, \quad h = \frac{k^2}{2g} \, l \, \frac{k^2 + a^2}{k^2}.$$

Parvenu à cette hauteur, le mobile commence à descendre, et si l'on appelle a' la vitesse qu'il possède lorsqu'il est revenu au point de départ, on aura

$$a' = \frac{ak}{\sqrt{a^2 + k^2}}.$$

207. Le temps θ' de la chute du corps est

$$\theta' = \frac{k}{g} \mathrm{l} \sqrt{\frac{k + a'}{k - a'}} = \frac{k}{g} \mathrm{l} \frac{\sqrt{a^2 + k^2} + a}{k},$$

et si l'on nomme T le temps total que le mobile met à revenir à sa position initiale, on aura

$$\mathrm{T} = \frac{k}{g}\left(\operatorname{arc\,tang} \frac{a}{k} + \mathrm{l} \frac{\sqrt{a^2 + k^2} + a}{k}\right).$$

208. Mouvement d'un corps pesant dans un milieu qui résiste comme la vitesse. — Quand le mobile possède une très-petite vitesse, on peut regarder la résistance du milieu comme proportionnelle à cette vitesse. Si le corps descend, on a

$$x = kt - \frac{k^2}{g}\left(1 - e^{-\frac{gt}{k}}\right).$$

209. Mouvement d'un corps dénué de pesanteur dans un milieu qui résiste comme la racine carrée de la vitesse. — La résistance du milieu, seule force qui sollicite le mobile, étant $2\sqrt{2}$, on aura

$$v = (\sqrt{a} - t)^2,$$

$$x = \frac{a\sqrt{a}}{3} - \frac{(\sqrt{a} - t)^3}{3}.$$

210. Le mobile s'arrêtera après avoir parcouru un espace $\frac{a\sqrt{a}}{3}$, puis le corps restera indéfiniment en repos. L'équation différentielle admet une solution particulière qui s'applique aux cas où $t \overline{\overline{>}} \sqrt{a}$.

211. Chute d'un corps dans le vide en ayant égard a la variation de la pesanteur. — Soit M un point matériel pesant tombant dans le vide et placé d'abord à une assez grande distance de la surface de la terre. Soient $\mathrm{OB} = r$ le rayon de la terre, g l'intensité de la pesanteur à la surface, $\mathrm{AO} = a$ la distance initiale du

Fig. 73.

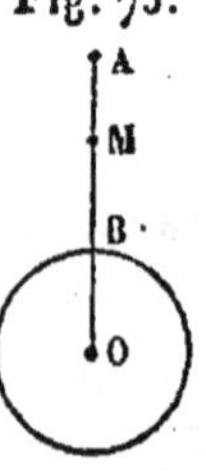

point M, enfin AM $= x$ l'espace parcouru dans le temps t; on aura

$$v^2 = \frac{2gr^2}{a} \frac{x}{a - x}.$$

212. La vitesse augmente avec x : si l'on pose

$$AB = h,$$

il vient

$$v = \sqrt{2gh} \sqrt{\frac{r}{a}};$$

à la surface de la terre, elle est moindre que la vitesse qu'aurait le mobile en tombant de la même hauteur h, si la pesanteur était partout la même qu'à la surface.

213, 214, 215. Pour $x = a$, on a $v = \infty$. Donc si toute la masse du globe était réunie à son centre, la vitesse acquise par le mobile arrivant au centre serait infinie.

La relation entre l'espace et le temps est

$$\sqrt{\frac{2gr^2}{a}}\, t = \sqrt{ax - x^2} + \frac{1}{2} a \arccos \frac{a - 2x}{a}.$$

216. Cas particulier d'un corps placé a une petite distance de la surface terrestre. — Les formules que nous venons de trouver deviennent celles du mouvement uniformément accéléré.

DIX-SEPTIÈME LEÇON.

DU MOUVEMENT RECTILIGNE DES POINTS ATTIRÉS OU REPOUSSÉS PAR DES CENTRES FIXES.

217. Mouvement de deux points matériels qui s'attirent en raison inverse du carré des distances. — Le centre de gravité des deux masses se meut uniformément.

L'un des points se meut par rapport à l'autre comme s'il était attiré par une masse égale à $(m + m')$ placée en un centre fixe.

218. Mouvement d'un point attiré en raison directe de la distance. — Considérons un point matériel placé d'abord au point A où sa vitesse est nulle et attiré par un centre fixe O, en raison directe de sa distance à ce dernier point, que nous prendrons pour origine. n^2 étant la mesure de l'attraction exercée sur l'unité de masse du corps à

Fig. 74.

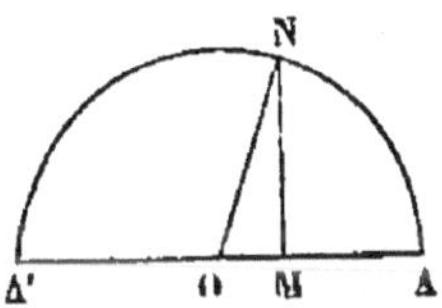

l'unité de distance, on a

$$x = a\cos nt, \quad v = -na\sin nt.$$

219. Lorsque le point mobile arrive en O, on a

$$t = \frac{\pi}{2n}.$$

Le mobile fera une infinité d'oscillations toutes égales entre elles et de même durée, de A en A' et de A' en A.

220. Sur AA' comme diamètre décrivons une demi-circonférence. Menons MN perpendiculaire à AA'. $\frac{\text{AN}}{an}$ représentera le temps que le mobile emploie à aller du point M au point A.

221. Mouvement d'un point repoussé par un centre fixe en raison directe de la distance. — Supposons qu'à l'origine du temps le point matériel placé à une distance OA $= a$ soit animé d'une vitesse dirigée vers le point O et représentée par $-nb$. On a

Fig. 75.

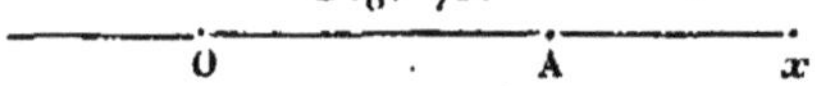

$$v = -n\sqrt{x^2 + b^2 - a^2},$$
$$2x = (a+b)e^{-nt} + (a-b)e^{nt}.$$

222. Cas particuliers.

DIX-HUITIÈME LEÇON.

DU MOUVEMENT CURVILIGNE ET DES FORCES QUI LE PRODUISENT.

223. Projection d'un mouvement rectiligne et uniforme sur un axe. — *La projection du mobile sur un axe quelconque se meut d'un mouvement uniforme, mais dont la vitesse p est liée à la vitesse v par la formule*

$$p = v\cos\alpha.$$

Les vitesses p, q, r des projections sur les trois axes sont nommées les *composantes de la vitesse* du mobile sur ces axes.

224. Lorsqu'on donnera le mouvement du point M, c'est-à-dire les valeurs de v, α, β, γ, les équations

$$v\cos\alpha = p, \quad v\cos\beta = q, \quad v\cos\gamma = r$$

feront connaître les composantes p, q, r. Réciproquement ces composantes étant connues, on en déduira v, α, β, γ par les formules

$$v = \sqrt{p^2 + q^2 + r^2},$$

$$\cos\alpha = \frac{p}{v}, \quad \cos\beta = \frac{q}{v}, \quad \cos\gamma = \frac{r}{v}.$$

Si l'on mène par le point O une droite représentant en grandeur et en direction la vitesse du mobile, les composantes de cette vitesse seront représentées en grandeur et en direction par les arêtes d'un parallélipipède dont la vitesse du mobile serait la diagonale.

225. Soient a, b, c les coordonnées du point A où se trouve le mobile à l'origine des temps, et soient x, y, z celles du point M où il se trouve au bout du temps t, le mouvement sera complétement représenté par les trois équations

$$x = a + pt, \quad y = b + qt, \quad z = c + rt.$$

226. *Si les projections d'un point* M *sur trois axes* Ox, Oy, Oz, *se meuvent avec des vitesses constantes* p, q, r, *le mouvement du point* M *sera lui-même rectiligne et uniforme.*

227. De la vitesse dans le mouvement curviligne. — Soit M (x, y, z) un point qui décrit dans l'espace une ligne courbe CMD. Si au bout du temps t la force qui le sollicite cessait d'agir, le mobile prendrait, suivant une certaine droite MT, un mouvement uniforme dont la vitesse est *la vitesse du mobile au point* M.

Fig. 77.

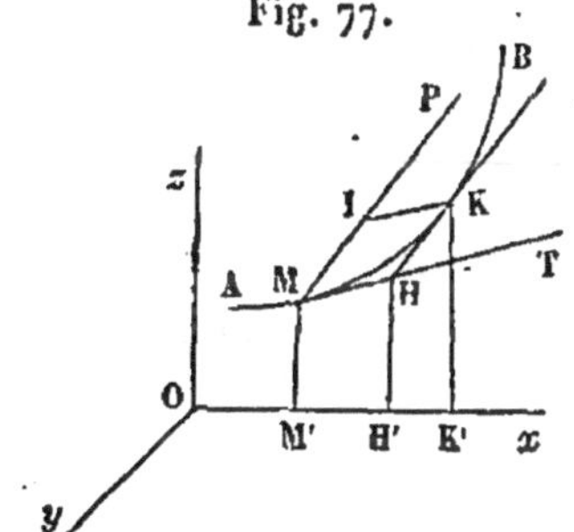

228. Le mouvement du point M est déterminé par trois équations

$$x = f(t), \quad y = \varphi(t), \quad z = \psi(t),$$

au moyen desquelles on peut obtenir la vitesse du mobile en fonction du temps.

Les composantes de la vitesse suivant les axes s'obtiendront en prenant les vitesses des projections sur ces axes, et l'on aura, dans le cas des axes rectangulaires,

$$\frac{dx}{dt} = v\cos\alpha, \quad \frac{dy}{dt} = v\cos\beta, \quad \frac{dz}{dt} = v\cos\gamma,$$

$$v = \frac{ds}{dt},$$

en désignant par s la longueur d'un arc comptée sur la trajectoire à partir d'un point fixe. Cette dernière formule conviendrait encore si les axes étaient obliques.

229, 230. Quand la force qui agit sur le mobile est variable, les formules précédentes subsistent.

231, 232, 233. Des forces qui produisent un mouvement donné. — La force qui produit le mouvement d'un point matériel dont la masse est m, étant représentée par P, et ses composantes par X, Y, Z, on a

$$m\frac{d^2x}{dt^2} = X, \quad m\frac{d^2y}{dt^2} = Y, \quad m\frac{d^2z}{dt^2} = Z.$$

Ces formules montrent que les projections du point mobile sur chaque axe se meuvent comme des points matériels de même masse sollicités uniquement par la composante de la force motrice suivant cet axe. Elles ne supposent pas les axes rectangulaires.

234. Si X, Y, Z représentaient les composantes de la force accélératrice, on aurait plus simplement

$$\frac{d^2x}{dt^2} = X, \quad \frac{d^2y}{dt^2} = Y, \quad \frac{d^2z}{dt^2} = Z.$$

235. Si les coordonnées x, y, z sont données en fonction du temps, deux différentiations feront connaître les composantes de la vitesse et celles de la force accélératrice.

236. Ordinairement on doit résoudre le problème inverse : X, Y, Z sont des fonctions connues de t, et il faut, pour connaître le mouvement du mobile, intégrer trois équations simultanées.

DIX-NEUVIÈME LEÇON.

SUITE D'UN MOUVEMENT CURVILIGNE D'UN POINT MATÉRIEL.

237. Point assujetti a se mouvoir sur une courbe donnée. — Considérons un point assujetti à se mouvoir sur une ligne courbe donnée AMB et sollicité par la force P. La courbe donnée ou le lien qui force le point matériel à rester sur cette courbe exerce sur lui une certaine action qu'on appelle la *résistance de la courbe*, et le point exerce sur la courbe une réaction ou pression égale et contraire.

Fig. 80.

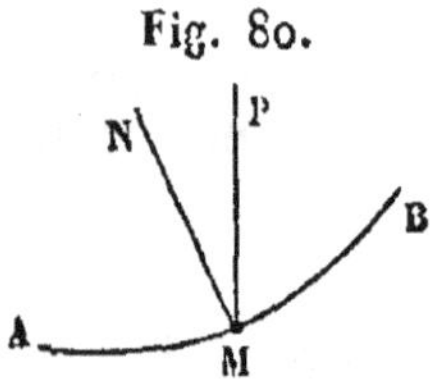

Cette action ou cette résistance de la courbe peut être décomposée en deux forces, l'une dirigée suivant la tangente à la courbe, en sens contraire du mouvement, qu'on appelle le *frottement*, l'autre perpendiculaire à la tangente ou normale à la courbe. S'il n'y a pas de frottement, l'action N de la courbe sur le mobile est alors dirigée suivant une normale. En désignant par λ, μ, ν les angles que la direction de la force normale N fait avec les axes rectangulaires, les équations du mouvement du point matériel seront

$$m\frac{d^2x}{dt^2} = X + N\cos\lambda,$$

$$m\frac{d^2y}{dt^2} = Y + N\cos\mu,$$

$$m\frac{d^2z}{dt^2} = Z + N\cos\nu.$$

238. Si le point matériel est assujetti à demeurer sur une surface donnée, on aura les mêmes équations, N désignant la résistance de la surface.

239. Mouvement des projectiles dans le vide. — Soit A le point de départ d'un point matériel pesant, lancé avec une vitesse a dans la direction AI. Prenons deux axes, l'un Ay vertical et dirigé en sens inverse de la pesanteur, l'autre horizontal Ax, mené dans le plan IAy. Les équations différentielles du mouvement se réduiront aux suivantes :

Fig. 82.

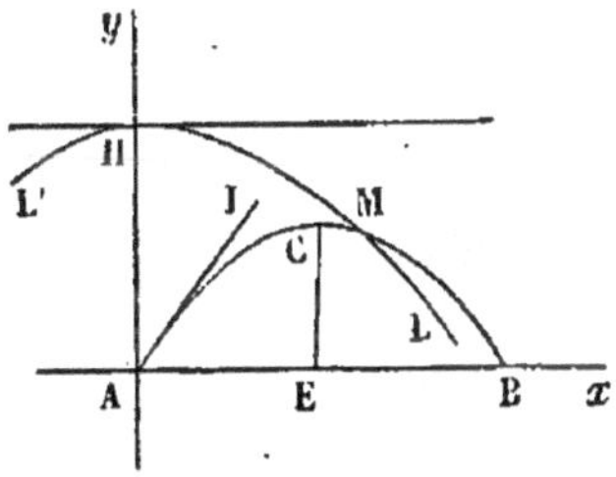

$$\frac{d^2x}{dt^2} = 0, \quad \frac{d^2y}{dt^2} = -g.$$

240. L'intégration donne

$$x = at\cos\alpha, \quad y = at\sin\alpha - \frac{gt^2}{2}.$$

La projection du point mobile sur l'axe Ox se meut d'un mouvement uniforme dont la vitesse est $a\cos\alpha$. La projection sur l'axe Oy se meut d'un mouvement uniformément retardé, comme ferait un mobile lancé de bas en haut avec une vitesse initiale égale à $a\sin\alpha$.

241. On trouve

$$v^2 = a^2 - 2gy.$$

242. La courbe que décrit le mobile a pour équation, si l'on pose, pour simplifier, $a^2 = 2gh$,

$$y = x\tan g\alpha - \frac{x^2}{4h\cos^2\alpha}.$$

Cette trajectoire est *une parabole, dont l'axe est vertical.*

243. Les coordonnées du sommet sont

$$AE = 2h\sin\alpha\cos\alpha, \quad EC = h\sin^2\alpha.$$

244. On a

$$AB = 4h\sin\alpha\cos\alpha.$$

La longueur AB est ce qu'on appelle l'*amplitude du jet. L'amplitude du jet a sa plus grande valeur quand $\alpha = 45$ degrés, la vitesse initiale restant la même.*

245. L'angle α sous lequel il faut lancer un projectile du point A, pour qu'il atteigne un point donné (X, Y), est donné par la formule

$$\tan g\alpha = \frac{2h}{X} \pm \frac{1}{X}\sqrt{4h^2 - 4hY - X^2}.$$

Si l'on a

$$4h^2 - 4hY - X^2 > 0,$$

le projectile pourra être lancé dans deux directions différentes pour atteindre le point M. Si l'on a

$$4h^2 - 4hY - X^2 = 0,$$

il n'existe plus qu'une seule direction donnée, et enfin le problème est impossible quand on a

$$4h^2 - 4hY - X^2 < 0.$$

246, 247. La courbe dont l'équation est

$$x^2 = 4h(h-y)$$

est une parabole L'HL, dont l'axe est dirigé suivant Ay, et dont le sommet H est situé à la hauteur AH $= h$. Quand le point que l'on veut atteindre est dans l'intérieur de cette parabole, le mobile peut être lancé suivant deux directions différentes ; il n'y a plus qu'une seule direction convenable, si le point est sur la parabole même ; enfin quand ce point est hors de la courbe, le problème n'est plus possible.

248. L'enveloppe de toutes les paraboles du numéro précédent est la parabole HLM, lieu des points que le projectile ne peut atteindre que dans une seule direction.

VINGTIÈME LEÇON.

DES COMPOSANTES DE LA FORCE MOTRICE.

249. DÉCOMPOSITION DE LA FORCE MOTRICE EN FORCE TANGENTIELLE ET FORCE CENTRIPÈTE. — Dans le mouvement d'un point en ligne

courbe, la force motrice se décompose à chaque instant en deux forces : l'une, dirigée suivant la tangente, est nommée la *force tangentielle*; l'autre, dirigée suivant le rayon de courbure, se nomme la *force centripète*. En désignant la première par T, la deuxième par Q, on aura

$$T = \frac{mdv}{dt}, \quad Q = \frac{mv^2}{\rho}.$$

Le plan qui passe par la force motrice et par la tangente est le plan osculateur au point M.

250. Quand le point matériel est sollicité par plusieurs forces dont P est la résultante, on peut décomposer chacune des premières forces en deux autres dirigées l'une suivant la tangente et l'autre perpendiculairement à cette tangente. Une force normale à la trajectoire n'influera pas sur l'accélération du mobile. Une force dirigée suivant la tangente ne tendra pas à changer la direction du mobile.

*251. Point assujetti a se mouvoir sur une courbe donnée. Force centrifuge. — Un point M qui n'est actuellement sollicité par aucune force et qui ne se meut qu'en vertu de sa vitesse acquise, étant assujetti à demeurer sur la courbe AMB, parcourt sur la trajectoire des espaces égaux en temps égaux.

La pression exercée par le mobile M sur la courbe ou sur le lien qui l'oblige à parcourir cette courbe, est égale à $\frac{mv^2}{\rho}$. Cette force, égale et contraire à la force centripète, est ce qu'on appelle la *force centrifuge*.

252. Supposons en second lieu que le point M soit sollicité par une certaine force motrice P. Soit N une force égale et contraire à la pression que le point M exerce sur la courbe. Décomposons la force P en deux autres T et Q, la première dirigée suivant la tangente, et la seconde située dans le plan normal de la courbe. Soit F la résultante des deux forces Q et N, situées toutes les deux dans le plan normal. La force F agira suivant le rayon de courbure, et l'on aura

Fig. 84.

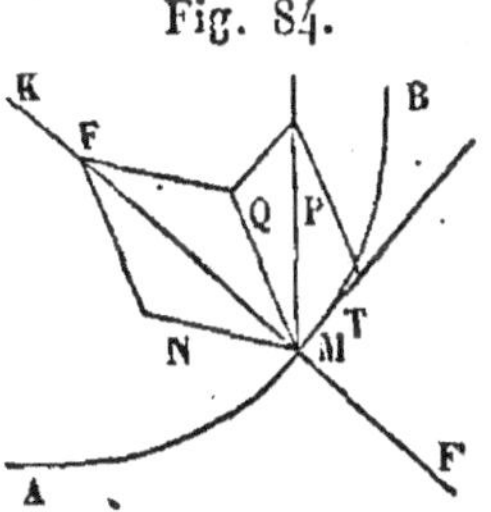

$$m\frac{dv}{dt} = T, \quad \frac{mv^2}{\rho} = F.$$

La force F, dirigée suivant le rayon du cercle osculateur et qui agit à chaque instant pour empêcher le mobile de s'écarter de la courbe suivant la tangente, est la *force centripète*. La force F′, égale et contraire à la force F, est égale à la *force centrifuge*.

253. Si la force motrice était normale à la courbe, le mouvement serait uniforme.

Si la force motrice était dirigée suivant la tangente à la courbe, la force N se confondrait avec la force centripète et la pression exercée sur la courbe par le mobile avec la force centrifuge F′.

254. MOUVEMENT D'UN POINT SUR UNE SURFACE. — Soit AMB (*fig.* 84) la courbe que le mobile décrit. On peut faire abstraction de la surface, pourvu que l'on joigne à la force motrice P une force N, égale et contraire à la pression que le mobile exerce sur la surface. Décomposons encore la force P en deux autres T et Q, l'une tangente et l'autre normale à la trajectoire AMB. Les deux forces Q et N normales à la trajectoire se composent en une seule F dirigée suivant le rayon du cercle osculateur de la trajectoire au point M, et l'on a

$$m\frac{dv}{dt} = \mathrm{T}, \quad \frac{mv^2}{\rho} = \mathrm{F}:$$

on aura aussi

$$\mathrm{F} : \mathrm{Q} = \sin \mathrm{QMN} : \sin \mathrm{FMN},$$

ce qui détermine la position de MF ou du plan osculateur quand on connaît v, ρ, Q et l'angle QMN.

On a la pression exercée par le point mobile sur la surface, en cherchant la résultante égale et contraire à N, de la force Q et d'une force F′, égale et contraire à F.

255. Si la force motrice était nulle, on aurait $v =$ constante, et N serait à la fois la mesure de la force centripète et de la force centrifuge.

Si la force P était dirigée suivant la tangente à la trajectoire, la résistance de la surface serait la force centripète. Dans ce cas, le plan osculateur contient la normale à la surface, et la trajectoire est la ligne la plus courte que l'on puisse tracer sur la surface entre deux quelconques de ses points.

256. AUTRE MANIÈRE D'OBTENIR LES RÉSULTATS PRÉCÉDENTS. — Huyghens trouve les composantes de la force motrice en considérant cette force comme constante pendant un temps infiniment petit, et le mouvement comme s'effectuant sur le cercle osculateur.

257. REMARQUES SUR LA FORCE CENTRIFUGE. — Quand un corps solide tourne uniformément autour d'un axe fixe, chaque point de

ce corps possède une force centrifuge particulière F. En appelant T le temps d'une révolution entière et ρ le rayon du cercle, on a

$$F = m\frac{4\pi^2\rho}{T^2}.$$

Les forces centrifuges des différents points sont donc proportionnelles à leur distance à l'axe.

258, 259. Application a la terre.

VINGT ET UNIÈME LEÇON.

DES FORCES VIVES ET DU TRAVAIL DANS LE MOUVEMENT D'UN POINT MATÉRIEL.

260, 261. Différentielle de la force vive. P désignant la force motrice qui sollicite un mobile M et X, Y, Z ses composantes, on a

$$d\,mv^2 = 2\,(X\,dx + Y\,dy + Z\,dz).$$

262. La quantité mv^2 ou le produit de la masse d'un mobile par le carré de sa vitesse est ce qu'on appelle la *force vive* du mobile.

263. Autres formes de $X\,dx + Y\,dy + Z\,dz$. — Soit ω l'angle PMT que la force motrice P fait avec la tangente. On a

Fig. 89.

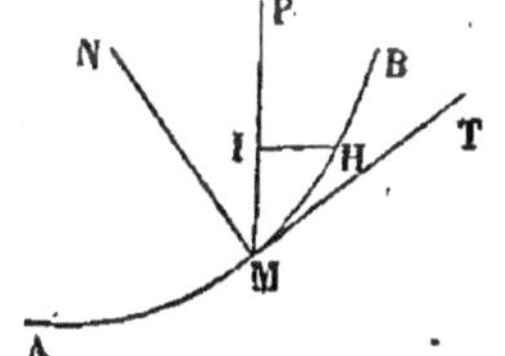

$$X\,dx + Y\,dy + Z\,dz = P\cos\omega\,ds.$$

Si l'on décompose la force P en une force tangentielle T et une force normale Q, on a

$$X\,dx + Y\,dy + Z\,dz = T\,ds.$$

Enfin, si l'on appelle dp la projection MI de l'arc MH $= ds$ sur la direction de la force motrice, on a

$$X\,dx + Y\,dy + Z\,dz = P\,dp.$$

264. Définition du travail. — Le produit $T\,ds$ que l'on obtient en multipliant la composante tangentielle de la force P par l'élément de l'arc parcouru dans l'instant dt se nomme *travail élémentaire* ou *élément de travail* de cette force. L'élément de travail est considéré comme positif lorsque la force tangentielle agit dans le sens du mouvement, et comme négatif dans le cas contraire, ou, ce qui

revient au même, suivant que l'angle ω est aigu ou obtus. Le signe du travail élémentaire sera donné par l'expression $P\cos\omega ds$, en considérant P et ds comme positifs.

Le travail élémentaire est égal au produit de la force par la projection de l'élément du chemin parcouru sur la direction de cette force.

265. Le travail élémentaire de la résultante de plusieurs forces est égal à la somme algébrique des travaux élémentaires de ces forces.

266. On nomme *travail total* d'une force P pour un chemin déterminé AB l'intégrale $\int T ds$, prise entre les limites qui correspondent aux extrémités de l'arc parcouru. Les forces normales à la trajectoire n'influent pas sur le travail total.

267. Relation entre le travail et la force vive. — L'accroissement de force vive d'un mobile, lorsqu'il passe d'une position à une autre, est égal au double du travail de la force motrice.

268. Si la force P est la résultante de plusieurs forces $P_1, P_2, \ldots$, dont les composantes tangentielles sont $T_1, T_2, T_3, \ldots$, on aura

$$mv^2 - mk^2 = 2\left(\int T_1 ds + \int T_2 ds + \ldots\right).$$

On appelle *forces mouvantes* celles qui font un angle aigu avec la tangente, et *forces résistantes* celles qui font un angle obtus et dont l'effet est de retenir le mobile dans son mouvement sur la courbe.

L'accroissement de force vive d'un mobile, lorsqu'il passe d'une position à une autre, est égal au double de l'excès du travail des forces mouvantes sur le travail des forces résistantes.

269. Conséquences du principe des forces vives. — Quand le mobile n'est sollicité par aucune force ou qu'il l'est seulement par des forces toujours normales à la trajectoire, le mouvement est uniforme.

270. Lorsque $X dx + Y dy + Z dz$ est la différentielle exacte d'une fonction $f(x, y, z)$ de trois coordonnées x, y, z considérées comme des variables indépendantes, l'accroissement de force vive, lorsque le mobile passe de la position (a, b, c) à la position (x, y, z), ne dépend pas de la trajectoire dans l'intervalle, ni du temps qui s'est écoulé entre les deux positions extrêmes, mais seulement des coordonnées de ces deux positions.

271. Plus généralement, si l'on imagine les deux surfaces

$$f(x, y, z) = C', \quad f(x, y, z) = C'',$$

et que le mobile rencontre la première au point (a, b, c) et la seconde au point (x, y, z), l'accroissement de force vive est constant et indépendant de la forme de la trajectoire entre les deux surfaces, des points où cette courbe rencontre ces deux surfaces et du temps qui s'est écoulé.

On trouve un résultat de ce genre dans le mouvement d'un mobile sollicité seulement par la pesanteur.

Fig. 90.

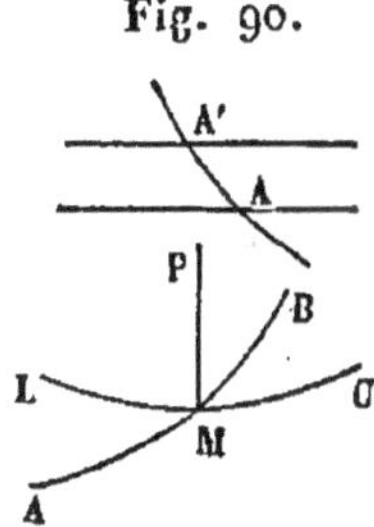

272. L'équation

$$f(x, y, z) = C$$

représente une infinité de surfaces différentes, passant par les divers points de la trajectoire AMB. Si LMU est l'une de ces surfaces, la force motrice P au point M lui est normale.

273. Cas ou il y a une résistance. — Quand un mobile éprouve un frottement ou se meut dans un milieu résistant, l'expression $X\,dx + Y\,dy + Z\,dz$ n'est plus une différentielle exacte.

274. Dans ce cas, si le point se meut sur une courbe connue, il faudra prendre l'équation

$$m\frac{dv}{dt} = T \quad \text{ou} \quad m\frac{d^2x}{dt^2} = T,$$

T désignant la composante de la force motrice (y compris les résistances) suivant la tangente. Au moyen des équations de la courbe on pourra exprimer T en fonction de s, et alors la détermination du mouvement sera ramenée à l'intégration d'une équation différentielle du second ordre, tandis que si $X\,dx + Y\,dy + Z\,dz$ était une différentielle exacte, on n'aurait à intégrer qu'une équation différentielle du premier ordre.

275, 276. Cas ou le mobile est sollicité par des forces dirigées vers des centres fixes. — L'expression $X\,dx + Y\,dy + Z\,dz$ est toujours une différentielle exacte, quand un point matériel est sollicité par des forces dirigées vers des centres fixes et dont les intensités sont des fonctions des distances du mobile à ces différents centres. Supposons qu'une force dirigée vers le centre fixe K (e, f, g) repousse un point

Fig. 91.

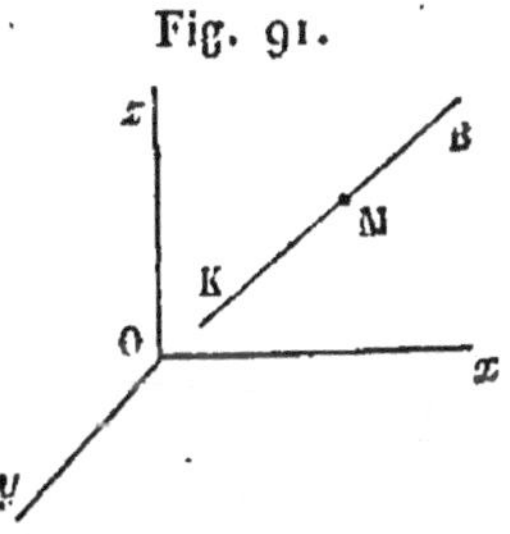

M (x, y, z), avec une énergie R; fonction seulement de la distance $MK = r$. La partie de $Xdx + Ydy + Zdz$ provenant de cette force sera Rdr.

Si le mobile est sollicité par un certain nombre de forces R, R', R'',..., dirigées à chaque instant vers des centres fixes K, K', K'',..., on aura

$$dmv^2 = 2(\pm R dr \pm R' dr \pm \ldots),$$

et chaque terme du second membre étant une différentielle exacte, il en sera de même de leur somme.

La même conséquence aura lieu si l'un des centres s'éloigne à l'infini, c'est-à-dire si la force correspondante est perpendiculaire à un plan donné et fonction de la distance du point à ce plan.

VINGT-DEUXIÈME LEÇON.

MOUVEMENT D'UN POINT PESANT SUR UNE COURBE. PENDULE SIMPLE.

277. Mouvement d'un point pesant sur une courbe. — Lorsqu'un point pesant se meut sur une courbe donnée AMA', si le mobile part du point A sans vitesse, la vitesse acquise par le mobile au point M sera la même que s'il était tombé librement de la hauteur HP.

Fig. 93.

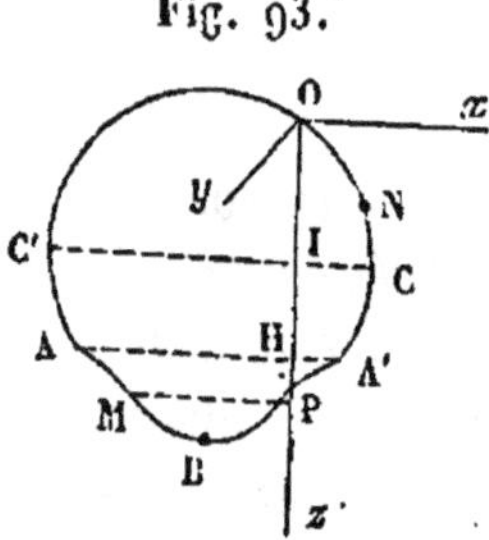

Si B est le point le plus bas de la courbe, le mobile aura la plus grande vitesse en ce point. Parvenu là, il continuera sa route en vertu de la vitesse acquise, et s'élevant sur la partie BC avec une vitesse décroissante, il s'arrêtera au point A', pour lequel $z = h$. Mais aussitôt, sollicité par la pesanteur, il descendra de nouveau sur la courbe pour revenir au point A, et il parcourra continuellement le même arc ABA', tantôt dans un sens, tantôt dans un autre.

278. Le temps employé par le mobile pour parcourir l'arc AM est le même, soit qu'il descende, soit qu'il monte. Les oscillations du mobile sont isochrones.

279. Cas où le mobile a une vitesse initiale. — Si au point A, pour lequel $z = h$, le mobile a une vitesse k, le mobile s'élève sur l'arc BCO plus haut que le point A'.

Prenons pour origine des coordonnées le point O le plus élevé de la courbe. Nous aurons trois cas à examiner.

Premier cas : $k < \sqrt{2gh}$. — Le mobile s'élèvera jusqu'à un point C plus haut que A' et qui sera déterminé par l'équation

$$OI = \frac{2gh - k^2}{2g}.$$

En ce point C la vitesse sera nulle; le mobile s'arrêtera pour revenir sur l'arc CBC' jusqu'au point C' situé à la même hauteur que C, et il fera une infinité d'oscillations isochrones.

Deuxième cas : $k > \sqrt{2gh}$. — Le mobile reviendra au point O avec la vitesse $\sqrt{k^2 - 2gh}$, dépassera ce point et parcourra la courbe une infinité de fois, toujours dans le même sens.

Troisième cas : $k = \sqrt{2gh}$. — Le mobile ne s'arrêtera qu'au point O, mais il lui faudra un temps infini pour arriver à ce point.

280. Pendule. — Équation du mouvement. — On appelle *pendule* un corps solide pesant qui peut osciller autour d'un axe horizontal. Un point matériel suspendu à l'extrémité d'une tige ou d'un fil inextensible et sans masse et dont l'autre extrémité est fixe, forme un *pendule simple*.

Fig. 94.

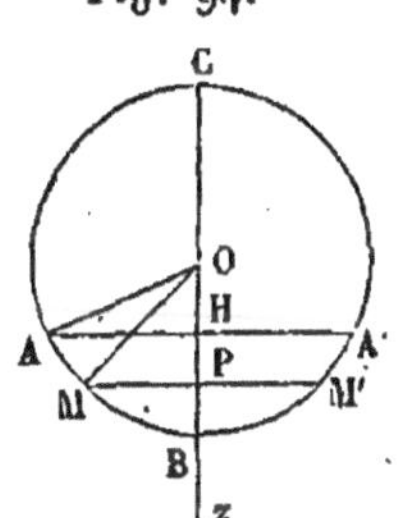

Plaçons l'origine des coordonnées au point de suspension O : prenons l'axe des z vertical et dirigé dans le sens de la pesanteur. Soit $AOz = \alpha$. L'équation du mouvement sera

$$dt = -\frac{a\,d\theta}{\sqrt{k^2 + 2ga(\cos\theta - \cos\alpha)}}.$$

281. Cas où l'équation peut s'intégrer. — On peut intégrer l'équation précédente dans le cas où la vitesse du mobile au point A est celle qu'il acquiert en descendant sans vitesse initiale du point C le plus haut du cercle.

L'équation se réduit à

$$dt = -\frac{a\,d\theta}{\sqrt{2ga(1 + \cos\theta)}}.$$

On a

$$t = \sqrt{\frac{a}{g}}\, l\, \frac{\tang\left(\frac{\pi}{4} - \frac{\theta}{4}\right)}{\tang\left(\frac{\pi}{4} - \frac{\alpha}{4}\right)},$$

formule qui donne le temps que le mobile emploie à parcourir l'arc AM, dans l'hypothèse où il serait parti du point C, sans vitesse initiale.

Il faut un temps infini au mobile pour remonter jusqu'au point C.

282. Cas des petites oscillations. — En supposant nulle la vitesse du mobile au point A, la formule (280) se réduit à

$$dt = -\sqrt{\frac{a}{g}}\frac{d\theta}{\sqrt{2\cos\theta - 2\cos\alpha}}.$$

En négligeant la quatrième puissance de θ et de α, on trouve

$$t = \sqrt{\frac{a}{g}}\,\text{arc}\cos\frac{\theta}{\alpha},$$

$$\theta = \alpha\cos\left(t\sqrt{\frac{g}{a}}\right).$$

283. La durée T de la première oscillation est

$$T = \pi\sqrt{\frac{a}{g}}.$$

Elle est indépendante de son amplitude, pourvu que celle-ci soit très-petite.

284. Les résultats précédents s'étendent aux oscillations d'un point pesant, écarté très-peu de la verticale et assujetti à se mouvoir sur une courbe dont le plan osculateur au point le plus bas B est vertical. La durée commune de chaque oscillation sera $\pi\sqrt{\frac{\rho}{g}}$, ρ étant le rayon du cercle osculateur au point B.

Fig. 95.

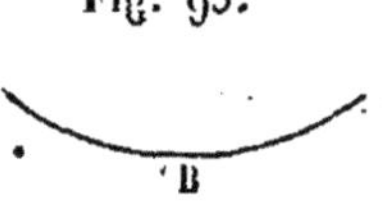

285. Si le plan osculateur de la courbe au point B le plus bas fait un angle i avec le plan horizontal ZV, on aura le temps d'une oscillation par la formule

Fig. 96.

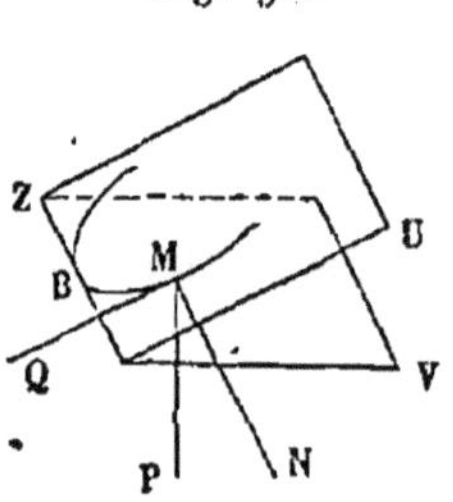

$$T = \pi\sqrt{\frac{a}{g\sin i}}.$$

286. Pour apprécier la durée exacte d'une oscillation, on compte le nombre n des oscillations pendant un temps τ, et l'on a

$$T = \frac{\tau}{n}.$$

287. La position du mobile et sa vitesse redeviennent les mêmes

après la durée d'une double oscillation. A des intervalles de temps qui diffèrent d'une oscillation, le pendule fait des angles égaux avec la verticale du point de suspension, mais de côtés différents, et ses vitesses, dans ces positions, sont égales et de signes contraires.

VINGT-TROISIÈME LEÇON.

SUITE DE LA THÉORIE DU PENDULE SIMPLE.

288. Autre méthode. — Les mêmes notations étant conservées, on a

$$\frac{d^2\theta}{dt^2}+\frac{g}{a}\sin\theta=0,$$

$$dt=\mp\sqrt{\frac{a}{g}}\frac{d\theta}{\sqrt{2\cos\theta-2\cos\alpha}}.$$

Soient

$$x=1-\cos\theta,\quad b=1-\cos\alpha;$$

on en déduit

$$T=\sqrt{\frac{a}{g}}\int_0^b\frac{dx}{\sqrt{bx-x^2}\sqrt{1-\frac{x}{2}}}.$$

289 à 291. Développement en série.

$$T=\pi\sqrt{\frac{a}{g}}\left[1+\left(\frac{1}{2}\right)^2\frac{b}{2}+\left(\frac{1.3}{2.4}\right)^2\left(\frac{b}{2}\right)^2+\left(\frac{1.3.5}{2.4.6}\right)^2\left(\frac{b}{2}\right)^3+\ldots\right].$$

292, 293. Pendule cycloïdal. — Soit A le point de départ du

Fig. 99.

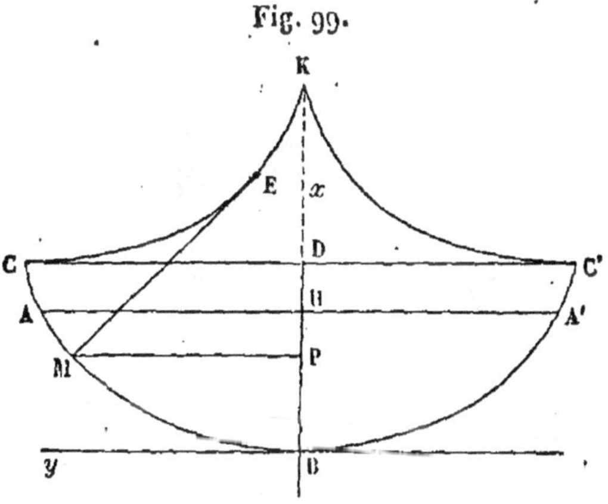

mobile où nous supposerons sa vitesse nulle, et soit $M(x, y)$ sa position à une époque quelconque t. Soit a le diamètre BD du cercle générateur. En appelant b le rayon de courbure BK = 2 BD de la cycloïde au point B, on a

$$v = \sqrt{2g(h-x)},$$

$$t = \frac{1}{2}\sqrt{\frac{b}{g}} \arccos \frac{2x-h}{h},$$

$$T = \pi\sqrt{\frac{b}{g}}.$$

La durée des oscillations est rigoureusement indépendante de leur amplitude, et différents mobiles, partis au même instant, sans vitesse initiale, de divers points de cette courbe, atteindraient au même instant le point le plus bas.

294. Construisons la développée de la cycloïde, composée des deux moitiés KC et KC′ d'une cycloïde égale à la première. Supposons qu'un point pesant soit attaché à l'extrémité d'un fil lié par son autre extrémité au point K. Si le mobile, dans une de ses positions, se trouve sur la cycloïde CBC′, ce point décrira la cycloïde CBC′. Toutes les oscillations devront s'effectuer dans un même temps égal à $\pi\sqrt{\frac{b}{g}}$.

295, 296. Tautochrone. — On appelle *tautochrone* toute ligne courbe sur laquelle un point pesant abandonné sans vitesse initiale d'un point quelconque de cette courbe parvient dans le même temps au point le plus bas. La cycloïde est la seule courbe tautochrone dans le vide.

297. Pendule dans un milieu résistant. — En désignant par R la résistance du milieu, l'équation du mouvement sera

$$\frac{d^2 s}{dt^2} = g \sin\theta - R,$$

$$R = \frac{gv}{k} = \frac{g}{k}\frac{ds}{dt}.$$

En posant $\gamma = \sqrt{1 - \frac{ga}{4k^2}}$, on aura

$$\theta = \alpha\left[\cos\left(t\gamma\sqrt{\frac{g}{a}}\right) + \frac{\sqrt{ga}}{2\gamma k}\sin\left(t\gamma\sqrt{\frac{g}{a}}\right)\right]e^{-\frac{gt}{2k}},$$

$$T = \frac{\pi}{\gamma}\sqrt{\frac{a}{g}}.$$

Les oscillations sont isochrones comme dans le vide, et leur durée est augmentée dans le rapport de 1 à γ. Les amplitudes successives forment une progression géométrique décroissante.

298. Lorsque le mouvement a lieu sur une cycloïde, toutes les oscillations se font rigoureusement dans le même temps, et cette courbe est encore isochrone dans un milieu qui résiste proportionnellement à la vitesse.

VINGT-QUATRIÈME LEÇON.

DES FORCES CENTRALES ET DU MOUVEMENT DES PLANÈTES.

299, 300. FORCES CENTRALES. — PRINCIPE DES AIRES. — Soit M un point mobile sollicité à chaque instant par une force dont la direction passe constamment par un même point. La trajectoire est une courbe plane.

Le secteur engendré par le mouvement de la projection du rayon vecteur sur un plan quelconque est proportionnel au temps.

301. Réciproquement, si la trajectoire d'un point mobile est plane et telle, que les aires engendrées par le rayon vecteur partant de l'origine des coordonnées soient proportionnelles aux temps, la force motrice passera constamment par l'origine des coordonnées.

302. EXPRESSION DE LA VITESSE EN COORDONNÉES POLAIRES.

$$v^2 = \frac{dr^2 + r^2 d\theta^2}{dt^2}.$$

303. Composantes de la vitesse au point M, suivant OM et suivant une perpendiculaire à OM :

Fig. 102.

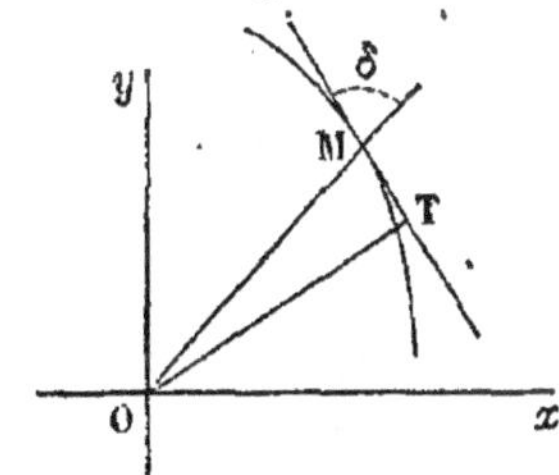

$$v \cos\delta = \frac{dr}{dt},$$

$$v \sin\delta = \frac{r\,d\theta}{dt}.$$

304.

$$r^2 d\theta = c\,dt, \quad dv^2 = -2R\,dr.$$

305. Expression de la vitesse indépendante du temps :

$$v^2 = c^2 \left[\frac{1}{r^2} + \frac{\left(d\frac{1}{r}\right)^2}{d\theta^2} \right].$$

306. Expressions indépendantes du temps des composantes de la vitesse suivant OM et suivant une perpendiculaire à cette droite :

$$v \cos \delta = -\frac{c\,d\frac{1}{r}}{d\theta} \qquad v \sin \delta = \frac{c}{r}.$$

La vitesse en un point de la courbe est en raison inverse de la perpendiculaire abaissée du point O sur la tangente à la trajectoire, au point considéré.

307. Expression de la force accélératrice en fonction des coordonnées du point mobile.

$$R = \frac{c^2}{r^2}\left[\frac{1}{r} + \frac{d^2\left(\frac{1}{r}\right)}{d\theta^2}\right].$$

308. Lois de Képler. — 1° *Les trajectoires de toutes les planètes sont des courbes planes, et pour chacune d'elles l'aire engendrée par le rayon vecteur parti du soleil et aboutissant à la planète est proportionnelle au temps.*

2° *Ces courbes sont des ellipses dont l'un des foyers est au soleil.*

3° *Les carrés des temps employés par les différentes planètes pour accomplir une de leurs révolutions sont entre eux comme les cubes des grands axes de ces ellipses.*

Ces lois se rapportent au centre de gravité de chaque planète, ainsi qu'à celui du soleil.

309. Conséquences des lois de Képler. — *La force motrice qui sollicite une planète est constamment dirigée vers le centre du soleil; cette force est attractive.*

310, 311.

$$R = \frac{\mu}{r^2}, \quad \mu = \frac{c^2}{a(1-e^2)}.$$

La force R *est en raison inverse du carré de la distance du centre de gravité de la planète à celui du soleil.* $2a$ est le grand axe de l'ellipse; e l'excentricité.

La constante c représente le double de l'espace parcouru par le rayon vecteur, dans l'unité de temps.

312. Si l'on appelle T le temps de la révolution complète de la planète considérée, on a

$$\mu = 4\pi^2 \frac{a^3}{T^2}.$$

La force accélératrice rapportée à l'unité de distance est la même pour toutes les planètes.

VINGT-CINQUIÈME LEÇON.

SUITE DU MOUVEMENT DES PLANÈTES.

313, 314. Mouvement d'un point attiré par un centre fixe en raison inverse du carré de la distance. — La trajectoire est plane et située dans le plan qui passe par le point fixe et par la direction de la vitesse initiale.

La constante c représentant le produit de la vitesse du mobile par la perpendiculaire abaissée du point fixe sur la tangente, à l'origine du temps, et b la valeur de $\frac{2\mu}{r} - v^2$, à l'origine du temps, on a

$$v^2 = \frac{2\mu}{r} - b,$$

$$c^2\left[\frac{1}{r^2} + \left(\frac{d\frac{1}{r}}{d\theta}\right)^2\right] = \frac{2\mu}{r} - b.$$

315. Équation de la trajectoire :

$$r = \frac{\frac{c^2}{\mu}}{1 + \sqrt{1 - \frac{bc^2}{\mu^2}}\cos(\theta - \omega)}.$$

La courbe est une ellipse, une parabole ou une hyperbole, suivant qu'à une époque quelconque du mouvement on a

$$v^2 < \frac{2\mu}{r}, \quad v^2 = \frac{2\mu}{r}, \quad v^2 > \frac{2\mu}{r}.$$

Différents mobiles, lancés successivement du même point de l'espace, avec des vitesses égales, mais de directions différentes, parcourraient tous des courbes de même espèce.

316. Cas où la courbe est une ellipse. — En appelant $2a$ le grand axe et e l'excentricité, on a

$$e = \sqrt{1 - \frac{bc^2}{\mu^2}}, \quad a = \frac{\mu}{b}.$$

317.

$$v^2 = \frac{2\mu}{r} - b;$$

en posant $n = \frac{\sqrt{\mu}}{a\sqrt{a}}$, on a

$$nt = u - e\sin u.$$

On compte le temps à partir du moment où la planète est à son périhélie.

318. Sur BA comme diamètre décrivons une circonférence de cercle. Soient M la position actuelle du mobile et C le centre de l'ellipse. Prolongeons l'ordonnée MP jusqu'au point K où elle rencontre la circonférence. L'angle KCA $= u$. L'angle u est appelé l'*anomalie excentrique* de la planète, tandis que l'angle MOA $= \theta - \omega$ se nomme l'*anomalie vraie*.

Fig. 105.

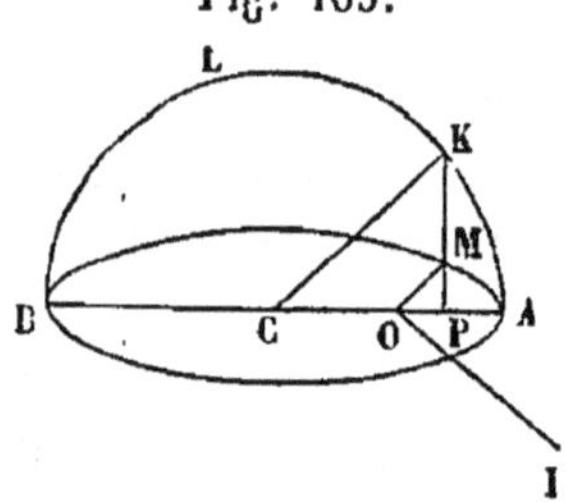

319. Équation entre l'anomalie vraie et l'anomalie excentrique :

$$\operatorname{tang} \frac{1}{2}(\theta - \omega) = \sqrt{\frac{1+e}{1-e}} \operatorname{tang} \frac{1}{2} u.$$

320. Durée de la révolution entière de la planète :

$$T = \frac{2\pi a \sqrt{a}}{\sqrt{\mu}}.$$

Force accélératrice, à l'unité de distance, commune à toutes les planètes :

$$\mu = \frac{4\pi^2 a^3}{T^2}.$$

Il est bon d'observer que l'excentricité de toutes les orbites planétaires est très-petite, car pour la planète Mars, dont l'excentricité est la plus grande, on a $e \doteq \frac{1}{60}$.

321. Cas d'une orbite circulaire ou presque circulaire. — L'ellipse peut se réduire à un cercle. Dans ce cas, le carré de la vitesse est constant. La force accélératrice est aussi constante et égale à la force centripète.

322. Quand le nombre e est très-petit, on peut déterminer approximativement l'anomalie excentrique u, le rayon vecteur r et l'anomalie vraie $\theta - \omega$, en fonction du temps t. On a, en négligeant le carré de l'excentricité,

$$u = nt + e \sin nt,$$
$$r = a(1 - e \cos nt),$$
$$\theta - \omega = nt + 2e \sin nt.$$

323. AMA' étant l'orbite d'une planète, décrivons du point O comme centre, avec un rayon arbitraire Oa, une circonférence de cercle. Imaginons maintenant qu'un mobile quelconque m se meuve

sur cette circonférence avec une vitesse constante, de telle sorte que ce mobile et la planète se trouvent au même instant en a et en A sur le grand axe de l'ellipse, et qu'ils accomplissent tous deux une révolution entière dans le même temps. Dans la première moitié du mouvement de A en A′, le rayon vecteur OM précédera Om, et l'inverse aura lieu dans la seconde période du mouvement simultané de ces deux corps dans l'espace.

324. Cas d'une parabole.

$$r = \frac{\frac{c^2}{\mu}}{1 + \cos(\theta - \omega)}, \quad b = 0, \quad p = \frac{c^2}{\mu},$$

$$t = \frac{p\sqrt{p}}{2\sqrt{\mu}}\left[\operatorname{tang}\frac{1}{2}(\theta - \omega) + \frac{1}{2}\operatorname{tang}^3\frac{1}{2}(\theta - \omega)\right].$$

VINGT-SIXIÈME LEÇON.

ATTRACTION UNIVERSELLE ET MASSE DES PLANÈTES.

325. Lois de l'attraction universelle. — Toutes les planètes sont constamment sollicitées par une force qui passe à chaque instant par le centre du soleil et qui varie, pour chaque planète, en raison inverse du carré de la distance de son centre de gravité à celui du soleil. Les satellites d'une planète sont attirés par une force passant constamment par le centre de celle-ci et variant en raison inverse du carré de la distance du centre de gravité du satellite à celui de la planète.

326. Réciproquement, les planètes attirent le soleil.

327. *Deux molécules matérielles quelconques s'attirent en raison directe de leurs masses et en raison inverse du carré de leur distance.*

328. Vérification de la loi de l'attraction. — O′ étant le centre de la lune et O celui de la terre, la pesanteur diminuée dans le rapport du carré de la distance OO′ au carré de OA est la force motrice de notre satellite, à chaque instant.

Fig. 107.

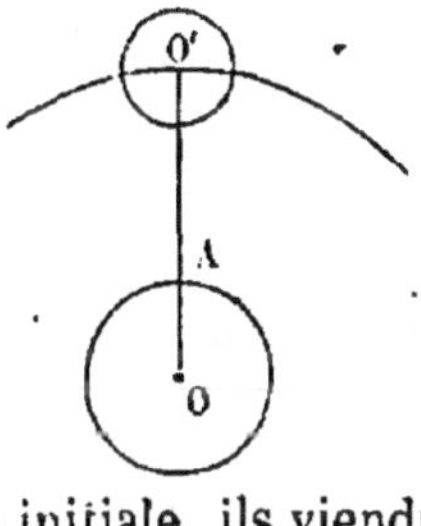

329. Mouvement absolu et relatif de deux corps qui s'attirent. — Si le soleil et une planète n'avaient aucune vitesse initiale, ils viendraient se réunir sur la droite qui joint leurs

centres au centre de gravité du système de ces deux corps, lequel point partage cette droite en deux parties réciproquement proportionnelles à leurs masses.

330, 331. Si l'on veut obtenir le mouvement apparent d'une planète pour un observateur placé à la surface du soleil, il faudra supposer appliquée au centre de gravité du soleil une force égale et contraire à celle qui le fait mouvoir dans l'espace; en même temps il faudra aussi regarder une force égale et parallèle comme appliquée au centre de gravité de la planète.

332. Si M et m sont les masses du soleil et de la planète et r leur distance, la force accélératrice qui produirait le mouvement apparent de la planète autour du soleil supposé fixe est $\frac{f(M+m)}{r^2}$. *La trajectoire apparente de la planète est une section conique,* et par suite une ellipse.

333. Le rapport $\frac{a^3}{T^2}$ n'est réellement pas constant pour toutes les planètes. Toutefois, comme l'observation démontre que la troisième loi de Képler est extrêmement approchée, on doit en conclure que les masses des planètes sont très-petites, comparées à celle du soleil. La masse de Jupiter, la plus considérable de toutes les planètes, n'est pas $\frac{1}{1000}$ de celle du soleil.

Le mouvement elliptique n'est pas non plus rigoureusement celui des planètes autour du soleil.

334. Masses des planètes accompagnées de satellites. — Soient M, m et m' les masses respectives du soleil, de la planète et du satellite de cette dernière; soient a le demi grand axe de l'orbite de la planète dans son mouvement relatif autour du soleil, et T la durée d'une révolution complète; et soient a' et T' les données analogues, répondant au mouvement apparent du satellite autour de la planète. On aura

$$\frac{m+m'}{M+m} = \frac{a'^3}{a^3}\,\frac{T^2}{T'^2}.$$

On peut négliger m' devant m, et m devant M; d'où résulte

$$\frac{m}{M} = \frac{a'^3}{a^3}\,\frac{T^2}{T'^2},$$

formule qui peut servir à calculer le rapport de la masse de la planète à celle du soleil.

335. Masse de la terre. — Soit m la masse de la terre. Il existe

un certain parallèle sur lequel l'attraction terrestre a pour mesure $\frac{fm}{r^2}$. De plus la composante verticale de la force centrifuge a pour mesure sur le même parallèle une fraction $\frac{\cos^2\lambda}{289} = \frac{2}{3}\frac{1}{289}$ de la gravité. Il faut ajouter cette composante à g, d'où

$$\frac{M}{m} = \frac{4\pi^2 a^3}{G r^2 T^2} - 1,$$

en appelant M la masse du soleil, a le demi grand axe de l'orbite apparente de la terre autour du soleil, T le nombre de secondes contenu dans une année, et G l'attraction du sphéroïde terrestre sur l'unité de masse d'un corps placé sur le parallèle considéré.

336, 337. On conclut de là le rapport de la densité moyenne du soleil à celle de la terre et la pesanteur à la surface du soleil.

338. Masse d'une planète dépourvue de satellites. — On a

$$\frac{4\pi^2 a'^3}{T'^2} = G r^2\left(\frac{M}{m} + \frac{m'}{m}\right).$$

On tire de cette équation $\frac{m'}{m}$, ou le rapport de la masse de la planète à celle de la terre.

FIN DU PREMIER VOLUME

ÉNONCÉS DE PROBLÈMES [1].

STATIQUE (Ire Partie).

1. Position d'équilibre d'un point attiré vers des centres fixes par des forces proportionnelles à la distance. SG.

2. Position d'équilibre d'un point attiré vers les trois sommets d'un triangle par des forces constantes qui sont entre elles dans les mêmes rapports que les côtés du triangle opposés aux sommets dont elles émanent respectivement. SG.

3. Un fil inextensible et sans poids est fixé à ses extrémités A, B et porte un petit anneau pesant C; un autre fil a aussi une extrémité fixée en A, passe dans l'anneau C et porte un poids à sa seconde extrémité, qui est libre : figure d'équilibre du système. PJ.

4. Position d'équilibre d'un point attiré vers des points fixes d'un plan par des forces inversement proportionnelles aux distances. En déduire la position d'équilibre d'un point pesant attiré vers deux points fixes égaux, situés sur une horizontale, les attractions étant réciproques aux distances. SG.

5. Un fil sans masse est attaché à une de ses extrémités A; il porte un poids P, fixé sur lui à une distance connue de A, puis il passe sur une poulie très mobile située à la même hauteur que A et porte à sa seconde extrémité libre un poids Q : figure d'équilibre du système. SG.

6. Un fil qui passe sur une poulie très mobile porte à ses extrémités deux poids dont l'un est libre, l'autre repose sur un plan incliné poli : figure d'équilibre, tension du fil, charge du plan. PJ.

---

(1) Les problèmes qui se trouvent développés dans le Recueil d'exercices de M. de Saint-Germain sont suivis de l'indication SG., ceux qui sont traités dans le Recueil du P. Jullien sont désignés par les initiales PJ.

7. Un poids est assujetti à rester sur une ellipse polie dont un axe est vertical et exerce sur le poids une action répulsive horizontale, proportionnelle à la distance du point à l'axe; position d'équilibre, pression sur la courbe. SG.

8. Position d'équilibre d'un petit poids assujetti à rester sur une hélice dont l'axe est vertical; un point de cet axe exerce sur le point mobile une répulsion réciproque au carré de la distance. SG.

9. Position d'équilibre d'un point pesant placé sur un ellipsoïde dont un axe est vertical et dont le centre attire le point avec une intensité constante. SG.

10. Quand un point sollicité par des forces connues est placé sur une courbe ou une surface telle que le point y soit partout en équilibre, on peut appeler ces lieux *courbes* ou *surfaces de niveau*. Cela posé, on propose de déterminer : 1° dans un plan vertical, une courbe de niveau pour un point pesant repoussé d'une verticale de ce plan par une force horizontale, proportionnelle à la distance du point à l'axe; 2° sur une sphère, une courbe de niveau pour un point pesant attiré vers l'extrémité d'un diamètre horizontal par une force réciproque au cube de la distance; 3° une surface de niveau pour un point pesant sollicité par une force constante qui passe par un point fixe. SG.

11. Deux points pesants sont posés sur deux plans inclinés dont l'intersection est horizontale; ils sont réunis par un fil qui passe sur une petite poulie très mobile située au-dessus de l'intersection : position du système quand il est près de glisser dans un sens ou dans l'autre. PJ.

12. Un point pesant repose sur un plan incliné dépoli : quelle est l'intensité de la force qu'on doit appliquer au point dans une direction quelconque donnée pour le faire glisser? Discussion. SG.

13. Un point pesant est placé sur une parabole dont l'axe est vertical, la convexité tournée vers le haut, et qui exerce un frottement dont le coefficient est $\frac{3}{5}$; le point est attiré vers le foyer par une force réciproque au carré de la distance et qui serait égale au poids si le point était au sommet : quel est le point de la parabole où le glissement est près de se produire? SG.

14. Sur un paraboloïde $xy = az$, l'axe des z étant vertical, repose un point qui, outre son poids P, est sollicité par une force

horizontale dont les projections sur l'axe des x et l'axe des y sont $\frac{Px}{a}$, $\frac{Py}{a}$, et la surface du paraboloïde est dépolie : lieu des points où le mobile est près de glisser dans le sens de la pesanteur. SG.

15. Plusieurs forces parallèles sont appliquées en des points donnés : montrer que, si l'un des points d'application se déplace suivant une certaine courbe, le centre des forces parallèles décrira une courbe homothétique. Horloge magique. PJ.

16. Trois hommes doivent porter une plaque homogène ayant la forme d'un parallélogramme ABCD, A et C étant opposés ; un des hommes soutient la plaque par le sommet A : trouver sur CB et CD deux points tels que, si les deux autres porteurs les soutiennent, les trois hommes seront également chargés. PJ.

17. Aux quatre sommets d'un tétraèdre on applique des forces parallèles et proportionnelles aux aires des faces opposées : point d'application de la résultante. SG.

18. Aux sommets d'un triangle ABC on applique trois forces parallèles respectivement égales : 1° à $\tang A$, $\tang B$, $\tang C$; 2° à $\frac{\sin A}{\cos B \cos C}$, $\frac{\sin B}{\cos C \cos A}$, $\frac{\sin C}{\cos A \cos B}$: trouver le centre des deux systèmes de trois forces, le centre des six forces parallèles, et du résultat obtenu déduire que le centre du cercle circonscrit à ABC, le point de concours des hauteurs et celui des médianes sont en ligne droite. Applications de la Statique à la démonstration de théorèmes de Géométrie. SG.

19. Un vase hémisphérique très mince repose par sa partie convexe sur un plan horizontal et porte deux poids donnés aux extrémités de deux rayons perpendiculaires : position d'équilibre. SG.

20. Décomposer une force en trois forces parallèles appliquées en des points donnés. Où doit-on placer trois poids connus sur une circonférence pour que leur résultante soit appliquée au centre du cercle ? SG.

21. Une table parfaitement rigide est portée par plus de trois pieds qui reposent sur un plan horizontal indéformable : la table étant chargée d'un poids, déterminer les charges des différents pieds, en admettant que ceux-ci se raccourcissent de quantités très petites et proportionnelles à la charge qu'ils supportent. SG.

22. Le centre de gravité d'un polyèdre circonscrit à une sphère,

le centre de gravité de la surface polyédrale et le centre de la sphère sont en ligne droite. PJ.

23. Centre de gravité d'un arc de sinusoïde, de l'arc qui forme une demi-boucle de la lemniscate de Bernoulli. PJ.

24. Centre de gravité d'un arc de chaînette homogène, d'un arc de cardioïde ($r = a + a\cos\theta$), d'un arc d'hélice dont l'axe est l'axe des z et la densité représentée par e^{-mz}. SG.

25. Déterminer une courbe plane passant par l'origine, de manière que la densité de l'arc soit représentée par une fonction $f(s)$, s étant la longueur de l'arc à partir de l'origine, et l'ordonnée du centre de gravité de cet arc entier s soit égale à $\varphi(s)$; cas où $f(s) = as^m$, $\varphi(s) = \alpha s^\mu$. SG.

26. Centre de gravité de l'aire comprise entre la cissoïde et son asymptote, de l'aire circonscrite par la courbe $xy^2 = b^2(a - x)$, d'un secteur parabolique compris entre la courbe et deux rayons vecteurs issus du foyer, de l'aire comprise entre une branche de sinusoïde et l'axe des x. PJ.

27. Centre de gravité de l'aire comprise entre un arc d'ellipse, le diamètre qui aboutit à une extrémité de l'arc et la corde conjuguée passant à l'autre extrémité; en déduire le centre de gravité d'un segment parabolique. SG.

28. Centre de gravité d'une demi-boucle de la lemniscate de Bernoulli. SG.

29. Déterminer une courbe plane telle que le centre de gravité de l'aire comprise entre la courbe, les axes et une ordonnée $x = h$ ait pour abscisse $\frac{ah}{a+h}$. SG.

30. Établir la relation qui existe entre les aires de quatre triangles ayant pour bases les côtés d'un quadrilatère, et pour sommet commun le centre de gravité de l'aire du quadrilatère. SG.

31. Centre de gravité d'une zone de paraboloïde de révolution limitée par un plan perpendiculaire à l'axe, de la surface d'un hémisphère où la densité en chaque point est proportionnelle à sa distance à la base. PJ.

32. Considérons l'enveloppe de la surface représentée par l'équation

$$\sqrt{(x-\alpha)^2 + (y-\beta)^2} = a\,\mathrm{L}\frac{z + \sqrt{z^2 - a^2}}{a}.$$

α et β étant deux paramètres liés par une relation donnée : le volume compris entre cette surface, le plan xy et un cylindre parallèle à l'axe des z aura un centre de gravité dont l'ordonnée sera la moitié de celle qui correspond à l'aire interceptée par le cylindre dans la surface. PJ.

33. Centre de gravité d'une surface sphérique quelconque, triangle sphérique, surface de Viviani. SG.

34. Centre de gravité de la portion de l'aire du paraboloïde $2z = \frac{x^2}{a} + \frac{y^2}{b}$ comprise entre les plans des zx et des zy et le cylindre $\frac{x^2}{a^2} + \frac{y^2}{b^2} = 1$. SG.

35. Centre de gravité du volume engendré par l'aire comprise entre une parabole, son axe et une ordonnée perpendiculaire, qu'on fait tourner autour de la tangente au sommet. PJ.

36. Centre de gravité du volume engendré par la révolution : 1° d'une boucle de strophoïde autour de son axe ; 2° d'un segment compris entre une parabole et deux rayons vecteurs, autour de l'axe de la parabole. SG.

37. Centre de gravité du volume compris entre les parties positives des plans coordonnés rectangulaires et les surfaces de deux cylindres

$$\frac{y^2}{b^2} + \frac{z^2}{c^2} = 1, \quad \frac{x^2}{a^2} + \frac{z^2}{c^2} = 1. \qquad \text{(SG.)}$$

38. Volume et centre de gravité de l'espace compris entre le plan des xy, celui des xz, le cylindre $x^2 + y^2 - ax = 0$ et la sphère $x^2 + y^2 + z^2 = a^2$; la courbe d'intersection est la courbe de Viviani. SG.

39. Il existe un grand nombre de solides terminés par deux faces planes parallèles et tels que l'aire d'une section parallèle à ces plans s'exprime par une fonction du second degré de sa distance à l'une des faces ; soient h la hauteur, B, B′, β les aires des faces et de la section moyenne : le volume est

$$\frac{1}{6} h (B + B' + 4\beta),$$

et le rapport des distances du centre de gravité à la face B et à la face B′ est celui de $B' + 2\beta$ à $B + 2\beta$. SG.

40. Centre de gravité du volume compris entre le plan des zx, la sphère $x^2+y^2+z^2=a^2$ et le paraboloïde $x^2+y^2=a^2-2az$. PJ.

41. Centre de gravité du volume compris entre les parties positives des plans coordonnés rectangulaires et le paraboloïde

$$abz = c(x-a)(y-b). \qquad \text{(PJ.)}$$

42. Attraction d'une droite homogène sur un point, l'attraction étant en raison inverse du carré de la distance. SG.

43. Attraction d'un ellipsoïde sur un point intérieur ou extérieur, l'attraction s'exerçant en raison inverse de la quatrième puissance de la distance. SG.

44. Toutes les molécules d'un hémisphère homogène sont douées d'un pouvoir attractif suivant la loi newtonienne : en quel point de l'axe de symétrie doit-on placer un point soumis à l'attraction pour qu'il reste en équilibre? PJ.

45. Déterminer la forme d'un solide de volume donné, de manière qu'il exerce sur un point donné une attraction maximum, l'attraction étant suivant la loi newtonienne. PJ.

46. La loi d'attraction de Newton est la seule avec laquelle une couche sphérique homogène soit sans action sur un point intérieur. SG.

47. Trouver toutes les lois d'attraction qui ne dépendent que de la distance et avec lesquelles une sphère attire un point extérieur, comme si la masse était concentrée au centre. PJ.

48. Action d'un anneau sur un autre situé dans le plan du premier et passant par son centre; l'attraction est réciproque au cube de la distance. SG.

49. Calculer le potentiel d'une masse sphérique indéfinie où la densité est e^{-r} à la distance r du centre. SG.

50. Un point est en équilibre au centre d'un octaèdre régulier dont les six sommets ont des masses égales, et attirent proportionnellement à la puissance n de la distance : calculer l'attraction subie par le mobile quand on l'écarte très peu de sa position d'équilibre, et dire pour quelles valeurs de n l'équilibre est stable ou non. SG.

51. Un ellipsoïde de révolution homogène, légèrement aplati,

exerce sur un point de sa surface une attraction représentée par un terme constant et un terme proportionnel au carré du sinus de la latitude : application à la Terre. PJ.

52. Considérons un ellipsoïde dont les axes sont assez peu différents pour qu'on néglige les quatrièmes puissances de l'excentricité des sections principales, et une sphère concentrique et de même volume : les deux solides, supposés homogènes et de même densité, exercent la même attraction sur les points d'intersection de leurs surfaces. PJ.

DYNAMIQUE (Ire Partie).

(A partir de la XIIe Leçon de Sturm.)

53. Un mobile est attiré vers un centre fixe par une force proportionnelle à la puissance $n^{\text{ième}}$ de la distance : trouver la valeur de n, telle que le mobile partant d'une distance infinie arrive à la distance c du centre d'attraction avec la même vitesse qu'il aurait à la distance $\frac{c}{4}$ s'il était parti sans vitesse de la distance c. PJ.

54. Un point matériel attiré vers les quatre sommets d'un carré par des forces qui ne dépendent que de la distance est éloigné à une petite distance du centre sur une diagonale : durée des petites oscillations qu'il exécute. PJ.

55. Mouvement d'un point tiré du repos par une force émanant d'un centre fixe et réciproque au cube de la distance : la loi du mouvement peut-elle toujours être représentée par la même intégrale? SG.

56. Mouvement d'un point qui reste sur la droite joignant deux centres d'attraction et qui est attiré vers chacun d'eux suivant la loi newtonienne; application à un corps qui se mouvrait entre la Terre et la Lune. SG.

57. Mouvement d'un point attiré proportionnellement à la distance par un centre d'action qui se déplace d'un mouvement rectiligne et uniformément accéléré; le point étudié est d'abord en repos. PJ.

58. Deux points ont un mouvement uniformément varié suivant deux droites quelconques; minimum de leur distance. PJ.

59. Une bille parfaitement élastique tombe d'une hauteur connue sur un plan horizontal : calculer la hauteur à laquelle elle rebondit après avoir touché n fois le plan, en admettant que l'air offre une résistance au mouvement proportionnelle au carré de la vitesse. PJ.

60. Mouvement rectiligne d'un point matériel attiré vers un centre fixe en raison inverse du cube de la distance; le centre est entouré d'une atmosphère dont la densité varie en raison inverse du cube de la distance au centre, et qui présente une résistance proportionnelle à sa densité et au carré de la vitesse. PJ.

61. Mouvement rectiligne d'un point attiré proportionnellement à la distance vers un centre d'action qui se meut uniformément dans un milieu homogène dont la résistance est proportionnelle au carré de la vitesse. PJ.

62. Mouvement vertical d'un point pesant, en supposant la résistance de l'air proportionnelle au cube de la vitesse. SG.

63. Un mobile se meut dans un milieu homogène résistant en proportion du carré de la vitesse : déterminer suivant quelle loi il doit être attiré vers un point fixe pour qu'il l'atteigne dans un temps constant, quelle que soit la distance d'où il part sans vitesse. SG.

64. Étant donnés deux axes rectangulaires, un mobile M situé d'abord sur OX se meut de telle sorte que son ordonnée ainsi que l'angle MOX croissent proportionnellement au temps : déterminer la trajectoire, la tangente et le rayon de courbure en chaque point. SG.

65. Un point parcourt avec une vitesse constante 1° une lemniscate de Bernoulli, 2° une loxodrome sphérique : déterminer l'accélération et le rayon de courbure en chaque point de la trajectoire. SG.

66. Démontrer qu'un point attiré vers les deux foyers d'une hyperbole suivant la loi de Newton peut décrire cette courbe si on lui suppose au sommet une vitesse convenable : déterminer la loi du mouvement correspondant. SG.

67. Quand un point décrit une trajectoire plane sous l'action d'une force toujours dirigée vers le centre de courbure de la développée, l'aire comprise entre la trajectoire, un rayon de courbure fixe, un autre variable et l'arc correspondant de développée croît proportionnellement au temps. SG.

68. Si la parabole décrite par un point pesant dans le vide coupe

une droite en deux points A et B, les vitesses du mobile en ces deux points, estimées suivant une perpendiculaire à AB, sont égales et de sens contraires. PJ.

69. Un point décrit une parabole sous l'action de deux forces; l'une, perpendiculaire à l'axe, est proportionnelle à la distance du mobile à cet axe; l'autre est parallèle à l'axe, mais on demande de trouver sa valeur, ainsi que la loi du mouvement. PJ.

70. Une bille parfaitement élastique est lancée avec une vitesse connue d'un certain point d'un plan incliné sur lequel elle rebondit en faisant des angles d'incidence et de réflexion égaux : trouver la distance du $n^{\text{ième}}$ point de rencontre au point de départ. PJ.

71. Un point décrit une ellipse sous l'action d'une force parallèle au petit axe : grandeur de la force et loi du mouvement. PJ.

72. Mouvement d'un point attiré vers une droite fixe par une force inversement proportionnelle au carré de la distance; la vitesse initiale est parallèle à la droite. SG.

73. Mouvement de deux points qui s'attirent proportionnellement à la distance, et dont l'un est libre, l'autre obligé de rester sur une droite fixe. Cas où la masse du point libre est triple de celle du second, les vitesses initiales étant nulles, et la droite fixe exerçant un frottement. SG.

74. Mouvement d'un point M attiré en raison directe de la distance vers un centre d'action qui parcourt un cercle avec une vitesse angulaire ω; M ne sort pas du plan du cercle. Cas où l'attraction est égale à la distance multipliée par ω^2 et où M est d'abord immobile au centre du cercle. SG.

75. Un corps pesant est soumis à l'action d'une force variable, mais toujours tangentielle : déterminer la grandeur de cette force de manière que la vitesse soit constante; courbe décrite par le mobile. SG.

76. Mouvement d'un point pesant sur un plan incliné dépoli; discussion. SG.

77. Un mobile décrit une ellipse sous l'action d'une force toujours dirigée vers un point fixe du plan : calculer la loi de cette force; cas particuliers. SG.

78. Un point décrit la podaire, lieu des projections du centre d'une conique sur ses tangentes, sous l'action d'une force dirigée vers le centre : exprimer la valeur de cette force en fonction du rayon vecteur; rayon de courbure de la podaire. SG.

79. Un point se meut de manière que sa vitesse soit proportionnelle à la puissance $n^{\text{ième}}$ de son rayon vecteur et que la vitesse aréolaire de ce rayon soit constante : étudier le mouvement. SG.

80. Un point décrit une parabole sous l'action d'une force qui passe constamment au point de rencontre de la directrice et de l'axe : valeur de cette force, loi du mouvement. PJ.

81. Un point décrit une parabole sous l'action d'une force dirigée vers le foyer ; à un moment donné, la force attractive se trouve doublée : déterminer la nouvelle trajectoire. PJ.

82. Un point matériel posé sur un plan horizontal poli est attaché à un point fixe de ce plan par un fil très mince qui peut s'allonger légèrement et exerce alors une traction proportionnelle à l'allongement. Le fil étant d'abord rectiligne, mais sans tension, on imprime au point mobile une vitesse perpendiculaire au fil : étudier le mouvement résultant. PJ.

83. Un point est attiré vers un centre fixe par une force proportionnelle à la distance : étudier le lieu formé par sa trajectoire quand, la vitesse initiale ayant une grandeur connue, on lui donne toutes les directions comprises dans un certain plan. SG.

84. Mouvement d'un point sollicité par deux forces émanant d'un centre fixe ; l'une, attractive, est proportionnelle à la distance, l'autre, répulsive, en raison inverse du cube de cette distance. Cas où à l'instant initial ces deux forces se détruisent et où la vitesse est perpendiculaire au rayon vecteur. SG.

85. Un mobile est attiré vers un centre fixe avec une intensité fonction de la distance : trouver quelle doit être la forme la plus générale de cette fonction pour que la trajectoire soit toujours une courbe fermée, quelle que soit la direction de la vitesse initiale, dont la grandeur doit seulement rester entre certaines limites. SG.

86. Déterminer la constante de l'attraction universelle d'après le mouvement planétaire ; mouvement parabolique des comètes : l'intervalle de temps mis par une comète pour passer d'une position à une autre peut s'exprimer en fonction de la distance de ces deux positions et des rayons vecteurs correspondants (théorème de Lambert). SG.

87. Dans le mouvement elliptique ou hyperbolique déterminé par l'attraction du foyer, l'intervalle de temps mis par le mobile pour passer d'une position à une autre peut s'exprimer au moyen de la distance des deux positions, des deux rayons vecteurs et de l'axe focal de l'orbite. PJ.

88. Dans le mouvement elliptique, calculer la plus grande équation du centre, et, réciproquement, développer l'excentricité en série suivant les puissances de cette équation. PJ.

89. Mouvement d'un point attiré vers un centre fixe par deux forces réciproques, l'une au carré, l'autre au cube de la distance; quand cette seconde force est petite, la trajectoire peut s'obtenir en faisant décrire au mobile une ellipse qui tournerait autour de son foyer. PJ.

90. Un point pesant se meut dans un milieu dont la résistance est proportionnelle à la densité et au carré de la vitesse; la trajectoire est une circonférence : trouver la loi du mouvement et celle de la variation de la densité du milieu. PJ.

91. Mouvement d'un point M attiré vers un centre O avec une force $\frac{mr^3}{c^2}$, où $r = OM$; la distance initiale est a, la vitesse initiale $\frac{a^2}{c}$ fait l'angle aigu α avec la droite MO; enfin le point O est entouré d'un milieu non homogène exerçant une résistance égale à $\frac{3m\cos\alpha}{r}v^2$. SG.

92. Un point attiré vers un centre fixe en raison directe de la $n^{\text{ième}}$ puissance de la distance se meut dans un milieu dont la résistance est proportionnelle à la densité et au carré de la vitesse : sachant que la trajectoire est une circonférence qui passe au point attirant, trouver la loi de la densité et celle du mouvement. PJ.

93. On peut considérer des accélérations d'ordre supérieur telles que l'accélération du $(n-1)^{\text{ième}}$ ordre ait pour projections sur les axes

$$\frac{d^n x}{dt^n}, \quad \frac{d^n y}{dt^n}, \quad \frac{d^n z}{dt^n};$$

on propose de calculer les projections de ces suraccélérations sur la tangente à la trajectoire, la normale principale, l'axe du plan osculateur. SG.

94. Mouvement d'un point de masse 1 assujetti à rester sur l'intersection des deux surfaces $z^2 = 2ax$, $9y^2 = 16xz$, et sollicité par une force dont les composantes rectangulaires sont

$$X = 4k^2 x, \quad Y = \frac{9}{2}k^2 y, \quad Z = 2k^2(a + 3z);$$

le point est d'abord à l'origine et lancé vers le haut et en avant du plan des xz avec la vitesse ak. SG.

95. Un point obligé de rester sur une spirale logarithmique est attiré vers le pôle par une force réciproque au carré de la distance : loi du mouvement, v_0 étant nul. PJ.

96. Deux points pesants réunis par une tige rigide et sans masse sont obligés de rester sur deux droites situées dans le même plan vertical : petites oscillations du système quand on l'écarte légèrement de sa position d'équilibre. PJ.

97. On donne une série de courbes homothétiques, par exemple une série de cycloïdes ayant un point de rebroussement commun, où elles admettent une même tangente qui est verticale; sur chacune de ces courbes on laisse tomber sans vitesse initiale un point pesant à partir du point commun : lieu des positions des divers mobiles à une même époque (courbe synchrone). PJ.

98. On donne une ellipse dont le grand axe est vertical et un point pesant placé dans son intérieur à une extrémité du petit axe : déterminer avec quelle vitesse on doit le lancer pour qu'après s'être détaché de l'ellipse il décrive un arc parabolique passant au centre de l'ellipse. PJ.

99. Un point assujetti à parcourir une ellipse est attiré vers le centre par une force proportionnelle à la distance et vers les deux foyers par des forces réciproques au carré de la distance : montrer que la pression exercée sur la courbe est réciproque au rayon de courbure; examiner la valeur initiale de la vitesse qui rendrait la pression toujours nulle et interpréter les trois parties dont se compose le carré de cette vitesse. SG.

100. Un point non pesant, assujetti à rester sur une circonférence, est attiré vers un point de cette courbe par une force fonction de la distance : déterminer cette fonction de manière que la pression exercée sur le cercle soit constante; nature du mouvement produit. SG.

101. On donne dans un plan vertical une cycloïde à base horizontale, tournant sa convexité vers le bas et engendrée par un cercle de rayon a; un fil sans masse, de longueur $6a$, est fixé par un bout au point de rebroussement de la cycloïde et porte à son autre extrémité une petite masse à laquelle on donne une vitesse horizontale $\sqrt{8ga}$; mouvement du système, tension du fil. SG.

102. Deux masses pesantes se meuvent sur un cercle vertical de manière que leurs vitesses au point le plus bas soient égales : montrer que la corde qui joint les positions simultanées des deux pen-

dules enveloppe un cercle; interprétation de l'intégrale de l'équation d'Euler donnée par Jacobi. Remarquer que, s'il existe un polygone inscrit à un cercle et circonscrit à un autre, il en existe une infinité. SG.

103. Courbe sur laquelle il faut laisser glisser un point pesant pour qu'il descende de hauteurs égales dans des temps égaux; on donne la vitesse initiale, qu'on suppose dirigée verticalement. PJ.

104. Un point pesant reçoit une vitesse horizontale connue et dirigée vers un point O : quelle est la courbe sur laquelle on doit l'obliger à rester pour que sa distance au point O décroisse uniformément? PJ.

105. Sur quelle courbe doit-on faire mouvoir un point attiré vers un centre fixe proportionnellement à la distance pour que le rayon vecteur issu du centre attractif tourne uniformément? PJ.

106. Déterminer dans un plan vertical une courbe telle qu'un point pesant, obligé de la parcourir et lancé avec une vitesse a, exerce une pression proportionnelle à la $n^{\text{ième}}$ puissance de sa distance à l'horizontale située à la distance $\frac{a^2}{2g}$ au-dessus du point de départ. PJ.

107. Déterminer dans un plan vertical une courbe telle qu'un point pesant assujetti à la suivre exerce une pression proportionnelle à la composante normale du poids; cas d'intégrabilité. SG.

108. Déterminer dans un plan vertical une courbe qui éprouve une pression constante de la part d'un point pesant obligé de la suivre et animé d'abord d'une vitesse horizontale connue; étudier complètement la forme de la courbe. SG.

109. Trouver une courbe plane telle qu'un point obligé de la suivre, partant sans vitesse d'un point O, mais attiré vers un centre connu proportionnellement à la distance, arrive en un point quelconque M de la courbe dans le même temps que s'il s'était mû sur la droite OM. SG.

110. Déterminer sur une surface quelconque la courbe tautochrone pour un point sollicité par des forces connues : la composante tangentielle de la force motrice doit être égale à la force qui produirait un mouvement rectiligne tautochrone. SG.

111. Déterminer dans un plan une courbe tautochrone pour un mobile attiré vers un point du plan en raison directe de la distance ou en raison inverse de son carré. SG.

112. Déterminer dans un plan vertical une courbe tautochrone pour un point pesant qui éprouve de la part du milieu ambiant une résistance proportionnelle au carré de la vitesse. SG.

113. Étant donnés deux axes rectangulaires, déterminer dans leur plan les courbes tautochrones pour un point attiré vers OX par une force égale à ky^n; l'extrémité des arcs parcourus est l'origine. PJ.

114. Quand on considère un mobile qui doit rester dans un plan et qui est sollicité par une force dont les composantes sont les dérivées partielles d'une même fonction, on peut, sans l'emploi du calcul des variations, démontrer que dans la brachistochrone la pression exercée sur la courbe est double de la composante normale de la force motrice. SG.

115. Déterminer la brachistochrone : 1° pour un point pesant; 2° pour un point mobile dans un plan et attiré vers un de ses points en raison inverse du carré de la distance. SG.

116. Calculer l'amplitude et la durée des petites oscillations d'un pendule circulaire en supposant la résistance de l'air en raison du carré de la vitesse. PJ.

117. Calculer l'expression la plus générale de la force tangentielle dans le mouvement tautochrone. PJ.

118. Déterminer dans un plan vertical une courbe telle qu'un point pesant obligé de la suivre et éprouvant une résistance proportionnelle au carré de sa vitesse, après avoir été lancé d'un point de la courbe avec une vitesse convenable, arrive en un point quelconque avec une vitesse égale à celle qu'il acquerrait en tombant, dans le même milieu, d'une hauteur égale à l'arc qui le sépare d'un second point fixé sur la courbe. PJ.

119. On donne une cycloïde dépolie dont l'axe est vertical et la convexité tournée vers le haut : déterminer le mouvement d'un point pesant posé sur cette courbe et ayant au sommet une vitesse donnée; point où le mobile s'arrête ou s'échappe. SG.

120. Mouvement d'un point pesant sur une hélice dépolie tracée sur un cylindre de révolution à axe vertical; discuter les divers cas d'après la vitesse initiale. SG.

121. Mouvement d'un point pesant obligé de rester sur un cylindre droit à axe vertical et attiré vers un point fixe par une force proportionnelle à la distance. SG.

122. Mouvement d'un point non pesant assujetti à rester sur la surface d'un cône droit et attiré vers l'axe par une force qui lui est perpendiculaire et varie en raison directe de la distance du mobile à l'axe. Cas où le demi-angle du cône est de 30 degrés. SG.

123. Mouvement d'un point pesant sur un paraboloïde de révolution dont l'axe est vertical et la convexité tournée vers le bas; la différence d'azimut d'un maximum et du minimum qui le suit est $> \frac{\pi}{2}$; théorème analogue de M. Puiseux sur le pendule; loi des petites oscillations. Tautochrone sur la surface. SG.

124. D'un point pris à volonté sur un méridien d'une surface de révolution à axe vertical, on lance un point pesant suivant la tangente au parallèle avec une vitesse qui est fonction connue des coordonnées du point de départ. Déterminer la surface de manière que le mobile assujetti à rester dans son intérieur décrive toujours un parallèle. PJ.

125. Trouver une surface passant par une courbe donnée, une hélice par exemple, et telle qu'un point pesant parcoure cette courbe quand on le pose sur la surface, en un point de la courbe, et qu'on lui imprime une vitesse convenable. PJ.

126. Déterminer toutes les surfaces telles qu'un point pesant abandonné sans vitesse en un quelconque de leurs points et obligé de rester sur la surface glisse toujours le long d'une ligne de plus grande pente. SG.

127. Trouver l'équation et la forme des lignes géodésiques 1° sur une surface de révolution, 2° sur un ellipsoïde : une ligne géodésique est la trajectoire d'un point qui n'est soumis à aucune force extérieure. SG.

128. Le mouvement relatif d'un point est identique au mouvement absolu qu'il prendrait si aux forces qui agissent réellement sur lui on ajoutait deux forces fictives : la première égale et de sens contraire à celle qui produirait le mouvement d'un point égal au point donné, coïncidant avec lui à l'époque considérée, mais ne bougeant plus par rapport au système de comparaison; la seconde est égale au double produit de la vitesse relative par la vitesse de rotation du mouvement d'entraînement et par le sinus de l'angle de la vitesse relative et de l'axe de la rotation; elle est perpendiculaire à ces deux droites et à gauche de la première par rapport à la seconde. SG.

129. Un point pesant est assujetti à se mouvoir sur une courbe qui tourne autour d'une verticale avec une vitesse constante : déterminer la courbe de manière que le point se meuve suivant une loi donnée. PJ.

130. Un point décrit une orbite connue sous l'action d'une force émanant d'un centre fixe O : quelle force faudrait-il adjoindre à la force donnée pour que, sans changer aux diverses époques la distance du mobile au point O, la vitesse angulaire de son rayon vecteur augmente seule dans une proportion constante et connue? PJ.

131. Mouvement d'un point pesant assujetti à rester sur une droite qui tourne uniformément autour d'un axe vertical non situé dans le même plan. PJ.

132. Même question en supposant l'axe de rotation horizontal. SG.

133. Une horizontale CA est liée invariablement à un axe vertical AB ; à l'extrémité C s'articule une tige qui peut prendre toutes les directions dans le plan ABC, mais qui coupe AC et qui se termine par une boule très lourde : forme d'équilibre quand le plan ABC tourne uniformément autour de AB ; condition pour que ce régulateur soit le plus sensible possible. SG.

134. Mouvement d'un point pesant sur un plan incliné poli qui tourne uniformément autour d'un axe vertical. SG.

135. Un point attiré vers un centre O par une force fonction de la distance se meut de manière à se trouver toujours sur une spirale logarithmique qui aurait son pôle en O et tournerait alentour avec une vitesse angulaire constante dans un plan horizontal : trouver la loi de la force et la nature de la trajectoire. SG.

136. Influence de la rotation de la Terre sur le mouvement apparent des projectiles et sur le pendule sphérique. SG. PJ.

137. Mouvement d'un point posé sur un plan horizontal poli et attaché par une tige rigide et sans masse à un point qui parcourt uniformément un cercle du plan. PJ.

138. Oscillations d'un point pesant placé à l'intérieur d'un cylindre droit dont l'axe est dirigé suivant la tangente au parallèle du lieu d'observation : on tient compte de la rotation de la Terre. PJ.

8340 Paris. — Imprimerie de GAUTHIER-VILLARS, quai des Augustins, 55.

www.ingramcontent.com/pod-product-compliance
Lightning Source LLC
Chambersburg PA
CBHW060355200326
41518CB00009B/1155

* 9 7 8 2 0 1 2 6 4 5 6 2 2 *